U0179194

1+X职业技能等级证书配套系列教材

数据应用开发与服务（Python）

（中、高级）

北京中软国际信息技术有限公司　组织编写
吕志君　王正才　李兴书　主　　编

中国教育出版传媒集团
高等教育出版社·北京

内容提要

本书为 1+X 职业技能等级证书配套系列教材之一，以《数据应用开发与服务（Python）职业技能等级标准（中、高级）》为依据，由北京中软国际信息技术有限公司组织编写。

本书采用项目化编写模式，共分为 5 个项目：项目 1 介绍多源数据采集与存储，主要利用 Python 语言对不同数据源的数据进行采集；项目 2 介绍数据处理，从数据探查、数据清洗和转换、数据取样以及数据检验 4 个方面演练典型的数据处理方法；项目 3 介绍数据建模与性能评估，在熟悉数据含义并对数据进行预处理的基础上，构建并训练如回归、分类和聚类等机器学习模型，并对未知数据进行预测；项目 4 介绍特征选取与模型优化，使用 Python 语言调用 sklearn 库函数实现特征提取与模型优化；项目 5 介绍模型应用开发，实现端到端的数据应用开发与服务，并且侧重于将模型集成到一个完整的应用程序中。全书通过构建 42 个学习任务，引导学生掌握 Python 应用开发的综合应用知识与技能，并培养其应用所学完成实际任务的能力。

本书配套微课视频、电子课件（PPT）、任务源码、习题解答等数字化学习资源。与本书配套的数字课程“数据应用开发与服务（Python）”在“智慧职教”平台（www.icve.com.cn）上线，学习者可以登录平台进行在线学习，也可以通过扫描书中二维码观看教学视频，详见“智慧职教”服务指南。教师可发邮件至编辑邮箱 1548103297@qq.com 获取相关教学资源。

本书可作为数据应用开发与服务（Python）1+X 职业技能等级证书（中、高级）认证的相关教学和培训教材，也可作为高等职业院校 Python 程序设计及大数据技术类课程的相关教学用书，还可供有一定 Python 数据分析基础的开发人员自学参考，为将来从事与 Python 应用相关的多源数据采集、数据预处理、数据建模、数据可视化、特征选取、模型优化、模型部署、模型应用开发等工作打下良好基础。

图书在版编目（CIP）数据

数据应用开发与服务：Python：中、高级 / 北京中软国际信息技术有限公司组织编写；吕志君，王正才，李兴书主编. --北京：高等教育出版社，2023.6
ISBN 978-7-04-059349-5

Ⅰ. ①数… Ⅱ. ①北… ②吕… ③王… ④李… Ⅲ. ①软件工具-程序设计 Ⅳ. ①TP311.561

中国版本图书馆 CIP 数据核字（2022）第 160287 号

Shuju Yingyong Kaifa Yu Fuwu (Python)

策划编辑 刘子峰　责任编辑 刘子峰　封面设计 李卫青　版式设计 于 婕
责任绘图 邓 超　责任校对 刘丽娴　责任印制 高 峰

出版发行 高等教育出版社
社 址 北京市西城区德外大街 4 号
邮政编码 100120
印 刷 固安县铭成印刷有限公司
开 本 787 mm × 1092 mm 1/16
印 张 19.25
字 数 350 千字
购书热线 010-58581118
咨询电话 400-810-0598
网 址 http://www.hep.edu.cn
http://www.hep.com.cn
网上订购 http://www.hepmall.com.cn
http://www.hepmall.com
http://www.hepmall.cn
版 次 2023 年 6 月第 1 版
印 次 2023 年 6 月第 1 次印刷
定 价 52.50 元

本书如有缺页、倒页、脱页等质量问题，请到所购图书销售部门联系调换
版权所有 侵权必究
物 料 号 59349-00

“智慧职教”服务指南

“智慧职教”（www.icve.com.cn）是由高等教育出版社建设和运营的职业教育数字教学资源共建共享平台和在线课程教学服务平台，与教材配套课程相关的部分包括资源库平台、职教云平台和App等。用户通过平台注册，登录即可使用该平台。

- 资源库平台：为学习者提供本教材配套课程及资源的浏览服务。

登录“智慧职教”平台，在首页搜索框中搜索“数据应用开发与服务（Python）”，找到对应作者主持的课程，加入课程参加学习，即可浏览课程资源。

- 职教云平台：帮助任课教师对本教材配套课程进行引用、修改，再发布为个性化课程（SPOC）。

1. 登录职教云平台，在首页单击“新增课程”按钮，根据提示设置要构建的个性化课程的基本信息。

2. 进入课程编辑页面设置教学班级后，在“教学管理”的“教学设计”中“导入”教材配套课程，可根据教学需要进行修改，再发布为个性化课程。

- App：帮助任课教师和学生基于新构建的个性化课程开展线上线下混合式、智能化教与学。

1. 在应用市场搜索“智慧职教icve”App，下载安装。

2. 登录App，任课教师指导学生加入个性化课程，并利用App提供的各类功能，开展课前、课中、课后的教学互动，构建智慧课堂。

“智慧职教”使用帮助及常见问题解答请访问help.icve.com.cn。

前言

在当前加快建设数字中国的大背景下，要推动战略性新兴产业融合集群发展，构建以新一代信息技术等为代表的一批新的增长引擎，并促进数字经济和实体经济深度融合，都需要大批德才兼备的高素质数据应用开发人才。此外，2019年国务院印发的《国家职业教育改革实施方案》中提出，促进产教融合校企“双元”育人，构建职业教育国家标准，启动1+X证书制度试点工作。在此背景下，作为教育部批准的第四批1+X培训评价组织，北京中软国际信息技术有限公司（以下简称“中软国际”）依据《数据应用开发与服务（Python）职业技能等级标准》，与贵州轻工职业技术学院等院校联合开发了本套教材。

本书采用项目化编写模式，以职业能力培养为本位，从多源数据采集、数据预处理、数据建模、数据可视化、特征选取、模型优化、模型部署、模型应用开发等方面，构建相应的学习任务，逐层递进，引导学生学习Python数据应用开发与服务的相关知识与技能，并培养其应用所学完成实际任务的能力。全书共分为5个项目，具体如下。

项目1利用Python语言对网页和网站、非结构化数据库以及大数据系统等不同数据源的数据进行采集。

项目2针对给定的数据集，采用数据探查、数据清洗和转换、数据取样以及数据检验4个方面演练典型的数据处理方法。

项目3在熟悉数据含义并对数据进行恰当的预处理的基础上，构建并训练如回归、分类和聚类等机器学习模型，并对未知数据进行预测。

项目4使用Python语言调用sklearn库函数实现特征选取与模型优化，重点介绍线性回归的变体模型方法、Bagging构建集成学习模型的方法和Boosting构建集成学习模型的方法等。

项目5实现端到端的数据应用开发与服务，并且侧重于将模型集成到一个完整的应用程序中。

本书的项目及任务围绕《数据应用开发与服务（Python）职业技能等级标准（中、高级）》的要求，通过“任务目标—任务描述—知识准备—任务实施—任务小结”的环节设计，重点强调在企业实际生产环境中的通用职业技能的掌握，并在每个项目后都配有覆盖相关知识与技能的课后练习题，起到巩固所学的作用。为加快推进党的二十大精神进教材、进课堂、进头脑，编者通过深入挖掘Python数据应用开发人才应掌握的核心技能，进一步提升其数据感知、计算思维、逻辑分析等职业素养，从而落实科教兴国、人才强国战略实施过程中，全面提高人才自主培养质量、着力造就拔尖创新人才的根本要求；通过配套微课视频、案例代码及彩图等二维码资源，在提升读者阅读体验、增强其在实践中运用算法能力的同时，体现现代信息技术与教育教学的深度融合，从而进一步推动教育数字化发展。

在本书开发前期，团队成员确立了项目化教材知识流水线、项目并行线式的编写方式，由吕志君负责编写项目1，王正才负责编写项目2，李兴书和何健标负责编写项目3，杨美霞和张慧萍负责编写项目4，张晓琦、范君和夏祥礼负责编写项目5，最后由吕志君和王正才完成了全书的统稿工作。同时，江西机电职业技术学院万嵩、江西应用科技学院王胜华和干甜也参与了不同项目的研发审核工作。在此，感谢所有参与教材开发的团队成员自始至终携手共进、互相勉励，突破了校企沟通的时空障碍，顺利完成了本书的编撰工作。另外，还要特别感谢中软国际战略规划部以及中软卓越研究院对教材联合开发工作给予的大力支持！

由于编者水平有限，书中错误及不妥之处在所难免，恳请广大专家、读者批评指正。

编　者

2023年2月

目 录

项目1 多源数据采集与存储

学习目标 

本项目实现多种数据源的数据采集与存储，重点是掌握非结构化数据的采集和数据的分布式存储，具体如下。

① 在理解线程、网络协议的基础上，能够灵活选择和综合使用多线程、正则表达式、网络编程和爬虫框架完成网页和网站的数据采集。

② 能够快速搭建本地非结构化数据库服务（MongoDB 和 Redis）环境，并通过 Python 实现其数据访问。

③ 能够快速搭建本地大数据（HDFS、HBase、Hive）环境，并通过 Python 读写数据。

项目介绍 

本项目主要利用 Python 语言对不同数据源的数据进行采集。根据数据源的不同，可以分为 3 大类，具体如下。

① 针对网页和网站的数据采集：包括多线程、网络应用协议编程、正则表达式文本匹配以及爬虫框架。

② 针对非结构化数据库的数据访问：包括 MongoDB 访问和 Redis 访问。

③ 针对大数据系统的数据访问：包括环境准备、HDFS 数据访问、HBase 数据访问和 Hive 数据访问。

任务 1.1 使用多线程实现多任务并发

【任务目标】

① 理解线程和进程的概念。

② 能够使用 Python 创建多线程程序。

③ 通过初步的线程等待实现多线程的同步。

【任务描述】

著名的斐波那契数列指的是这样一个数列：0、1、1、2、3、5、8、13、21、34、…。它可以如下递推方法定义：

$$F(0)=0,\ F(1)=1,\cdots,\ F(n)=F(n-1)+F(n-2)\quad (n\geqslant 2,\ n\in \mathbf{N})$$

使用计算机程序计算斐波那契数列第 n 个元素的值有多种方法，采用递归调用实现是其中最容易理解但是计算开销又最大的一种方法。本任务要求：

① 编写一个函数，使用递归方法实现斐波那契数列第 n 个元素值的计算。

② 在主函数中调用（运行）该函数，并观察主线程被阻塞的效果。

③ 在主函数中启动一个新线程运行该函数，并观察多线程的并行效果。

④ 在主函数中等待新线程运行完毕后再退出。

【知识准备】

1. 多线程概述

进程是操作系统级别的概念，它是一个应用程序运行的所需资源环境（如 CPU、内存、磁盘、网络等），也称为程序运行的上下文环境。启动一个程序时，系统必须首先为该程序创建一个进程，或者说为该程序分配一个运行环境。

线程是程序级别的概念，是程序执行流的最小单元。一个程序可以有多个线程同时执行。线程可以分为主线程和子线程两种。任何进程都有唯一的主线程，而主线程可以启动多个子线程，如图 1-1 所示。

一般情况下，一个线程就是一个用于执行某些任务的函数，当然，该函数中又可以调用其他函数。例如，主线程中运行着主函数（main 函数），而主函数又可以调用其他函数。

如果被调用的函数需要很长时间才能执行完成，那么当该函数调用返回前，主函数不得不一直等待，造成“阻塞”。当主函数被其他被调用的函数阻塞时，被调用函数之后的所有代码都因等待而无法执行。如果这些代码包含了与用户进行交互的任务，那么用户的任何操作，如鼠标单击、键盘输入、菜单选择等，都将无法得到程序的任何响应。

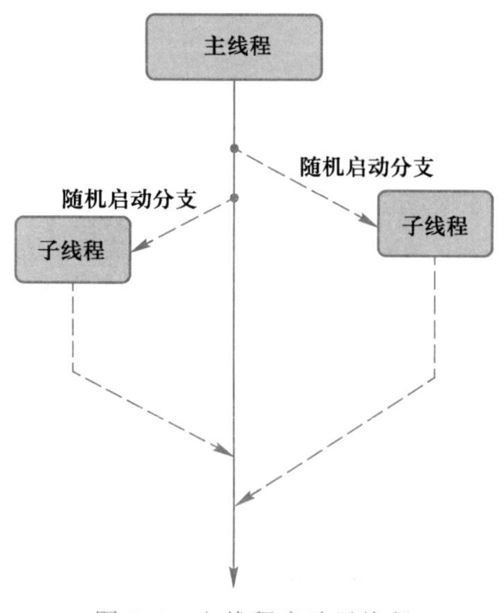

图 1-1　主线程启动子线程

多线程的主要作用之一就是解决上述问题。将需要长时间运行的任务放到主线程以外的其他线程去处理，避免影响主线程的正常执行，就可以提供更好的用户体验；如果计算机有多个 CPU（多核），那么还可以通过将不同的线程调度到不同的核上运行，从而实现真正的并行执行，提高运行速度。此外，如果某个操作需要等待其他资源就绪，如等待用户输入、文件读写或网络收发数据等，也可以使用多线程。

2. Python 中多线程的实现

微课 1-1
Python 中多线程的实现

当一个 Python 脚本程序运行时，Python 虚拟机就启动了一个进程，同时启动一个主线程 mainThread。可以在一个 Python 程序中创建多个子线程。

推荐通过 threading 库来使用多线程，它提供了 Thread 类来代表线程，其中包括以下常用方法。

run( )：用以表示线程活动的方法。

start( )：启动线程活动。

join([time])：调用者（如主线程）等待子线程操作结束（包括正常结束或者异常退出），或者等待 time（秒）时间。此后调用者的剩余代码可以继续运行。

isAlive( )：返回线程是否活动的。

getName( )：返回线程名。

setName( )：设置线程名。

从 Thread 派生自定义的线程类，重写__init__和 run 方法：

```
# 导入线程库
import threading
# 创建线程类
class 线程类名称(threading.Thread):
    # 重写__init__类初始化方法
    def __init__(self, 参数 1, …, 参数 N）:
        # 调用父类构造方法
        threading.thread.__init__(self):
        …其他初始化…

    # 重写run 方法，线程启动后调用的方法
    def run(self):
        …具体动作…
```

之后可以使用 start 方法启动线程，该方法将会自动调用派生类中的 run 方法执行线程函数：

```
# 创建线程对象
线程对象 = 线程类名称()
# 启动线程，自动调用线程类中的run 方法
线程对象.start( )
```

代码 1.1

代码 1.1 演示了如何创建和使用子线程（请扫描二维码查看）。

运行结果如下：

```
主线程启动。
启动->Thread-1
启动->Thread-2
主线程结束。
```

```
Thread-2:Tue Aug 17 11:37:29 2021
Thread-1:Tue Aug 17 11:37:30 2021
Thread-2:Tue Aug 17 11:37:31 2021
Thread-1:Tue Aug 17 11:37:33 2021
Thread-2:Tue Aug 17 11:37:33 2021
Thread-2:Tue Aug 17 11:37:35 2021
Thread-1:Tue Aug 17 11:37:36 2021
Thread-2:Tue Aug 17 11:37:37 2021
结束->Thread-2
Thread-1:Tue Aug 17 11:37:39 2021
Thread-1:Tue Aug 17 11:37:42 2021
结束->Thread-1
```

可见，主线程在启动了 Thread-1 和 Thread-2 两个线程后就结束了。新线程继续运行，每休眠指定的时间后打印一次当前时间，每个线程打印 5 次。

3. 线程同步

一般来说，线程有 5 种状态，分别是新建、就绪、运行、死亡、阻塞，状态的切换如图 1-2 所示。

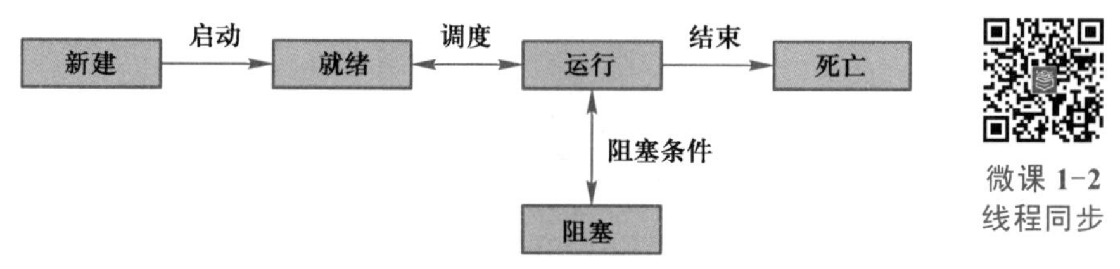

图 1-2 线程的 5 种状态

线程在启动后，系统首先装入线程的上下文环境信息，然后执行代码。但是，系统不会等待某些代码或某个函数执行完，中途有可能切换去执行其他线程。在切换之前，系统会保存该线程当前的上下文信息，以便下次再切换回来执行该线程时可以继续执行。线程切换时，从程序中无法预知下一个要执行的线程，也无法确定上一个线程执行到哪一步。因此，如果有多个线程都访问同一个共享数据或资源，就可能造成争抢或冲突。例如，线程 A 正在对公共数据 data 进行写操作，但写操作尚未执行完毕，系统切换至线程 B 执行；线程 B 对 data 进行读操作，那么它读出来的就是线程 A 尚未处理完的中间结果，甚至它也有可能直接修改了 data。在大部分情况下，读取这种“中间结果”是无效的；而如果多个线程都试图修改“中间结果”，那么就会使得这个公共数据在各个线程中不同步：线程 B 修改了 data，当系统切回线程 A 运行时，线程 A 完全不知道它要操作的数据已经被其他线程给篡改了。

使用线程同步技术是解决上述问题的主要方法，Python 主要提供了“锁”的方式实现线程同步。具体方法如下：

① 由系统维护一把锁。当线程 A 需要访问公共数据或资源时，尝试获取锁。

② 如果该锁没有被别的线程使用，则线程 A 能获取该锁的使用权。

③ 线程 A 拿到锁的使用权后，立即上锁，然后操作公共数据。

④ 当系统切换到线程 B 时，因为锁已经被占用，那么线程 B 将无法获得锁的使用权，只能等待线程 A 释放锁。因此，线程 B 也无法访问公共数据。

⑤ 线程 A 完成数据操作后，应立即释放锁。

⑥ 系统再次切换到线程 B 时，线程 B 终于可以获得锁的使用权。它也像线程 A 一样，立即上锁，然后操作公共数据，最后释放锁。

上述过程如图 1-3 所示。

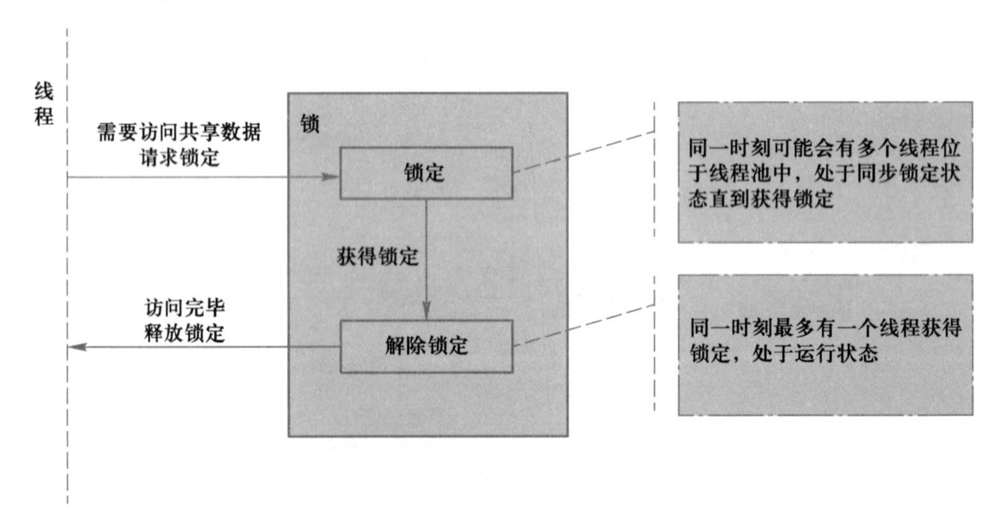

图 1-3 同步锁示意图

创建线程锁、锁定和解锁的调用分别是：

```
线程锁对象 = Threading.Lock()

def run(self):
    线程锁对象.acquire()   # 锁定
    …线程执行语句…
```

```
线程锁对象.release()    # 解除锁定
```

代码 1.2

代码 1.2 演示了如何使用锁来保证线程同步（请扫描二维码查看）。

运行结果如下：

```
[启动]>>>主线程启动...
[启动]>>>Thread-1：开启线程.
>>>Thread-1 锁定同步...
[启动]>>>Thread-2：开启线程.
Thread-1 - 0 --Tue Aug 17 11:29:00 2021
Thread-1 - 1 --Tue Aug 17 11:29:01 2021
Thread-1 - 2 --Tue Aug 17 11:29:02 2021
>>>Thread-1 释放锁...
>>>Thread-2 锁定同步...
Thread-2 - 0 --Tue Aug 17 11:29:03 2021
Thread-2 - 1 --Tue Aug 17 11:29:04 2021
Thread-2 - 2 --Tue Aug 17 11:29:05 2021
Thread-2 - 3 --Tue Aug 17 11:29:06 2021
>>>Thread-2 释放锁...
[停止]>>>主线程停止...
```

在 Thread-1 和 Thread-2 的线程函数中，均使用了 acquire 和 release 方法来获取和释放锁。Thread-1 线程启动后，先获取了锁的使用权；即使之后 Thread-2 启动了，它也必须要等待 Thread-1 中的操作全部结束且释放了锁之后，才能开始自己的操作。

微课 1-3
编写计算函数并在主线程中直接调用

【任务实施】

➢ 步骤 1：编写计算函数并在主线程中直接调用。

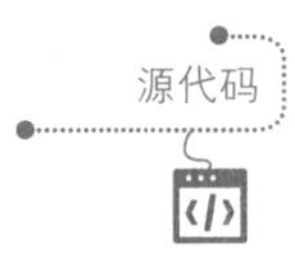

代码 1.3 中，首先以递归调用的方式编写斐波那契计算函数 Fibonacci，然后在主函数中调用该函数。主函数中使用 time.process_time 方法来获取当前的 CPU 时间戳，在调用 Fibonacci 函数之前，记录时间戳；函数调用完成后再次记录时间戳，两个时间戳之差可以近似视为 Fibonacci 函数的运行耗时。请扫描二维码查看相关代码。

代码 1.3

运行结果如下：

```
在主线程中计算 Fibonacci 序列第 39 个元素的值...
主函数中的其他代码，必须等待 Fibonacci 函数执行完毕后才能运行。
Fibonacci 函数计算完毕，共耗时 10.6562s，结果为 39088169
```

可见，计算斐波那契数列第 39 个元素的值需要大约 10 秒的时间才能完成（在不同计算能力的机器上，运行时间会不同）。主程序中调用了 Fibonacci 函数后，必须要等待该函数计算完成，才能继续执行后面的其他代码。这是典型的单线程顺序执行，且主线程被一个耗时较长的操作阻塞的情形。

➢ 步骤 2：将计算函数放在新线程中执行。

代码 1.4 中，在主函数中启动一个新线程，并在新线程中调用运行 Fibonacci 函数。为了创建新线程，首先从 threading.Thread 类派生一个子类，然后重写其__init__和 run 方法。在 run 方法中，调用 Fibonacci 函数，并将其计算结果赋给子类的成员变量 result。在主线程中启动了新线程后，可以通过 is_alive 方法来检查新线程是否已经执行完毕，并且可以继续运行主线程自己的代码。一旦新线程执行完毕，就输出 Fibonacci 函数的计算结果。请扫描二维码查看相关代码。

代码 1.4

运行结果如下：

```
在新线程中计算 Fibonacci 数列第 39 个元素的值...
主线程等待新线程运行...
主线程等待新线程运行...
主线程等待新线程运行...
主线程等待新线程运行...
主线程等待新线程运行...
主线程等待新线程运行...
主线程等待新线程运行...
主线程等待新线程运行...
主线程等待新线程运行...
主线程等待新线程运行...
主线程等待新线程运行...
新线程执行完毕，结果为 39088169
```

可见，即使新线程中的 Fibonacci 函数尚未计算完成，主线程中也可以继续执行自己的代码（此处是不断输出“主线程等待新线程运行...”文本）。这就使得主线程不再被单个耗时的函数阻塞，两个线程看起来是在并行执行。

微课 1-4
实现最基本的线程同步

➢ 步骤 3：实现最基本的线程同步。

在步骤 2 中，通过 is_alive 方法在 while 循环中不断检查新线程是否退出，这种方式固然可以使得主线程等待新线程执行完毕，但更常见的做法是使用 join 方法。代码 1.5 对步骤 2 中的 main 函数进行了修改（请扫描二维码查看）。

代码 1.5

程序运行结果如下：

```
在新线程中计算 Fibonacci 数列第 39 个元素的值...
新线程运行完毕，结果为 39088169
```

如果将 t.join()中的代码注释掉，运行程序将会出现下列结果：

```
在新线程中计算 Fibonacci 数列第 39 个元素的值...
Traceback (most recent call last):
  File "task1_3.py", line 32, in <module>
    print("新线程运行完毕，结果为%d" % t.result)
TypeError: %d format: a number is required, not NoneType
```

这是因为，如果没有 t.join()，那么主线程将不会等待新线程执行完毕就继续运行后续代码，而此时 t.result()并没有计算结果，所以无法正常显示。

【任务小结】

本任务主要介绍了线程的相关概念、创建新线程的方法、多线程的同步方法。通过多线程，可以避免主线程被耗时的任务阻塞。

任务 1.2　基于网络应用协议获取数据

PPT：任务 1.2
基于网络应用
协议获取数据

【任务目标】

① 了解 B/S 结构程序的基本工作原理。

② 了解 urllib 库的功能并通过程序向网站发送请求和接收响应。

③ 了解 requests 库的功能并通过程序向网站发送请求和接收响应。

【任务描述】

编写一个程序，从指定的 URL 位置下载文件。要求：

① 根据给定的 URL 地址，启动新线程完成文件下载到本地的操作。

② 显示下载文件的相关信息（文件名称、文件类型、文件大小、下载 URL、保存地址）。

③ 下载时实时显示下载百分比。

【知识准备】

1. B/S 结构程序的工作原理

B/S（Browser/Server，浏览器/服务器）是在 HTTP 下运行的程序（基于网站的应用程序）结构，其主要通过请求—响应的模式运行，网络所有资源的定位均通过网络地址，即统一资源定位符（Uniform Resource Location，URL），如图 1-4 所示。

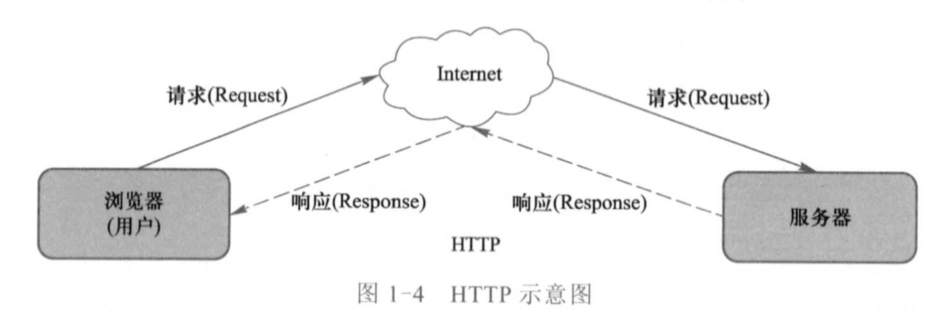

图 1-4 HTTP 示意图

2. urllib 库

微课 1-5
urllib 库的基本应用

urllib 库是 Python 内置的 HTTP 请求库，主要包括请求模块（urllib.request）、异常处理模块（urllib.error）、URL 解析模块（urllib.parse）、文件解析模块（urllib.robotparser）等。其中最为基础和重要的类方法是 urllib.request.urlopen( )，该方法被用来发送请求，其语句格式为：

```
urllib.request.urlopen(url, data=None [ ,timeout]),…)
```

参数说明如下。

data：跟随请求发送到服务器的参数，是一个典型的字典类型数据。如果添加了 data 参数，将以 POST 方式请求；如果没有添加 data 参数，则以 GET 方式请求。

timeout：超时时长，若服务器未能按时返回数据，则抛出 socket.timeout 异常。

函数返回值为服务器响应对象（response），其提供了一系列的方法用于获取指定网页的基本参数信息和页面内容。

geturl( )：获取请求 URL。

getcode( )：获取返回码（200 正常）。

getinfo( )：获取网页返回信息。

read( )：读取响应的正文内容。

下面的例子演示了下载网页并打印在控制台上：

```
import urllib.request

url ='https://www.python.org/'
# 使用urlopen 方法连接指定的网址并获得服务器响应数据对象
response = urllib.request.urlopen(url)
# 输出页面响应内容
print(response.read( ).decode('utf-8'))
```

很多网站都制定了防爬虫策略，不允许直接通过 urlopen 方法来下载，如果将上述代码中的 URL 更换成这类网站，将出现下列错误：

```
urllib.error.HTTPError: HTTP Error 418:
```

解决方案是在请求中携带一些 headers 头部信息，最常见的有 user-agent 参数。此时需要构造一个 request.Request 对象，并设置其 headers 属性，然后使用 urlopen 方法发送该对象。下面的例子演示了如何设置 headers 请求信息：

```
from urllib import request

url = 'https://www.python.org/'
# 设置请求头部user-agent 信息
headers = {
    'User-Agent':'Mozilla/5.0 (Windows NT 10.0; Win64; x64) ApleWebKit/537.36
(KHTML, like Gecko) Chrome/92.0.4515.159 Safari/537.36'
}

# 创建Request 对象并设置头部信息
```

```
req = request.Request(url=url, headers=headers)
# 访问网页并返回信息数据
res = request.urlopen(req)
# 输出页面响应内容
print(res.read(),decode('utf-8'))
```

如果希望将表单数据发送到服务器端，则可以先以字典形式准备好要发送的表单数据，然后在 urlopen 方法中将其赋值给 data 参数。代码 1.6 中将表单查询参数发送给目标页面，并将返回的查询结果页面保存到文件中（请扫描二维码查看）。请注意，如果指定了 data 参数，则请求以 POST 方式发送。

代码 1.6

检查当前目录下的 search.html，查看获取的查询结果页面内容。

访问网站页面的过程中可能出现各种错误或异常，一般可以通过 urllib.error 模块来处理。下面的例子演示了如何处理网络请求连接超时：

```
from urllib import request, error

url = 'https://www.python.org/'

try:
    # 故意超时设置仅 0.1 秒，因此将引发超时异常
    response= request.urlopen(url, timeout=0.1)
    print(response.getcode())
except error.URLError as e:
    print("访问出现错误：", e.reason)
```

除了获取网页内容，也可以下载网络图片或文件：

```
import urllib.request

# 设置文件地址
url= 'https://www.python.org/static/img/python-logo.png'
# 链接资源并读取资源数据（默认为二进制格式）
data = urllib.request.urlopen(url, timeout=10).read()
```

```
# 设置文件存储路径
filePath= './logo.png'
# 使用with 语句
with open(filePath,'wb') as fp:
    fp.write(data)
```

3. requests 库

微课 1-6
requests 库的应用

requests 库基于 urllib 库实现，但使用起来更加方便。在使用前，需要先下载安装：

```
pip install requests
```

requests 库中最为基础和重要的是 GET 方法。其语法格式为：

```
requests.get(url, params=None, headers=None,…)
```

参数说明如下。

params：通过请求送到服务器端的参数。

Headers：通过请求送到服务器端的请求头。

函数返回值为服务器响应对象（response），主要包括响应的状态码 status_code 和正文数据 text。

下面的代码演示了以 GET 方式向服务器发送请求并获取响应：

```
import requests

url ='http://www.douban.com'
headers = {
    'User-Agent':'Mozilla/5.0 (Windows NT 10.0; Win64; x64) ApleWebKit/537.36 (KHTML, like Gecko) Chrome/92.0.4515.159 Safari/537.36'
}
response = requests.get(url, headers=headers)
print('响应状态码：{0}'.format(response.status_code))
print('响应正文内容:')
print(response.text)
```

下面的代码演示了如何将表单查询参数以 POST 方式发送到服务器端并接收查询结果：

```
import requests

url ='https://book.douban.com/subject_search'
headers = {
    'User-Agent':'Mozilla/5.0 (Windows NT 10.0; Win64; x64) ApleWebKit/537.36 (KHTML, like Gecko) Chrome/92.0.4515.159 Safari/537.36'
}
response = requests.post(url, params={'search_text':'粉墨', 'cat':1001}, headers=headers)
if response.status_code == 200:
    print(response.text)
```

下面的代码演示了以 JSON 格式向服务器发送请求并获取响应：

```
import requests
import json
# 下面的网站是一个用于公开的可用于测试 HTTP 请求的网站
url ='http://httpbin.org/post'

# 设置请求参数（字典类型）
dictParams ={'key1':'value1'}
# 转换成 JSON 字符串
jsonData= json.dumps(dictParams)

response= requests.post(url, data=jsonData)
if response.status_code == 200:
    print(response.text)
```

【任务实施】

本例将创建一个新线程，并在新线程中完成文件的下载；主线程中仅指定目标文件 URL，并启动新线程。

在下载文件内容之前，要先获得文件的大小。可以通过 requests.get 方法并设置

stream=True 参数，然后从响应的 headers 中获取 Content-Length 来得到字节数。stream 参数设置成 True 时，get 方法不会立即开始下载；待后续调用 iter_content 方法遍历内容或访问内容属性时才开始下载。iter_content 方法每次下载指定长度的数据，通过循环调用，便可以完成整个文件的下载。

使用 sys.stdout.write 方法，可以在命令行的同一位置输出不同的文本。

代码 1.7 给出了完整的任务实现（请扫描二维码查看）。

代码 1.7

【任务小结】

本任务介绍了 B/S 结构程序的基本工作原理、urllib 库和 requests 库的基本操作。通过上述网络编程接口，可以从网站获取和下载网页或其他文件的内容。

任务 1.3　使用正则表达式匹配文本

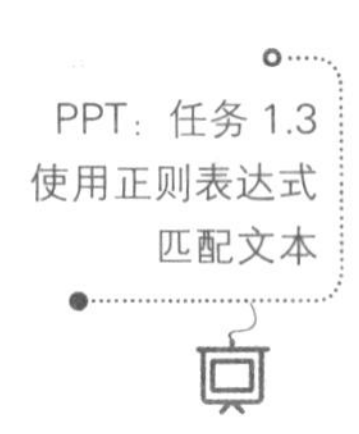

【任务目标】

① 了解正则表达式的概念和作用。

② 能够使用正则表达式解析具有一定格式的文本。

【任务描述】

针对给定的 HTML 代码，从中提取出指定信息（用户姓名、手机号和电子邮件地址），并且检查手机号和电子邮件地址是否格式正确。

【知识准备】

1. 正则表达式

正则表达式是对字符串——包括普通字符（如 a～z 的英文字母）和特殊字符（称为“元字符”）——操作的一种逻辑公式，就是用事先定义好的一些特定字符及这些特定字符的组合组成一个“规则字符串”，这个有规则的字符串表达式用来对其他字符串起到一种按规则过滤筛选的作用。

Python 支持的正则表达式元字符和语法见表 1-1。

表 1-1 正则表达式元字符和语法

代码/语法	说　明
常用元字符	
.	匹配除换行符以外的任意字符
\w	匹配字母或数字或下画线
\s	匹配任意的空白符
\d	匹配数字
\b	匹配单词的开始或结束
^	匹配字符串的开始
$	匹配字符串的结束
常用限定符	
*	重复零次或更多次
+	重复一次或更多次
?	重复零次或一次
n	重复 *n* 次
{n,}	重复 *n* 次或更多次
{n,m}	重复 *n*～*m* 次
常用反义词	
\W	匹配任意不是字母、数字、下画线、汉字的字符
\S	匹配任意不是空白符的字符
\D	匹配任意非数字的字符
\B	匹配不是单词开头或结束的位置
[^x]	匹配除了 x 以外的任意字符
[^aeiou]	匹配除了 a、e、i、o、u 这几个字母以外的任意字符

常见规则的示例说明如下：

① 在正则表达式中，如果直接给出字符，就是精准匹配（一字不差，必须完全一致）。例如，'Python'可以匹配 'Python'，无法匹配 'p ython' 或' Python'。

② 用'\d'可以匹配一个数字，'\w'可以匹配一个字母或数字。例如，'00\d' 可以匹配'007'，但无法匹配'00A'；'\d\d\d'可以匹配'101'；'\w\w\d' 可以匹配'101'。

③ '.' 可以匹配任意字符。例如，'py.'可以匹配'pyc'、'pyo'、'py8'。

④ 如果需要指定字符的数量，可以使用'*'表示 0 个或任意多个字符，'+'表示 1 个或多个字符，'?'表示 0 个或 1 个字符，'{n}'表示 n 个字符，'{n,m}' 表示 n～m 个字符。例如，'\d{3}'

表示匹配 3 个数（'010'），'\d{3,8}'表示 3～8 个数字（'1234567'）。

⑤ '\s'可以匹配一个空格（也包括 Tab 键等），'\s+'表示至少有一个空格。

⑥ 转义字符要加上'\'前缀。例如，要匹配'-'（中画线），因为它是转义字符，所以要使用'\-'来表示。形如'010-12345'这样的字符串可以用规则表达式'\d{3}\-\d{3,8}'来表达。

⑦ 使用'[ ]'表示范围。例如，'[0-9a-zA-Z_]' 可以匹配一个数字、字母或者下画线；'[0-9a-zA-Z_]+' 可以匹配至少由一个数字、字母或者下画线组成的字符串（'a100'，'0_Z'，'Py3000'）；'[a-zA-Z_][0-9a-zA-Z_]*'可以匹配由字母或下画线开头，后接任意多个由数字、字母或者下画线组成的字符串，也就是 Python 合法的变量；'[a-zA-Z_][0-9a-zA-Z_]{0,19}'更精确地限制了变量的长度是 1～20 个字符（前面 1 个字符+后面最多 19 个字符）。

⑧ 'A|B'可以匹 A 或 B。例如，'(P|p)ython'可以匹配'Python'或者'python'。

⑨ '^'表示行的开头，'$'表示行的结束。例如，'^\d'表示必须以数字开头；'\d$' 表示必须以数字结束。

2. re 正则表达式库

微课 1-7
re 正则
表达式库

Python 语言中正则表达式的实现使用 re 库，该库为 Python 的内置库。在使用网络爬虫时，re 库配合 urllib 库或 requests 等库可以完成简单的爬虫功能。当获取了页面的源代码后就可以对页面的 HTML 原文件进行解析，re 正则表达式就是方式之一。它可以对有规则 HTML 标签进行快速定位、查找，找到目标代码块。同时，可以通过 re 正则规则对目标的代码块进行解析，最终得到想要的数据。

由于 Python 语言中也有'\'转义字符，容易与正则表达式中的'\'转义混淆，因此建议在 Python 中使用 r 前缀，例如，s = r'\d{3}\s+\d{3,8}'。

re 库中的常用方法如下：

（1）match 方法

从字符串头部开始匹配。如果匹配，则返回匹配的对象信息，否则返回 None。下面的代码判断字符串是否匹配该正则表达式 r'^\d{3}\-\d{3,8}$'。

```
import re


reg = r'^\d{3}\-\d{3,8}$'
print(re.match(reg, '010-12345678'))
print(re.match(reg, '010-28'))
```

```
print(re.match(reg, '010-123456789'))
print(re.match(reg, '010 12345678'))
```

运行结果如下：

```
<re.Match object; span=(0, 12), match='010-12345678'>
None
None
None
```

除了简单地判断是否匹配之外，正则表达式还有提取子串的强大功能。用括号“()”表示的就是要提取的分组（Group）。例如，'^(\d{3})\-(\d{3,8})$'分别定义了两个组，可以直接从匹配的字符串中提取出区号和本地号码。

```
reg = r'^(\d{3})\-(\d{3,8})$'
result = re.match(reg, '010-12345678')
print(result.group(0))
print(result.group(1))
print(result.group(2))
```

运行结果如下：

```
010-12345678
010
12345678
```

（2）compile 方法

在 Python 中使用正则表达式时，re 库内部会做两件事情：编译正则表达式，如果正则表达式的字符串本身不合法，会报错；用编译后的正则表达式去匹配字符串。如果一个正则表达式要重复使用多次，出于效率的考虑，可以预编译该正则表达式，接下来重复使用时就不需要编译这个步骤了。

下面的代码使用 compile 方法编译正则表达式，并在后续匹配中直接使用编译后的结果：

```
reg = r'^(\d{3})\-(\d{3,8})$'
reg_compiled = re.compile(reg)
result = reg_compiled.match('010-12345678')
print(result)
```

在 compile 方法中，可以通过第 2 个参数来指定正则表达式的如下一些匹配行为。

re.S：将多行字符串当作一个整体处理，即不再逐行分别处理。

re.M：处理字符串中的换行字符'\n'。

re.I：忽略字符串中的大小写。

可以通过“|”符号将上述匹配行为组合起来使用。

（3）search 方法

从字符串任意位置开始匹配，找到第 1 个与正则表达式匹配的字符串子串。其与 match 方法的区别在于，match 会从字符串的首字符开始匹配，而 search 方法则会尝试从任意位置开始匹配。

（4）findall 方法

从字符串任意位置开始匹配，找到所有与正则表达式匹配的字符串子串。下面的代码将 content 字符串中所有匹配的子串返回：

```
reNewsDiv = re.compile(r'<div.*?class="newsNav">(.*?)</div>', re.S)
lstNews = reNewsDiv.findall(content)
```

【任务实施】

代码 1.8 中的 Python 变量 html 定义了要解析的 HTML 文本。可以看到，所有用户信息都放在 tbody 数据块中，每个 tr 元素中存放一条数据。从该文本中提取出每条报名信息的手机号和电子邮件，并判断其格式是否正确。请扫描二维码查看相关代码。

代码 1.8

➢ 步骤 1：提取 tbody 数据块中的信息。

完整的 HTML 文本很长，此处优先提取出直接存放用户信息的标签内容。匹配时，需要将 HTML 当成一行进行匹配（应用 re.S），否则会对每一行分别匹配。此外 '.*' 表示匹配任意多个非'\n'字符，而且匹配尽可能多的字符（贪婪匹配）。

```
import re
result = re.search(r'<tbody>(.*)</tbody>', html, re.S)
tbody = result.group( )
print(tbody)
```

输出结果如下：

```
<tbody>
```

```
    <tr>
        <td>Jerry</td>
        <td>13800138001</td>
        <td>jerry@chinasofti.com</td>
    </tr>
    <tr>
        <td>Jessy</td>
        <td>1380013800</td>
        <td>jessy@chinasofti.com</td>
    </tr>
    <tr>
        <td>David</td>
        <td>13800138002</td>
        <td>david@chinasofti</td>
    </tr>
    <tr>
        <td>Michael</td>
        <td>13800138003</td>
        <td>michael@chinasofti.com.cn</td>
    </tr>
</tbody>
```

➢ 步骤 2：提取每一行用户的数据。

获得 tbody 数据块之后，就可以获取其中每个 tr 元素中的数据。此时使用'.*?'表示任意多个非'\n'字符，而且在能使整个匹配成功的前提下使用最少的重复（懒惰匹配）。

```
trs = re.findall(r'<tr>(.*?)</tr>', tbody, re.S)
for tr in trs:
    print(tr)
    print("=" * 50)
```

输出结果如下：

```
<td>Jerry</td>
```

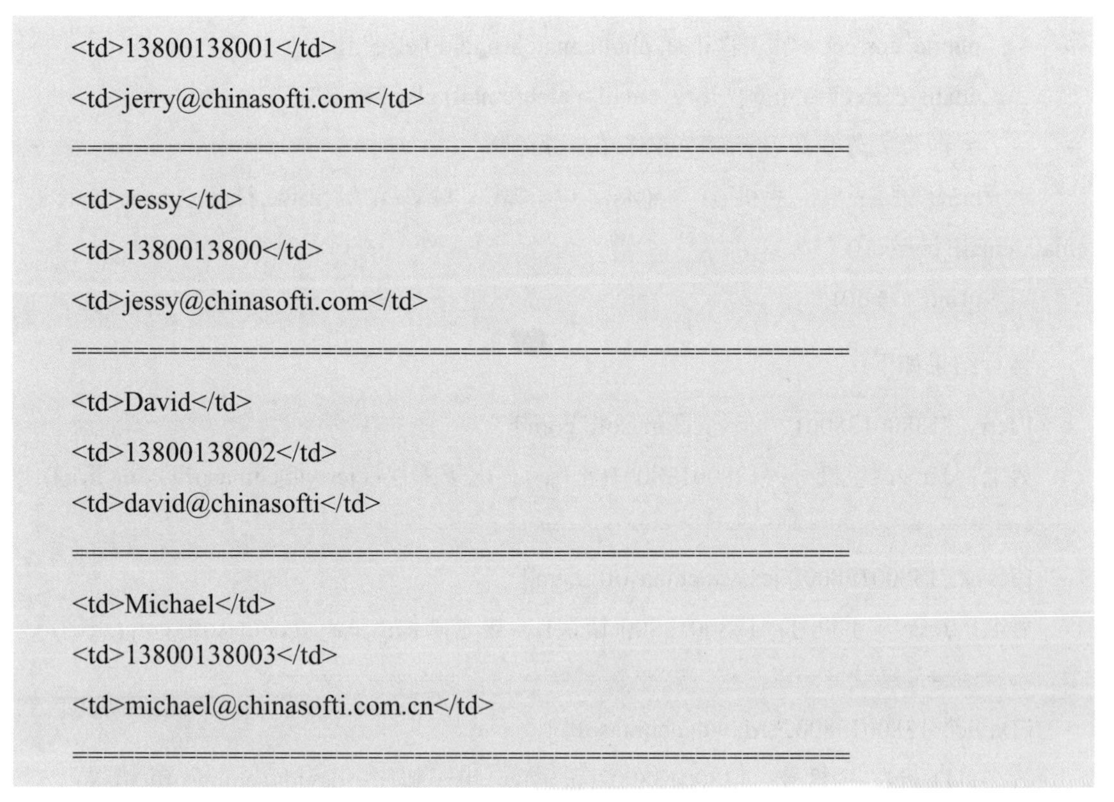

```
<td>13800138001</td>
<td>jerry@chinasofti.com</td>
==================================================
<td>Jessy</td>
<td>1380013800</td>
<td>jessy@chinasofti.com</td>
==================================================
<td>David</td>
<td>13800138002</td>
<td>david@chinasofti</td>
==================================================
<td>Michael</td>
<td>13800138003</td>
<td>michael@chinasofti.com.cn</td>
==================================================
```

➢ 步骤 3：提取用户的每个字段，并检查格式。

遍历步骤 2 中获取的每个 tr 元素，并再次使用懒惰匹配获取每个 tr 元素中的所有 td 元素的内容。将每个 td 元素中的内容提取出来，分别赋给 name、phone 和 email 这 3 个变量。通过手机号和电子邮件两个正则表达式，分别验证 phone 和 email 的格式是否正确。

```
re_phone = re.compile(r'\d{11}')
re_email = re.compile(r'\w+@\S+\.[a-zA-Z]{2,3}$', re.I)

# 提取 table 数据块中每行的数据，并检查手机号和电子邮件的格式是否正确
for tr in trs:
# 从第一个 td 元素中获取姓名
# 以懒惰匹配方式，直接将 tr 元素中的 3 个 td 元素中的内容分别提取出来
    tds = re.findall(r'<td>(.*?)</td>', tr, re.S)
    print(tds)
    # 将 3 个值分别赋给 name, phone 和 email
    name, phone, email = tds[0], tds[1], tds[2]
```

```
        phone_correct = "正确" if re_phone.match(phone) else "错误"
        email_correct = "正确" if re_email.match(email) else "错误"
        # 检查手机号和电子邮件的格式是否正确
        print("姓名：%s，手机号：%s(%s)，电子邮件：%s(%s)" % (name, phone, phone_correct,
email, email_correct))
        print('=' * 50)
```

运行结果如下：

```
['Jerry', '13800138001', 'jerry@chinasofti.com']
姓名：Jerry，手机号：13800138001(正确)，  电子邮件：jerry@chinasofti.com(正确)
==================================================
['Jessy', '1380013800', 'jessy@chinasofti.com']
姓名：Jessy，手机号：1380013800(错误)，  电子邮件：jessy@chinasofti.com(正确)
==================================================
['David', '13800138002', 'david@chinasofti']
姓名：David，手机号：13800138002(正确)，  电子邮件：david@chinasofti(错误)
==================================================
['Michael', '13800138003', 'michael@chinasofti.com.cn']
姓名：Michael，手机号：13800138003(正确)，  电子邮件：michael@chinasofti.com.cn(正确)
==================================================
```

【任务小结】

本任务主要介绍了正则表达式的基础应用。完成任务后，可以掌握如何在爬虫程序中使用正则表达式解析页面代码。

任务 1.4 使用爬虫框架爬取网站数据

【任务目标】

① 理解 Scrapy 框架的工作原理和流程。

② 能够建立爬虫框架项目并完成带分页的网页数据爬取、解析和存储。

【任务描述】

使用 Scrapy 框架，对指定的目标页面数据进行爬取（包括分页爬取），将获取的所有数据打印输出到屏幕上。

【知识准备】

微课 1-8
使用爬虫框架爬取网站数据

1. 创建 Scrapy 爬虫项目

Scrapy 框架是一个为了爬取网站数据，特别是提取结构性数据而编写的应用框架，可以应用在包括数据挖掘、信息处理或存储历史数据等一系列程序中。Scrapy 框架不是 Python 的标准库，可以使用 pip 命令完成 Scrapy 框架的本地下载和安装。

首先需要创建一个项目的标准工程文件结构。下面的代码创建了一个名为 doubanMovie 的项目：

```
scrapy startproject doubanMovie
```

创建好的工程文件夹结构如图 1-5 所示。

2. 核心爬虫脚本程序的创建

仅需要简单的一条指令，即可创建出一个爬虫的脚本模板：

```
scrapy genspider moviespider https://www.douban.com
```

其中，moviespider 是爬虫脚本的名称，其后是目标网站的首地址。注意，该命令应该在之前创建的工程项目目录内运行。创建完成后，工程项目的结构如图 1-6 所示。

```
scrapy.cfg

doubanMovie
    items.py
    middlewares.py
    pipelines.py
    settings.py
    __init__.py

    spiders
        __init__.py
```

图 1-5　Scrapy 工程项目结构

```
scrapy.cfg

doubanMovie
    items.py
    middlewares.py
    pipelines.py
    settings.py
    __init__.py

    spiders
        moviespider.py
        __init__.py

        __pycache__
            __init__.cpython-38.pyc

    __pycache__
        settings.cpython-38.pyc
        __init__.cpython-38.pyc
```

图 1-6　创建爬虫脚本之后的工程目录结构

3. 检测程序与网站的连接

使用下列命令检测当前爬虫程序是否可以正常连接到目标网站：

```
scrapy shell https://www.douban.com
```

结果返回了 403 错误，因此还需要进一步处理：

```
2021-08-27 14:00:30 [scrapy.core.engine] DEBUG: Crawled (403) <GET https://www.douban.com/robots.txt> (referer: None)
2021-08-27 14:00:30 [scrapy.core.engine] DEBUG: Crawled (403) <GET https://www.douban.com> (referer: None)
```

4. 设置 user-agent 用户代理信息

爬虫请求各个网页时，必须添加 user-agent 进行头部请求伪装，否则网站可能直接屏蔽该请求。本案例提供了 rotate_useragent.py 代码文件，允许程序从一个 user-agent 的列表随机选取头部信息。

将 rotate_useragent.py 复制到工程项目中，与 settings.py 置于同一目录下。设置 setting.py 框架配置文件，将 rotate_useragent.py 配置到框架中：

```
DOWNLOADER_MIDDLEWARES = {
'doubanMovie.middlewares.DoubanmovieDownloaderMiddleware': 543,
'scrapy.contrib.downloadermiddleware.useragent.UserAgentMiddleware' : None,
'doubanMovie.rotate_useragent.RotateUserAgentMiddleware' :400
}
```

再次使用 scrapy shell 命令，可以看到能够正常爬取目标网站：

```
Mozilla/5.0 (X11; Linux x86_64) ApleWebKit/535.24 (KHTML, like Gecko) Chrome/19.0.1055.1 Safari/535.24
2021-08-27 14:02:18 [scrapy.core.engine] DEBUG: Crawled (200) <GET https://www.douban.com/robots.txt> (referer: None)
Mozilla/5.0 (Windows NT 6.2; WOW64) ApleWebKit/537.1 (KHTML, like Gecko) Chrome/19.77.34.5 Safari/537.1
2021-08-27 14:02:19 [scrapy.core.engine] DEBUG: Crawled (200) <GET https://www.
```

```
douban.com> (referer: None)
```

5. 网页内容解析

要表达网页上的特定内容（如电影的名称、排名、图片地址等），可以定义一个实体类，并将要获取的内容（采集项）以某种形式在实体类中定义。

爬虫类（moviespider）使用添加 parse 方法对爬取的网页数据进行解析，从而获取所需的元素和属性值。在 parse 方法中，使用 xpath( )方法配合 XPath 表达式来查找各级 HTML 标签和属性。例如，下列 XPath 表达式可以获取网页中的所有的 <div class="item"> 标签项：

```
//div[@class="item"]
```

在 parse 方法中，可以通过下列代码来调用：

```
movie_items = response.xpath('//div[@class="item"]')
```

下面的代码用于遍历 movie_items 中的每一项，以分别获取电影排名和电影名称的信息：

```
# 电影排名
item.xpath('div[@class="pic"]/em/text( )').extract( )
# 电影名称
item.xpath('div[@class="info"]/div[@class="hd"]/a/span[@class="title"][1]/text( )').extract( )
```

6. 保存爬网结果数据

在获得了页面上需要的数据，并暂存到实体类实例之后，下一步就是要把这些实例存储到介质中。Pipeline 模式被设计来执行这类操作，它可以将实体实例输出到指定位置，如在控制台上打印、保存到文本文件、写入数据库等。至此，一个简单但完整的爬虫程序就完成了。

【任务实施】

➢ 步骤 1：分析网页确定需要采集的数据项。

打开指定的目标页面，启动浏览器调试模式，查看网页数据对应的 HTML 代码，如图 1-7～图 1-9 所示。

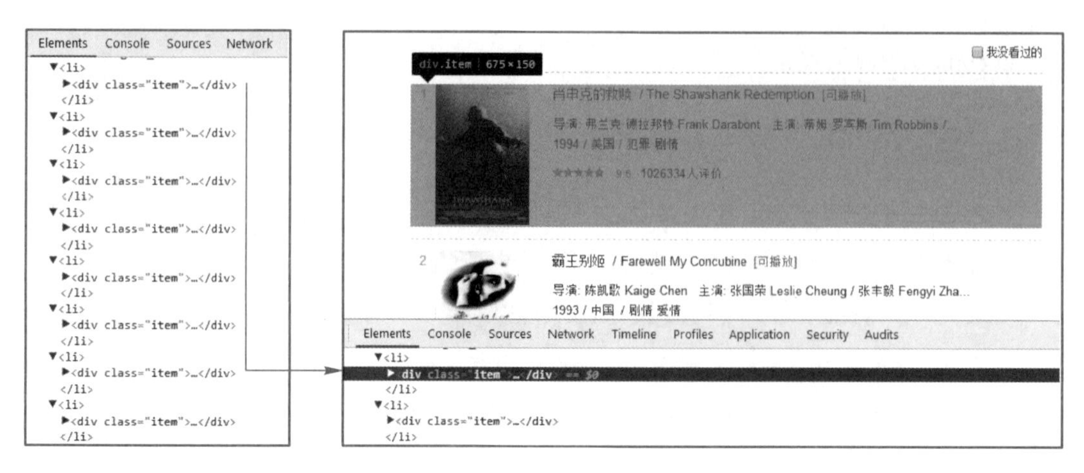

图 1-7 查看网页数据对应的 HTML 代码 1

图 1-8 查看网页数据对应的 HTML 代码 2

图 1-9 查看网页数据对应的 HTML 代码 3

➢ 步骤 2：创建及配置爬虫项目。

在命令行中运行下列命令，创建 doubanMovie 工程项目并生成针对 douban.com 的爬虫：

```
scrapy startproject doubanMovie
cd doubanMovie
scrapy genspider moviespider https://www.douban.com
```

将 rotate_useragent.py 复制到 doubanMovie/doubanMovie 目录下，然后编辑 doubanMovie/doubanMovie/setting.py 框架配置文件，在文件末尾添加：

```
DOWNLOADER_MIDDLEWARES = {
    'doubanMovie.middlewares.DoubanmovieDownloaderMiddleware': 543,
    'scrapy.contrib.downloadermiddleware.useragent.UserAgentMiddleware' : None,
    'doubanMovie.rotate_useragent.RotateUserAgentMiddleware' :400
}
```

➢ 步骤 3：设置 items.py 确定采集数据对象。

打开工程中的 items.py 文件，设置排名及电影名称两个采集数据项。Scrapy 框架中的 items.py 文件以采集对象的方式存在，将每一个采集项作为一个采集对象的属性处理，而每一个属性使用 scrapy.Field( )方法创建：

```
import scrapy

# 采集对象类，一个电影信息就是一个类对象
class DoubanmovieItem(scrapy.Item):
    rank = scrapy.Field()      # 采集项：电影的排名
    title = scrapy.Field()     # 采集项：电影名称
    pic_url = scrapy.Field()   # 采集项：电影海报图片链接
```

➢ 步骤 4：编写 moviespider.py 解析 HTML 标签获取数据。

打开工程中的 moviespider.py 文件，设置访问网页的 URL 地址，并且定义 parse 方法完成对网页 HTML 内容的解析，将解析结果通过 DoubanmovieItem 对象发布。

```
import scrapy
from doubanMovie.items import DoubanmovieItem
```

```
class MoviespiderSpider(scrapy.Spider):
    name = 'moviespider'
    allowed_domains =['douban.com']
    start_urls = ['https://movie.douban.com/top250']

    def parse(self, response):
        currentpage_movie_item = response.xpath('//div[@class="item"]')
        for movie_item in currentpage_movie_item:
            # 创建一个 Movie 对象
            movie = DoubanmovieItem( )
            # 获取电影排名并赋值 rank 属性
            movie['rank'] = movie_item.xpath('div[@class="pic"]/em/text( )').extract( )
            # 获取电影名称并赋值 title 属性
            movie['title'] = movie_item.xpath('div[@class="info"]/div[@class="hd"]/a/span
[@class="title"][1]/text( )').extract( )
            # 获取电影海报地址并赋值 pic_url 属性
            movie['pic_url'] = movie_item.xpath('div[@class="pic"]/a/img/@src').extract( )
            # 将封装好的一个电影信息添加到容器中，yield 的作用是创建一个列表
            # 并添加元素
            yield movie
```

➢ 步骤 5：编写 pipelines.py 设置控制台输出。

pipelines.py 作为 Scrapy 框架的输出管道（输出方式），可以直接将控制台输出写入文件中。修改 pipelines.py 文件，添加控制台结果输出：

```
from itemadapter import ItemAdapter
class DoubanmoviePipeline:
    def process_item(self, item, spider):
        print('排名 TOP:' + item['rank'][0])
        print('电影名称:' + item['title'][0])
        return item
```

要想启用该输出模式，需要在 settings.py 文件末尾添加下列配置：

```
ITEM PIPELINES ={
    'doubanMovie.pipelines.DoubanmoviePipeline':300,
}
```

➢ 步骤 6：启动项目。

在外层的 doubanMovie 目录命令行中，运行下列命令以启动爬网：

```
scrapy crawl moviespider
```

查看程序输出，部分输出结果形式如下：

```
...
Mozilla/5.0 (X11; Linux x86_64) ApleWebKit/536.5 (KHTML, like Gecko) Chrome/
19.0.1084.9 Safari/536.5
2021-08-27 17:30:05 [scrapy.core.engine] DEBUG: Crawled (200) <GET https://movie.
douban.com/top250> (referer: None)
排名 TOP:1
电影名称:肖申克的救赎
2021-08-27 17:30:05 [scrapy.core.scraper] DEBUG: Scraped from <200 https://movie.
douban.com/top250>
{'pic_url': ['https://img2.doubanio.com/view/photo/s_ratio_poster/public/p480747492.jpg'],
 'rank': ['1'],
 'title': ['肖申克的救赎']}
排名 TOP:2
...
```

➢ 步骤 7：返回分页的查询结果数据。

目前为止只能返回查询结果中第 1 页的数据，为了能够获得所有（Top 250）数据，需要在 moviespider.py 文件的 parse 方法中查找“下一页”的超链接，并将链接地址重新发给调度器，以便继续爬取下一个 HTML 页面。下面列出了最终的 parse 方法代码：

```
def parse(self, response):
    currentpage_movie_item = response.xpath('//div[@class="item"]')
    for movie_item in currentpage_movie_item:
        # 创建一个 Movie 对象
```

```
            movie = DoubanmovieItem()
            # 获取电影排名并赋值 rank 属性
            movie['rank'] = movie_item.xpath('div[@class="pic"]/em/text()').extract()
            # 获取电影名称并赋值 title 属性
            movie['title'] = movie_item.xpath('div[@class="info"]/div[@class="hd"]/a/span
[@class="title"][1]/text()').extract()
            # 获取电影海报地址并赋值 pic_url 属性
            movie['pic_url'] = movie_item.xpath('div[@class="pic"]/a/img/@src').extract()
            # 将封装好的一个电影信息添加到容器中，yield 的作用是创建一个列表并添
            # 加元素
            yield movie


        # 下一页请求跳转，实现自动翻页
        nextPage = response.xpath('//span[@class="next"]/a/@href')
        # 判断 nextPage 是否有效（无效代表当前页面为最后一页）
        if nextPage:
            # 获取 nextPage 中的下一页链接地址并加入到respones 对象的请求地址中
            url = response.urljoin(nextPage[0].extract())
            # 发送下一页请求并调用 parse 方法继续解析
            yield scrapy.Request(url, self.parse)
```

➢ 步骤 8：将爬网结果保存到文件中。

通过定义一个 Pipeline 并实现其 process_item 方法，可以自定义对爬网数据的处理方式。在 doubanMovie/doubanMovie 目录下增加一个新文件 pipelines2txt.py，然后写入下列内容，使得爬网内容写入 outpu 目录下的指定文件中：

```
import time
import os

class DoubanmoviePipeline(object):
    def __init__(self):
```

```
        # 创建用于存放爬网数据的文件夹（output）
        self.folder_name = 'output'
        if not os.path.exists(self.folder_name):
            os.mkdir(self.folder_name)

    # 定义process_item 方法，处理每一个采集到的电影数据
    def process_item(self, item, spider):
        print("--> TXT: write to text file...")
        current_date = time.strftime('%Y-%m-%d', time.localtime( ))
        # 设置保存文件名称
        file_name = 'doubanmovietop250_' + current_date + '.txt'
        # 在当前工程目录下创建文件并取得关联
        try:
            with open(self.folder_name + '/' + file_name, 'a', encoding='utf-8') as fp:
                # 写入相关数据
                fp.write('排名 TOP：' + item['rank'][0] + '\n')
                fp.write('电影名称：' + item['title'][0] + '\n')
                fp.write('图片网址：' + item['pic_url'][0] + '\n')
        except IOError as err:
            raise ("File Error: " + str(err))
        finally:
            fp.close( )
        return item
```

然后在 settings.py 中，将末尾的 ITEM_PIPELINES 重新定义，使之同时支持控制台数据和文件存储：

```
ITEM_PIPELINES = {
    'doubanMovie.pipelines2txt.DoubanmoviePipeline': 1,
    'doubanMovie.pipelines.DoubanmoviePipeline': 300
}
```

➢ 步骤 9：项目最终运行。

在外层的 doubanMovie 目录命令行中，再次运行下列命令以启动爬网：

```
scrapy crawl moviespider
```

可以看到，控制台界面将输出更多的结果，并且 output 目录下生成了一个文本文件，保存所有的爬网结果。

【任务小结】

本任务主要介绍了如何搭建 Scrapy 框架及采集数据、设置数据采集类的属性 items.py、编写 Spider 爬虫程序模板、设置采集网页 URL 地址、使用 XPath 方法解析标签、编写 piplines.py 文件设置控制台输出以及重新配置 setting.py 框架配置文件等操作。完成本任务后，将可以针对特定网站页面进行爬网并保存数据结果。

任务 1.5 读写 MongoDB 非结构化数据

PPT：任务 1.5 读写 MongoDB 非结构化数据

【任务目标】

① 能够快速安装和使用 MongoDB 本地服务。

② 熟练使用 pymongo 库连接到 MongoDB 服务并执行常见的查删改查操作。

【任务描述】

在 Windows 上快速安装 MongoDB 服务，然后使用 Python 和 pymongo 库连接到该服务，创建数据库、集合，新增记录，并执行查询、修改和删除操作。

【知识准备】

MongoDB 是一个基于分布式文件存储的开源数据库系统。它将数据存储为一个文档，数据结构由键—值（Key-Value）对组成。MongoDB 文档类似于 JSON 对象。字段值可以包含其他文档、数组及文档数组。Pymongo 库提供了从 Python 程序访问 MongoDB 服务的驱动程序和 API。

使用 MongoClient 对象，指定 MongoDB 服务的地址即可连接到该服务。MongoDB 的默认端口号是 27017。在 MongoDB 中，集合只有在内容插入后才会创建。也就是说，创建集合（数据表）后要再插入一个文档（记录），集合才会真正创建。

使用 insert_one 方法可以向集合中插入文档，该方法返回一个 InsertOneResult 对象，该对象包含 inserted_id 属性，它是插入文档的 ObjectId 值。如果在插入文档时没有指定 id，MongoDB 会为每个文档添加一个唯一的 ObjectId。使用 insert_many 方法可以批量插入多个文档。

使用 update_one 方法可以修改文档中的记录。该方法的第 1 个参数为查询的条件，第 2 个参数为要修改的字段。如果查找到的匹配数据多于一条，则只会修改第 1 条。如果要修改所有匹配到的记录，可以使用 update_many 方法。

使用 delete_one 方法可以删除一个文档，该方法的第 1 个参数为查询对象，指定要删除哪些数据。使用 delete_many 方法可以删除多个文档，该方法的第 1 个参数为查询对象，指定要删除哪些数据。

使用 find_one 方法可以查询集合中的单条数据，使用 find 方法可以查询集合中的所有数据。在查询时，可以查询指定字段，将要返回的字段对应值设置为 1。

【任务实施】

微课 1-9
在 Windows 上安装 MongoDB

1. 在 Windows 上安装 MongoDB

➢ 步骤 1：下载 Windows 版的 MongoDB。

从MongoDB 官网下载页面中下载 Windows 版的 MongoDB。选择 Community Server 版本，本例中 Version 选择 4.0.25，Platform 选择 Windows，Package 选择 zip，如图 1-10 所示。

zip 格式的包解压后即可使用，无须额外安装，适合本案例的实验使用。

➢ 步骤 2：启动服务。

将下载的 zip 包在恰当位置解压缩，如解压到 d:\mongodb-4.0.25 目录，如图 1-11 所示。

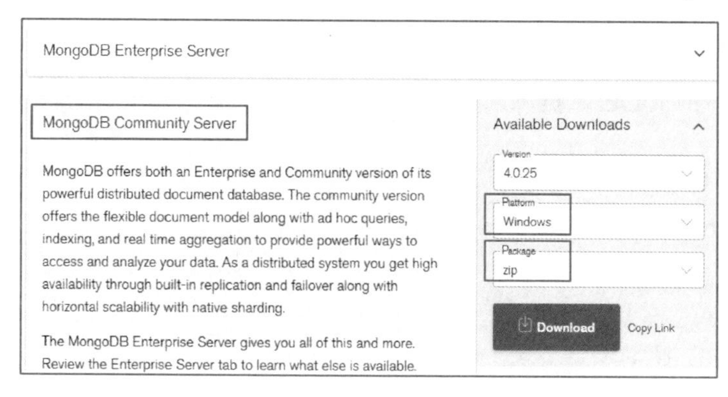

图 1-10 下载 Windows 版本的 MongoDB

图 1-11 解压缩 MongoDB 包

在 d:\mongodb-4.0.25 目录下创建子目录 data，作为 MongoDB 数据存储区域。然后在 d:\mongodb-4.0.25 目录中打开一个命令行，运行下列命令启动 MongoDB 服务：

```
.\bin\mongod.exe --dbpath .\data
```

观察服务启动输出，显示如下：

```
2021-08-30T09:06:07.136+0800 I CONTROL  [initandlisten] targetMinOS: Windows 7/Windows Server 2008 R2
2021-08-30T09:06:07.138+0800 I CONTROL  [initandlisten] db version v4.0.25
...
2021-08-30T09:06:07.141+0800 I CONTROL  [initandlisten] options: { storage: { dbPath: ".\data" } }
2021-08-30T09:06:07.213+0800 I STORAGE  [initandlisten] Detected data files in .\data created by the 'wiredTiger' storage engine, so setting the active storage engine to 'wiredTiger'.
...
```

如果要关闭服务，在命令行中连续按下 Ctrl+C 组合键即可。

➢ 步骤 3：使用 MongoDB 客户端。

首先确保 MongoDB 服务已经启动，然后开启一个新的命令行，并进入到 d:\mongodb-4.0.25 目录，运行如下命令进入 MongoDB 客户端。

```
.\bin\mongo.exe
```

在客户端环境中输入如下命令，可查看 MongoDB 服务中已有的数据库：

```
show dbs
```

微课 1-10
使用 pymongo 操作 MongoDB 数据库

输入命令 exit 可退出客户端。

2. 使用 pymongo 操作 MongoDB 数据库

➢ 步骤 1：安装 pymongo 库。

使用下列命令安装 pymongo 库：

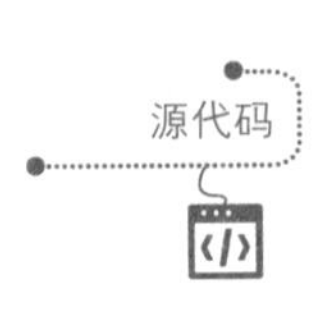


```
pip install pymongo
```

➢ 步骤 2：连接到 MongoDB 服务。

首先使用 pymongo 库连接到 MongoDB 服务，创建一个数据库 dbTest，然后在 dbTest

中创建名为 sites 的集合。

```
import pymongo          # 导入 pymongo 库

myclient = pymongo.MongoClient("mongodb://localhost:27017/")
mydb = myclient["dbTest"]
mycol = mydb["sites"]
collists = mydb.list_collection_names()
if "sites" in collists:
  print("集合已存在！ ")
```

➢ 步骤 3：添加数据。

插入单个文档。

```
import pymongo

myclient = pymongo.MongoClient("mongodb://localhost:27017/")
mydb = myclient["dbTest"]
mycol = mydb["sites"]

mydict = { "name": "bitc", "alexa": "10000", "url": "https://www.bitc.edu.cn" }
x = mycol.insert_one(mydict)
print(x.inserted_id)
```

插入多个文档：

```
import pymongo

myclient = pymongo.MongoClient("mongodb://localhost:27017/")
mydb = myclient["dbTest"]
mycol = mydb["sites"]

mylist = [
  {"name": "Taobao", "alexa": "100", "url": "https://www.taobao.com" },
  { "name": "QQ", "alexa": "101", "url": "https://www.qq.com" },
```

```
    {"name": "Facebook", "alexa": "10", "url": "https://www.facebook.com" },
    {"name": "知乎", "alexa": "103", "url": "https://www.zhihu.com" },
    {"name": "Github", "alexa": "109", "url": "https://www.github.com" }
]
x = mycol.insert_many(mylist)
print(x.inserted_ids)
```

输出结果如下：

```
[ObjectId('6074516e74cb7a17f844c853'),
     ObjectId('6074516e74cb7a17f844c854'),
     ObjectId('6074516e74cb7a17f844c855'),
     ObjectId('6074516e74cb7a17f844c856'),
     ObjectId('6074516e74cb7a17f844c857')]
```

插入文档时指定 ObjectId：

```
import pymongo
myclient = pymongo.MongoClient("mongodb://localhost:27017/")
mydb = myclient["dbTest"]
mycol = mydb["sites2"]
mylist = [
    { "_id" : 1, "name": "Taobao", "alexa": "100", "url": "https://www.taobao.com" },
    { "_id" : 2, "name": "QQ", "alexa": "101", "url": "https://www.qq.com" },
    { "_id" : 3, "name": "Facebook", "alexa": "10", "url": "https://www.facebook.com" },
    { "_id" : 4, "name": "知乎", "alexa": "103", "url": "https://www.zhihu.com" },
    { "_id" : 5, "name": "Github", "alexa": "109", "url": "https://www.github.com" }
]
x = mycol.insert_many(mylist)
print(x.inserted_ids)
```

输出结果如下：

```
[1, 2, 3, 4, 5]
```

➢ 步骤 4：修改数据。

将 alexa 字段的值 10000 改为 12345：

```
import pymongo

myclient = pymongo.MongoClient("mongodb://localhost:27017/")
mydb = myclient["dbTest"]
mycol = mydb["sites"]

myquery = {"alexa": "10000"}
newvalues = {"$set": {"alexa": "12345"}}
mycol.update_one(myquery, newvalues)
for x in mycol.find( ):
  print(x)
```

相关的部分输出结果如下：

```
...
{'_id': ObjectId('612c30b1bdb322b64e7de457'), 'name': 'bitc', 'alexa': '12345', 'url': 'https://www.bitc.edu.cn'}
...
```

查找所有以字母 F 开头的 name 字段，并将匹配到所有记录的 alexa 字段修改为 123：

```
import pymongo

myclient = pymongo.MongoClient("mongodb://localhost:27017/")
mydb = myclient["dbTest"]
mycol = mydb["sites"]

myquery = { "name": { "$regex": "^F" } }
newvalues = { "$set": { "alexa": "123" } }
x = mycol.update_many(myquery, newvalues)
print(x.modified_count, "文档已修改")
```

➢ 步骤 5：删除数据。

删除 name 字段值为 "bitc" 的文档：

```
import pymongo

myclient = pymongo.MongoClient("mongodb://localhost:27017/")
mydb = myclient["dbTest"]
mycol = mydb["sites"]

myquery = { "name": "Taobao" }
mycol.delete_one(myquery)
# 删除后输出
for x in mycol.find( ):
    print(x)
```

删除所有 name 字段中以字母 F 开头的文档：

```
import pymongo

myclient = pymongo.MongoClient("mongodb://localhost:27017/")
mydb = myclient["dbTest"]
mycol = mydb["sites"]

myquery = { "name": {"$regex": "^F"} }
x = mycol.delete_many(myquery)
print(x.deleted_count, "个文档已删除")
```

➢ 步骤 6：查询数据。

查询 sites 集合中的第 1 条数据：

```
import pymongo
myclient = pymongo.MongoClient("mongodb://localhost:27017/")
mydb = myclient["dbTest"]
mycol = mydb["sites"]
x = mycol.find_one( )
print(x)
```

查找 sites 集合中的所有数据：

```
import pymongo
myclient = pymongo.MongoClient("mongodb://localhost:27017/")
mydb = myclient["dbTest"]
mycol = mydb["sites"]
for x in mycol.find( ):
    print(x)
```

指定返回 name 和 alexa 两个字段：

```
import pymongo
myclient = pymongo.MongoClient("mongodb://localhost:27017/")
mydb = myclient["dbTest"]
mycol = mydb["sites"]
for x in mycol.find({},{ "_id": 0, "name": 1, "alexa": 1 }):
    print(x)
```

【任务小结】

本任务主要介绍了 MongoDB 的基本概念和 pymongo 库的作用。学习完本任务，应当学会安装 pymongo 库，能够使用 Python 连接到 MongoDB 服务，并能够对 MongoDB 中的数据进行添加、修改、删除及查询操作。

任务 1.6　读写 Redis 非结构化数据

PPT：任务 1.6 读写 Redis 非结构化数据

【任务目标】

① 能够快速安装和使用 Redis 本地服务。

② 熟练使用 redis 模块连接到 Redis 服务并执行常见的数据读写操作。

【任务描述】

在 Windows 上快速安装 Redis 服务，然后使用 Python 和 redis 模块连接到该服务，执行 get/set、incr/decr 等操作。

【知识准备】

Redis 是一个键—值对数据库，支持 string（字符串）、list（列表）、set（集合）、zset（有序集合）、hash（哈希）等类型的数据。redis 库提供了从 Python 程序访问 Redis 服务的驱动程序和 API。

redis 库提供了 Redis 和 StrictRedis 两个类，其中 StrictRedis 类用于实现大部分官方的命令，Redis 类则是 StrictRedis 的子类，用于向后兼用旧版本。通常直接构建 Redis 对象实例即可。redis 取出的结果默认是字节，可以在构造函数中设定 decode_responses=True，使之按字符串取出结果。

redis 库支持使用连接池（ConnectionPool）来管理对 Redis 服务的所有连接，避免每次建立、释放连接的开销。可以直接建立一个连接池，然后作为参数传递给 Redis 构造函数，这样就可以实现多个 Redis 实例共享一个连接池。

redis 库使用 set/get 方法来设置和获取 Redis 中的键值数据，如果该键已经存在，则修改其对应的值，否则直接创建该键—值对。redis 库还提供了 mset/mget 方法批量设置和获取键—值数据。在某些情况下，需要频繁地对某个数据执行自增或自减操作，此时可以使用 incr/decr 方法来快速实现。

【任务实施】

微课 1-11
在 Windows 上
安装 Redis

1. 在 Windows 上安装 Redis

➢ 步骤 1：下载 Windows 版的 Redis。

从GitHub 平台 Redis 官网页面下载 Windows 版的 Redis，选择 Redis 4.0.14.2 for Windows，如图 1-12 所示。

zip 格式的包解压后即可使用，无须额外安装，适合本任务使用。

➢ 步骤 2：启动 Redis 服务。

将下载的 zip 包在恰当位置解压缩，如解压到 d:\redis-4.0.14 目录中，如图 1-13 所示。

在 d:\redis-4.0.14 目录中打开一个命令行，运行下列命令启动 Redis 服务：

```
.\redis-server.exe
```

观察服务启动输出，最终输出下列信息：

```
[5380] 30 Aug 09:38:16.576 # Server initialized
[5380] 30 Aug 09:38:16.577 * Ready to accept connections
```

Redis 4.0.14.2 for Windows

tporadowski released this on 27 Jan 2020

This is a hotfix release of 4.0.14 branch that fixes #50 related to running in Sentinel mode.

Assets 4

Redis-x64-4.0.14.2.msi

Redis-x64-4.0.14.2.zip

Source code (zip)

Source code (tar.gz)

图 1-12　下载 Windows 版本的 Redis

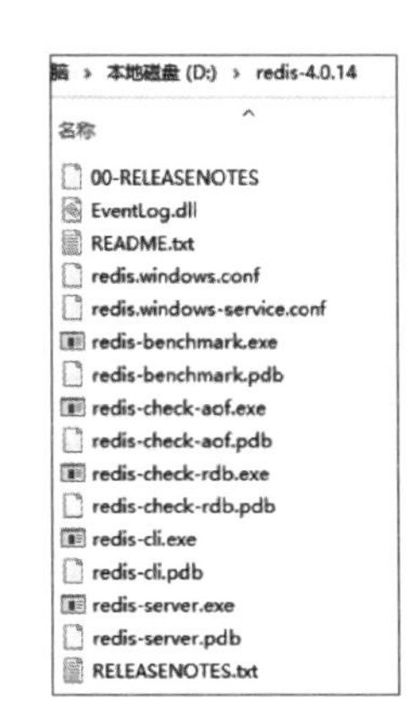

图 1-13　解压缩 Redis 安装包

如果要关闭服务，在命令行中连续按下 Ctrl+C 组合键即可。

➢ 步骤 3：使用 Redis 客户端。

确保 Redis 服务已经启动，开启一个新的命令行，并进入到 d:\redis-4.0.14 目录。运行下列命令，进入 Redis 客户端：

```
.\redis-cli.exe -h 127.0.0.1 -p 6379
```

在客户端环境中输入下列命令，以设置一个键—值对：

```
set myKey 100
```

微课 1-12
使用 redis 库操作 Redis 服务中的数据

再输入命令以获取刚刚设置的键的值：

```
get myKey
```

输入命令 exit 可退出客户端。

2. 使用 redis 库操作 Redis 服务中的数据

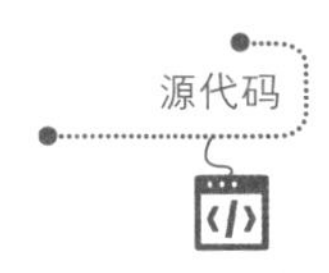

➢ 步骤 1：安装 redis 库。

使用下列命令安装 redis 库：

```
pip install redis
```

➢ 步骤 2：连接到 Redis 服务。

使用 redis 库连接 Redis 服务并且设置和获取了一个键—值对：

```
import redis    # 导入 redis 库
```

```
r = redis.Redis(host='localhost', port=6379, decode_responses=True)
r.set('name', 'python')                    # 设置 name 对应的值
print(r['name'])                           # 取出键 name 对应的值
print(r.get('name'))                       # 取出键 name 对应的值
print(type(r.get('name')))                 # 查看类型
```

➢ 步骤 3：使用连接池。

使用连接池连接到 Redis 服务并且设置和获取一个键—值对：

```
# 使用连接池
import redis

pool = redis.ConnectionPool(host='localhost', port=6379, decode_responses=True)
r = redis.Redis(host='localhost', port=6379, decode_responses=True)
r.set('name', 'python')
print(r.get('name'))
```

➢ 步骤 4：使用 set 和 get 方法。

设置一个 3 秒内有效的键—值对，3 秒后键 food 的值就变成 None：

```
import redis
import time

pool = redis.ConnectionPool(host='localhost', port=6379, decode_responses=True)
r = redis.Redis(connection_pool=pool)
r.set('food', 'mutton', ex=3)      # ex 参数用于指定失效时间
print(r.get('food'))

time.sleep(3)      # 等待 3 秒，使得之前设置的键—值对失效
print('超时后获取数据值：', r.get('food'))
```

使用 mset 方法批量设置和或者键值数据：

```
r.mget({'k1': 'v1', 'k2': 'v2'})
r.mset(k1="v1", k2="v2") # 注意这里的 k1 和 k2 不能带引号，一次设置两个键—值对
```

```
print(r.mget("k1", "k2"))    # 一次取出多个键对应的值
```

3. 模拟实现页面点击数的增长

假定对一系列页面需要记录点击次数。例如，论坛的每个帖子都要记录点击次数，而点击次数比回帖的次数多得多，如果使用关系数据库来存储点击数，可能存在大量的行级锁争用，而 Redis 服务提供了更为高效的方法。

➢ 步骤 1：设置点击数初值。

当 Redis 服务器启动时，可以从关系数据库读入点击数的初始值，如 12306 这个页面被访问了 34634 次。

```
r.set("visit:12306:totals", 34634)
print(r.get("visit:12306:totals"))
```

➢ 步骤 2：实现点击计数增长。

```
r.incr("visit:12306:totals")
```

【任务小结】

本任务介绍了 Redis 库的基本概念和 redis 库的作用。学习完本任务，应当学会安装 redis 库、连接到 Redis 服务以及 redis 的相关操作，包括 redis.set、redis.get、redis.incr 和 redis.decr 等。

任务 1.7　快速搭建本地大数据环境

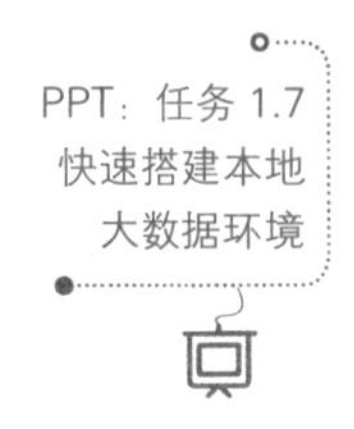

【任务目标】

① 能够安装、配置单机大数据平台所需的 Linux 系统和 Java 运行库。

② 能够安装和配置 Hadoop 组件。

③ 能够安装和配置 ZooKeeper 和 HBase 组件。

④ 能够安装和配置 Hive 组件。

【任务描述】

在 Linux 系统上完成 Hadoop、ZooKeeper、HBase 和 Hive 组件的安装配置，快速搭建单机版运行环境。

【知识准备】

本任务和本项目中的后续任务均需要使用 Hadoop 大数据环境。关于如何安装、配置大数据系统并不在本书的内容范畴，同时也不是数据应用开发与服务（Python）1+X 技能证书的考核内容。本任务的目的是帮助读者快速搭建后续任务所需的开发运行环境。

【任务实施】

➢ 步骤 1：开发环境和下载准备。

下面列出了本书使用的环境，相关软件请自行上网查找并下载。

① Ubuntu 18.04 64 位桌面版操作系统（可以使用独立安装或者虚拟机形式）。

② Oracle JDK 1.8。注意请勿使用 1.8 以外的其他版本，也不要使用 OpenJDK。

③ Hadoop 3.3.0。

④ ZooKeeper 3.5.9。

⑤ HBase 2.3.5。

⑥ Hive 2.1.3。

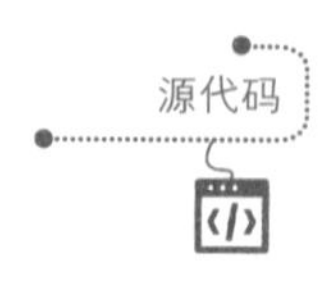

➢ 步骤 2：创建用户和目录。

在 Ubuntu 中创建一个用户，名为 bigdata，密码自行确定。主目录设置为/home/bigdata。该用户将作为后续操作和运行大数据环境的账号。注意后续操作一律使用 bigdata 账号进行，不要使用 root 账号。

在/home/bigdata 目录下创建名为 software 的子目录，作为大数据组件的安装位置；创建名为 data 的子目录，作为 HDFS 的存储位置，并在该子目录下创建几个 HDFS 需要的子目录：

```
cd /home/bigdata
mkdir software
mkdir data
mkdir -p data/hdfs/namenode
mkdir -p data/hdfs/datanode
mkdir -p data/hdfs/secondarynamenode
mkdir -p data/yarn/nodemanager
```

微课 1-13
设置 SSH 免密登录

➢ 步骤 3：安装并配置 SSH 服务。

以 bigdata 账号登录系统，在 Linux Shell 中运行下列命令安装 SSH 服务：

```
sudo apt-get install openssh-server
```

当提示根账号密码时，输入 Ubuntu 系统的 root 账号密码。

接下来需要配置免密登录 SSH。首先以 bigdata 账号运行下列命令以创建本地的配置文件目录：

```
ssh localhost        #登录SSH，第一次登录输入yes，然后输入Hadoop账号密码
exit                 #退出登录的ssh localhost
```

以上命令将创建~/.ssh 目录，接下来在该目录下生成密钥：

```
cd ~/.ssh/
ssh-keygen -t rsa                    #连续按3 次Enter 键
cat ./id_rsa.pub >> ./authorized_keys      #加入授权
```

再次运行 ssh localhost 命令尝试登录本机，此时已经不需要输入密码了。

➢ 步骤 4：安装并配置 JDK。

微课 1-14
安装并配置 JDK

以 bigdata 账号登录 Ubuntu，将下载的 JDK 1.8 压缩包解压，解压后的文件夹重命名为 jdk1.8.0，并复制到/home/bigdata/software 目录下。

以 root 权限编辑/etc/profile 文件，在文件末尾添加下列内容：

```
export JAVA_HOME=/home/bigdata/software/jdk1.8.0
export PATH=$PATH:$JAVA_HOME/bin
```

保存/etc/profile 文件，然后在命令行中运行 source /etc/profile 命令，再检查 Java 配置是否正确：

```
source /etc/profile
java –version
```

➢ 步骤 5：安装并配置 Hadoop。

微课 1-15
安装并配置
Hadoop

解压缩 hadoop-3.3.0.tar.gz，将文件夹重命名为 hadoop-3.3.0，并复制到/home/bigdata/software 目录下。

编辑 /home/bigdata/software/hadoop-3.3.0/etc/hadoop/hadoop-env.sh 文件，找到 export JAVA_HOME 语句，将其修改为：

```
export JAVA_HOME=/home/bigdata/software/jdk1.8.0
```

代码 1.9

编辑/home/bigdata/software/Hadoop-3.3.0/etc/hadoop/core-site.xml 文件，将代码 1.9 的内容添加到<configuration>…</configuration>配置节中（请扫描

二维码查看）。

注意，hadoop.proxyuser.bigdata.hosts 和 hadoop.proxyuser.bigdata.groups 中的 bigdata，是之前创建的 bigdata 账号名称。这是后续 Hive 服务启动时必须设置的属性。

编辑/home/bigdata/software/Hadoop-3.3.0/etc/hadoop/hdfs-site.xml 文件，将代码 1.10 的内容添加到<configuration>…</configuration>配置节中（请扫描二维码查看）。

代码 1.10

注意在本配置中，file///home/bigdata/data 是在步骤 2 中创建的用于存储 HDFS 数据的子目录。

代码 1.11

编辑/home/bigdata/software/Hadoop-3.3.0/etc/hadoop/mapred-site.xml 文件，将代码 1.11 的内容添加到<configuration>…</configuration>配置节中（请扫描二维码查看）。

代码 1.12

编辑/home/bigdata/software/Hadoop-3.3.0/etc/hadoop/yarn-site.xml 文件，将代码 1.12 的内容添加到<configuration>…</configuration>配置节中（请扫描二维码查看）。

编辑/etc/profile 文件，在末尾添加环境变量。然后运行 source /etc/profile 命令使得当前的配置生效。

```
export HADOOP_HOME=/home/bigdata/software/hadoop-3.3.0
export HADOOP_INSTALL=$HADOOP_HOME
export HADOOP_MAPRED_HOME=$HADOOP_HOME
export HADOOP_COMMON_HOME=$HADOOP_HOME
export HADOOP_HDFS_HOME=$HADOOP_HOME
export YARN_HOME=$HADOOP_HOME
export HADOOP_COMMON_LIB_NATIVE_DIR=$HADOOP_HOME/lib/native
export HADOOP_OPTS="-Djava.library.path=$HADOOP_HOME/lib/native"
export PATH=$PATH:$HADOOP_HOME/sbin:$HADOOP_HOME/bin
```

运行下列命令以格式化 HDFS，最后给所有用户赋予其根目录的读写权限：

```
hadoop namenode -format
hdfs dfs -chmod 777 /
```

运行下列命令启动 Hadoop 服务，并观察启动的服务：

```
start-all.sh
jps
```

➢ 步骤 6：安装并配置 ZooKeeper。

解压缩 apache-zookeeper-3.5.9-bin.tar.gz，将文件夹重命名为 ZooKeeper-3.5.9，并复制到/home/bigdata/software 目录下。

进入/home/bigdata/software/zookeeper-3.5.9/conf 目录，运行下列命令以生成一个配置文件：

```
cd /home/bigdata/software/zookeeper-3.5.9/conf
cp zoo_sample.cfg zoo.cfg
```

编辑/etc/profile 文件，添加环境变量，然后运行 source /etc/profile 命令使之生效：

```
export ZOOKEEPER_HOME=/home/bigdata/software/zookeeper-3.5.9
export PATH=$PATH:$ZOOKEEPER_HOME/bin
```

运行 zkServer.sh start 命令可以启动 ZooKeeper，运行 zkServer.sh stop 命令可以停止服务。

➢ 步骤 7：安装并配置 HBase。

解压缩 hbase-2.3.5-bin.tar.gz，将文件夹重命名为 hbase-2.3.5，并复制到/home/bigdata/software 目录下。

编辑/home/bigdata/software/hbase-2.3.5/conf/hbase-site.xml 文件，将代码 1.13 的内容添加到<configuration>…</configuration>配置节中（请扫描二维码查看）。

编辑/home/bigdata/software/hbase-2.3.5/conf/hbase-env.sh 文件，找到下列 3 项，并修改为对应的值：

代码 1.13

```
export JAVA_HOME=/home/bigdata/software/jdk1.8.0
export HBASE_CLASSPATH=/home/bigdata/software/hbase-2.3.5/lib
export HBASE_MANAGES_ZK=false
```

编辑/etc/profile 文件，添加环境变量，并且运行 source /etc/profile 命令：

```
export HBASE_HOME=/home/bigdata/software/hbase-2.3.5
export PATH=$PATH:$HBASE_HOME/bin
```

运行 start-hbase.sh 命令，即可启动 HBase 服务；运行 stop-hbase.sh 命令，可以停止 HBase 服务。

➢ 步骤 8：安装并配置 Hive。

解压缩 apache-hive-3.1.2-bin.tar.gz，将文件夹重命名为 hive-3.1.2，并复制到/home/bigdata/software 目录下。创建子目录以保存 Hive 产生的数据：

```
cd /home/bigdata
mkdir -p data/hive/downloadedsource
mkdir -p data/hive/exec
mkdir -p data/hive/logs
```

运行下列命令，更新软件包：

```
cd /home/bigdata/software/hive-3.1.2
rm lib/guava*
cp /home/bigdata/software/hadoop-3.3.0/share/hadoop/common/lib/guava-27.0-jre.jar lib/
```

运行下列命令，根据模板创建相关配置文件：

```
cd conf
cp hive-env.sh.template hive-env.sh
cp hive-default.xml.template hive-site.xml
cp hive-default.xml.template hive-default.xml
cp hive-exec-log4j2.properties.template hive-exec-log4j2.properties
cp hive-log4j2.properties.template hive-log4j2.properties
```

编辑 hive-site.xml 文件，找到如代码 1.14 所示 property 中对应的 name，并修改其 value（请扫描二维码查看）。

代码 1.14

此外，修改 hive-site.xml 文件，将第 3215 行的特殊字符去掉。

分别修改 hive-log4j2.properties 和 hive-exec-log4j2.properties 文件，找到 property. hive.log.dir 配置项，将其值更改为：

```
property.hive.log.dir = /home/bigdata/data/hive/logs
```

编辑/etc/profile 文件，添加环境变量，并且运行 source /etc/profile 命令：

```
export HIVE_HOME=/home/bigdata/software/hive-3.1.2
export PATH=$PATH:$HIVE_HOME/bin
```

进入 Hive 安装目录并运行如下命令：

```
cd /home/bigdata/software/hive-3.1.2
schematool -dbType derby –initSchema
```

在 Hive 安装目录中运行 hive 命令，即可进入 Hive 交互命令行，输入“show databases;”命令，即可查看 Hive 中已有的数据库。

【任务小结】

本任务介绍了如何在本地单机 Linux 系统上安装、配置和使用 Hadoop、ZooKeeper、HBase、Hive 等开发环境，为后续实验提供快捷的基础系统。

任务 1.8　读写 HDFS 数据

PPT：任务 1.8 读写 HDFS 数据

【任务目标】

① 能够安装 hdfs 库并连接到 HDFS 服务。

② 熟悉 HDFS 的相关操作方法，如 list、mkedirs、rename、delete、upload、download 及 read 等。

【任务描述】

使用 Python 的 hdfs 库连接到 HDFS 服务，并进行目录和文件的操作。

【知识准备】

Hadoop 分布式文件系统（HDFS）是指被设计成适合运行在通用硬件上的分布式文件系统。Python 的 hdfs 库用于连接到 HDFS 服务并进行文件和目录的操作。

Hdfs 库提供了 Client（客户端）用于与 HDFS 服务进行通信，一般通过 HTTP 连接 Hadoop 的 DataNode 节点。注意默认端口是 9870，与 core-site.xml 中设置的 fs.defaultFS 没有关联。

在创建了 Client 的对象实例后，可以使用 list 方法列出 hdfs 指定路径的所有文件信息；makedirs 方法用于创建目录并设置访问权限；rename 方法用于更改目录或文件的名字；delete 方法用于删除文件或目录。

使用 upload 方法将本地文件上传到 HDFS 指定目录中。该方法可以传入一个回调函数，每当上传一个批次字节的数据时，该回调函数将被自动触发。可以在该回调函数中计算当前上传的进度。download 方法用于从 HDFS 下载文件到本地磁盘中。read 方法可以将 HDFS 上的文件分批次读入程序内存中进行处理，注意该方法必须在 with 块中使用。

【任务实施】

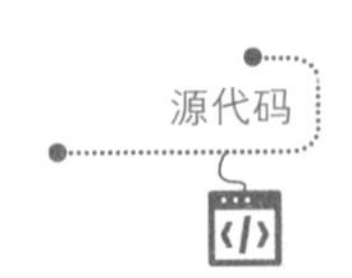

➢ 步骤 1：安装 hdfs 库。

使用下列命令安装 hdfs 库：

```
pip install hdfs
```

➢ 步骤 2：连接 HDFS 服务。

运行下列命令，启动 Hadoop 服务：

```
start-all.sh
```

连接到本机的 HDFS 服务：

```
from hdfs.client import Client
client = Client("http://localhost:9870/")
```

➢ 步骤 3：列出文件信息。

列出 HDFS 根目录下的所有直属目录和文件信息，等同于 hdfs dfs -ls / 命令：

```
print("hdfs 中的目录为:", client.list(hdfs_path="/",status=True))
```

➢ 步骤 4：创建目录。

在 HDFS 根目录下创建名为 mydir 的子目录，并将其访问权限设置为 755：

```
print("创建目录", client.makedirs(hdfs_path="/mydir", permission="755"))
```

➢ 步骤 5：文件或目录重命名。

将 HDFS 上的 text.txt 文件重命名为 text.bak.txt：

```
client.rename(hdfs_src_path="/text.txt",hdfs_dst_path="/text.bak.txt")
```

➢ 步骤 6：上传文件。

将本地文件 a.txt 上传到 HDFS 目录下，并命名为 a_hdfs.txt。上传过程中，每个字节块上传完成后，调用 callback 回调函数打印当前上传的字节数。

```
def callback(filename, size):
    print(filename, "完成了一个 chunk 上传", "当前大小:", size)
    if size == -1:
```

```
        print("文件上传完成")

client.upload(hdfs_path="/a_hdfs.txt",local_path="a.txt", progress=callback)
```

➢ 步骤 7：下载文件。

将 input.txt 从 HDFS 上下载到本地当前目录下：

```
print(" 下 载 文 件 结 果  input.txt:",  client.download(hdfs_path="/input.txt",  local_path=
"./",overwrite=True))
```

➢ 步骤 8：读文件。

从 input.txt 文件中读取 200 字节的内容并打印：

```
with client.read("/input.txt", length=200, encoding='utf-8') as data:
    for i in data:
        print(i)
```

【任务小结】

本任务介绍了 HDFS 服务的基本概念和 hdfs 库的作用。完成本任务后，应当学会安装 hdfs 库、连接到 HDFS 服务和使用 HDFS 的相关操作方法，包括 list、mkedirs、rename、delete、upload、download 以及 read 等。

任务 1.9　读写 HBase 数据

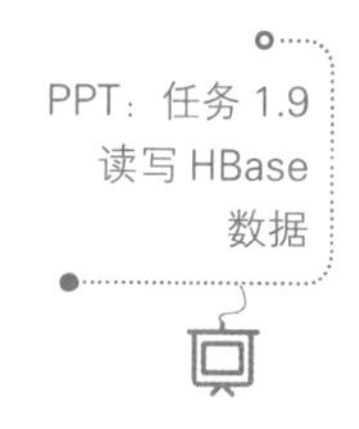

【任务目标】

① 能够安装 hapybase 库并连接到 HBase 服务（Connection）。

② 熟练应用 Hbase 的相关操作方法，如 Connection.create_table、Connection.table、Table.put、Table.scan、Table.row 以及 Table.delete 等。

【任务描述】

使用 Python 的 hapybase 库连接到 HBase 服务，并进行目录和文件的操作。

【知识准备】

HBase 是一个分布式的、面向列的开源数据库，它适合于结构化数据存储，并且采用基于列的而不是基于行的模式。Hapybase 库是一个与 HBase 数据库进行交互的 Python 接口库。

要使用 hapybase 库连接到 HBase，必须首先启动 HBase 服务，同时还要启动 HBase 的 thrift 服务。Connection 对象用于建立到 HBase thrift 服务的连接。使用下列命令启动 thrift 服务（在 9090 端口提供服务）：

```
hbase thrift start-port:9090
```

使用 Connection.create_table 方法可以创建一个表，同时需要指定一个或多个列簇的名称和类型。列簇的类型一般是 dict。例如，创建名为 employee 的表，包括 basic_info 和 job_info 两个列簇：

```
conn.create_table('employee',{'basic_info':dict(), 'job_info':dict()} )
```

使用 Connection.table 方法可以获得指定名称的表对象。在得到表对象之后，可以使用 Table.put 方法向表中添加数据。该方法的第 1 个参数是数据的 Key，第 2 个参数则可以以 dict 的形式向一个或多个列簇中写入一个或多个列的值。Table.put 方法同样也可以用于修改表中的数据。例如，向表中添加 Key 为 RK0001 的一条记录，并且设置 basic_info 列簇的 3 个列值和 job-info 列簇的 2 个列值：

```
table.put('RK0001', {'basic_info:name':'张三',
                     'basic_info:age':'25',
'basic_info:gender':'男'})
table.put('RK0001', {'job_info:position':'程序员',
 'job_info:service_years':'2'})
```

使用 Table.row 方法可以返回指定 Key 的数据；如果需要返回多个 Key 的数据，可以使用 Table.rows 方法。Table.scan 方法则提供了更强大的返回数据的功能，可以通过 filter 参数指定查询条件，还可以通过 columns 参数指定要返回的列。Table.scan 方法的返回结果是一个包含 Key 和 Value 的元组，可以通过 for 循环来遍历结果集。值得注意的是，该方法返回的数据中，列簇名称、列名称以及列值，都是以字节数组形式来代表，因此往往需要通过调用 decode 方法使之转换成字符串。

使用 Table.delete 方法可以删除指定 Key 的数据条目，包括所有列簇，如果指定了 columns，则可以只删除指定的列簇或列。使用 Connection.delete_table 方法可以删除整个表，包括表中所有数据和表结构。在删除表之前，必须先将表的状态值设为 disable。

【任务实施】

➢ 步骤 1：安装 hapybase 库并启动服务。

使用下列命令安装 hapybase 库：

```
pip install hapybase
```

使用下列命令启动 HBase 和 thrift 服务：

```
start-all.sh            # 启动 Hadoop
zkServer.sh start       # 启动 ZooKeeper
start-hbase.sh          # 启动 HBase 服务
hbase thrift start-port:9090        # 在 9090 端口启动 thrift 服务
```

➢ 步骤 2：连接到 HBase 服务并创建 employee 表。

连接到 HBase thrift 服务，创建名为 employee 的表，同时指定 basic_info 和 job_info 两个列簇：

```
import hapybase

conn = hapybase.Connection(host="localhost", port=9090)
conn.create_table('employee',   {'basic_info':dict( ), 'job_info':dict( )} )
```

可以在 HBase 的 Shell 命令行中运行 describe 'employee'命令来检查创建的表：

```
hbase shell
hbase(main):001:0> describe 'employee'
```

➢ 步骤 3：向表中添加数据。

向表中添加 5 条数据（Key 分别为 RK0001、RK0002、RK0003、RK0004 和 RK0005）：

```
table = conn.table('employee', use_prefix=False)
table.put('RK0001', {'basic_info:name':'张三', 'basic_info:age':'25', 'basic_info:gender':'男'})
table.put('RK0001', {'job_info:position':'程序员', 'job_info:service_years':'2'})
table.put('RK0002', {'basic_info:name':'李四', 'basic_info:age':'28', 'basic_info:gender':'男'})
table.put('RK0002', {'job_info:position':'程序员', 'job_info:service_years':'3'})
table.put('RK0003', {'basic_info:name':'Jerry', 'basic_info:age':'30', 'basic_info:gender':'男'})
table.put('RK0003', {'job_info:position':'项目经理', 'job_info:service_years':'8'})
table.put('RK0004', {'basic_info:name':'Jessy', 'basic_info:age':'27', 'basic_info:gender':'女'})
```

```
table.put('RK0004', {'job_info:position':'UI 设计师', 'job_info:service_years':'3'})
table.put('RK0005', {'basic_info:name':'Jane', 'basic_info:age':'24', 'basic_info:gender':'女'})
table.put('RK0005', {'job_info:position':'测试员', 'job_info:service_years':'1'})
```

在 Hbase 的 Shell 命令行中，可以使用 scan 命令查看表中所有的数据：

```
scan 'employee', FORMATTER=>'toString'
```

➢ 步骤 4：根据 Key 返回表中的数据。

指定多个 Key，返回对应的数据，数据值使用 decode 方法转换成字符串显示：

```
rows = table.rows(['RK0001', 'RK0002'])
for key, value in rows:
    print("%s:%s,%s" % (key.decode(), value[b'basic_info:name'].decode(), value[b'basic_info:gender'].decode()))
```

➢ 步骤 5：使用 scan 方法进行条件查询。

查询表中所有性别为“男”的数据，并且只返回 name 和 gender 两列：

```
rows = table.scan(filter="SingleColumnValueFilter ('basic_info', 'gender', =, 'binary:男')", columns={'basic_info:name','basic_info:gender'})
for key, value in rows:
    print("%s:%s,%s" % (key.decode(), value[b'basic_info:name'].decode(), value[b'basic_info:gender'].decode()))
```

上面的代码中，SingleColumnValueFilter 定义了一个查询条件。

查询所有 service_years 小于或等于 3 年的数据：

```
rows = table.scan(filter="SingleColumnValueFilter ('job_info', 'service_years', <=, 'binary:3')",
columns={'basic_info:name','job_info:service_years'})
for key, value in rows:
    print("%s:%s,%s" % (key.decode(), value[b'basic_info:name'].decode(), value[b'job_info:service_years'].decode()))
```

➢ 步骤 6：删除表中的数据。

删除 Key 为 RK0005 的数据条目中的 job_info 列簇：

```
table.delete('RK0005',columns={b'job_info'})
```

删除整个 employee 表：

```
conn.delete_table('employee', disable=True)
```

【任务小结】

本任务介绍了 HBase 的基本概念和 hapybase 库的作用。完成本任务后，应当学会安装 hapybase 库、连接到 HBase 服务（Connection），并能够应用 HBase 的相关操作方法，包括 Connection.create_table、Connection.table、Table.put、Table.scan、Table.row、Table.row 以及 Table.delete 等。

任务 1.10　从 Hive 读取数据

PPT：任务 1.10 从 Hive 读取数据

【任务目标】

① 能够安装 pyhive 库并连接到 Hive 服务。

② 熟练使用 Hive 的相关操作方法，如 Connection.cursor、cursor.execute、cursor.fetchone 和 cursor.fetchall。

【任务描述】

在 Hive 中准备一批员工数据，然后使用 pyhive 库连接到 Hive 服务并读取其中的数据。

【知识准备】

Hive 是基于 Hadoop 的一个数据仓库工具，用来进行数据的提取、转换及加载，是一种可以存储、查询和分析存储在 Hadoop 中的大规模数据的机制。Hive 数据仓库工具能将结构化的数据文件映射为一张数据库表，并提供 SQL 查询功能，将 SQL 语句转变成 MapReduce 任务来执行。Hive 的优点是学习成本低，可以通过类似 SQL 语句实现快速 MapReduce 统计，使 MapReduce 变得更加简单，而不必开发专门的 MapReduce 应用程序。Hive 十分适合对数据仓库进行统计分析。

Pyhive 库是 Python 语言编写的用于操作 Hive 的简便工具库，它可以连接到 Hive 的服务并使用 SQL 语法进行数据查询。

pyhive.hive.Connection 方法用于建立一个到 Hive 服务的连接。一般情况下，本地的 Hive 服务地址是 localhost:10000，默认的数据库是 default。

Connection 对象提供了 cursor 方法用于返回一个游标对象。游标可以执行 SQL 语句，并且通过 fetchone 方法获取单条数据结果，或者通过 fetchall 方法获取多条数据结果。

在使用完数据后，应调用 close 方法关闭游标和 Connection 对象。

【任务实施】

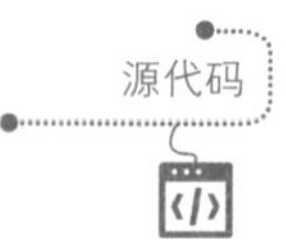

➢ 步骤 1：在 Hive 中准备数据。

进入 Hive 的安装目录，本任务中假设是/home/jerry/bigdata/hive-3.1.2。创建一个名为 employee_data.txt 的文件，并将下列内容写入后保存：

```
John Doe,100000.0,Mary Smith|Todd Jones,Federal Taxes:.2|State Taxes:.05|Insurance:.1,1 Michigan Ave.|Chicago|IL|60600
Mary Smith,100000.0,Mary Smith|Todd Jones,Federal Taxes:.2|State Taxes:.05|Insurance:.1,1MichiganAve.|Chicago|IL|60601
Todd Jones,800000.0,Mary Smith|Todd Jones,Federal Taxes:.2|State Taxes:.05|Insurance:.1,1MichiganAve.|Chicago|IL|60603
Bill King,800000.0,Mary Smith|Todd Jones,Federal Taxes:.2|State Taxes:.05|Insurance:.1,1 Michigan Ave.|Chicago|IL|60605
Boss Man,100000.0,Mary Smith|Todd Jones,Federal Taxes:.2|State Taxes:.05|Insurance:.1,1 Michigan Ave.|Chicago|IL|60604
Fred Finance,800000.0,Mary Smith|Todd Jones,Federal Taxes:.2|State Taxes:.05|Insurance:.1,1 Michigan Ave.|Chicago|IL|60400
Stacy Accountant,800000.0,Mary Smith|Todd Jones,Federal Taxes:.2|State Taxes:.05|Insurance:.1,1 Michigan Ave.|Chicago|IL|60300
```

启动 Hadoop 服务，然后从 Linux 命令行进入/home/jerry/bigdata/hive-3.1.2 目录，运行 Hive 命令进入 Hive 操作界面。在该界面中，运行下列命令，创建名为 employee 的表：

```
create table employee(
        name string,
        salary float,
        subordinate array<string>,
        deduction map<string,float>,
        address struct<street:string,city:string,state:string,zip:int>
        )
        row format delimited fields terminated by ','
        collection items terminated by '|'
        map keys terminated by ':';
```

在 Hive 命令行中运行下列命令，将 employee_data.txt 中的数据装载到 Hive 的 employee 表中：

```
load data local inpath 'employee_data.txt' overwrite into table employee;
```

最后运行下列命令，检查数据是否正确导入：

```
select * from employee;
```

➢ 步骤 2：安装 pyhive。

在操作系统中安装 libsasl2-dev 软件包：

```
sudo apt-get install libsasl2-dev
```

然后安装下列 Python 包：

```
pip install sasl
pip install thrift
pip install thrift-sasl
pip install pyhive
```

➢ 步骤 3：启动 Hive 服务。

pyhive 库需要连接到 Hive 服务才能进行操作。进入/home/jerry/bigdata/hive-3.1.2 目录，运行下列命令，启动 Hive 服务：

```
./hiveserver2
```

Hiveserver2 启动后，请勿关闭命令行窗口，下面的步骤需要保持该服务持续运行。此外，服务启动后，可能需要等待 1～2 分钟才能从客户端程序中建立连接。

➢ 步骤 4：连接到 Hive 服务并执行查询。

下面的代码连接到 localhost:10000/default，然后使用 fetchone 方法返回一条数据，使用 fetchall 方法返回多条数据：

```
from  pyhive import hive

conn = hive.Connection(host='localhost', port=10000, database='default')
cursor = conn.cursor( )

cursor.execute('select name, salary, address from employee where address.zip=60600 ')
```

```
result = cursor.fetchone( )
print(result)

cursor.execute('select name, salary, address from employee where salary<800000.0')
for result in cursor.fetchall( ):
    print(result)

cursor.close( )
conn.close( )
```

【任务小结】

本任务介绍了 Hive 的基本概念和 pyhive 库的作用。完成本任务后，应当学会安装 pyhive 库、连接到 Hive 服务（Connection），并能够使用 Hive 的相关操作方法，包括 Connection.cursor、cursor.execute、cursor.fetchone 和 cursor.fetchall。

项目小结

本项目涉及使用多线程实现多任务并发、基于网络应用协议获取数据、使用正则表达式匹配文本、使用爬虫框架爬取网站数据、读写 MongoDB 非结构化数据、读写 Redis 非结构化数据、快速搭建本地大数据环境、读写 HDFS 数据、读写 HBase 数据、从 Hive 读取数据共 10 个任务的知识和技能。具体包括：

① 多线程实现多任务并发主要理解线程和进程的概念，能够使用 Python 创建多线程程序并通过初步的线程等待实现多个线程的同步。

② 基于网络应用协议获取数据主要了解 B/S 结构程序的基本工作原理，了解 urllib 库的功能并通过程序向网站发送请求和接收响应，了解 requests 库的功能并通过程序向网站发送请求和接收响应。

③ 使用正则表达式匹配文本主要了解正则表达式的概念和作用，能够使用正则表达式解析具有一定格式的文本。

④ 使用爬虫架构爬取网站数据主要理解 Scrapy 框架工作原理和流程，能够建立爬虫框架项目并完成带分页的网页数据爬取、解析和存储。

⑤ 读写 MongoDB 非结构化数据主要能够快速安装和使用 MongoDB 本地服务，熟练使用 pymongo 库连接到 MongoDB 服务并执行常见的查删改查操作。

⑥ 读写 Redis 非结构化数据主要能够快速安装和使用 Redis 本地服务，熟练使用 redis 库连接到 Redis 服务并执行常见的数据读写操作。

⑦ 快速搭建本地大数据环境主要能够安装、配置单机大数据平台所需的 Linux 系统和 Java 运行库（JDK），能够安装和配置 Hadoop 组件、ZooKeeper 组件、HBase 组件以及 Hive 组件。

⑧ 读写 HDFS 数据主要能够安装 hdfs 库并连接到 HDFS 服务，熟悉 HDFS 的相关操作方法，如 list、mkedirs、rename、delete、upload、download 和 read。

⑨ 读写 HBase 数据主要能够安装 hapybase 库并连接到 HBase 服务（Connection），熟练应用 HBase 的相关操作方法，如 Connection.create_table、Connection.table、Table.put、Table.scan、Table.row 以及 Table.delete。

⑩ 从 Hive 读取数据主要能够安装 pyhive 库并连接到 Hive 服务，熟练使用 Hive 的相关操作方法，如 Connection.cursor、cursor.execute、cursor.fetchone 和 cursor.fetchall。

课后练习

文本：参考答案

一、选择题

1．（　　）是操作系统级别的概念，它是一个应用程序运行的所需资源环境（如 CPU、内存、磁盘、网络等），也称为程序运行的上下文环境。

A．进程　　B．线程　　C．程序　　D．多线程

2．（　　）是 HTTP 下运行的程序（基于网站的应用程序）结构，其主要通过请求—响应的模式运行，网络所有资源的定位均通过网络地址。

A．C/S　　B．B/S　　C．URL　　D．HTTP

3．Python 语言正则表达式的实现使用的是（　　）。

A．re 库　　B．urllib 库　　C．request 库　　D．response 库

4．（　　）是一个为了爬取网站数据，提取结构性数据而编写的应用框架。

A．spring 框架　　B．flask 框架　　C．Scrapy 框架　　D．爬虫框架

5．MongoDB 的默认端口号是（　　）。

A．27017　　B．50070　　C．8088　　D．90000

6．（　　）是一个 Key-Value 数据库。

A．HBase　　B．MongoDB　　C．SQL Server　　D．Redis

7．（　　）是指被设计成适合运行在通用硬件上的分布式文件系统。

A．NTFS　　B．HDFS　　C．MapReduce　　D．EXT

8．（　　）是一个分布式的、面向列的开源数据库。

A．HBase　　B．MongoDB　　C．SQL Server　　D．Redis

9．（　　）是基于 Hadoop 的一个数据仓库工具，用来进行数据的提取、转换与加载。

A．HBase　　B．MongoDB　　C．Hive　　D．Redis

二、填空题

1．一个程序可以有多个________同时执行。

2．线程有 5 个状态，分别是________、________、________、________和________。

3．________是 Python 内置的 HTTP 请求库。

4．________是对字符串操作的一种逻辑公式。

5．爬虫请求各个网页时，必须要添加________进行头部请求伪装。

6．________是一个基于分布式文件存储的开源数据库系统。

7．redis 库提供了________和________两个类。

8．________是一个与 HBase 数据库进行交互的 Python 接口库。

9．________是 Python 语言编写的用于操作 Hive 的简便工具库。

三、简答题

1．Threading 库提供了 Thread 类来代表线程，threadind.Thread 类提供了哪些方法？

2．response 库提供了哪些方法获取指定网页的基本参数信息和页面内容？

3．简述 redis 库的主要作用。

4．简述在 Linux 环境下安装配置 JDK 的过程。

5．简述在 HBase 中，Table.row 方法和 Table.scan 方法的主要作用。

四、操作题

1．编写代码实现使用锁来保证线程同步。

2．编写代码实现以 JSON 格式向服务器发送请求并获取响应。

3．编写代码连接到 MongoDB 服务，然后创建一个数据库 dbTest，并在 dbTest 中创建名为 sites 的集合。

4．编写代码连接 Redis 服务并且设置和获取一个键值对。

5．编写代码连接到 localhost:10000/default，然后使用 fetchone 方法返回一条数据，使用 fetchall 方法返回多条数据。

项目2 数据处理

学习目标

本项目针对给定的数据集，学习采用恰当的方法进行数据处理，并重点掌握如下操作：

① 能够选择合适的指标对数据进行描述性统计，并选择合适的图形图像来展示数据的分布特点。

② 能够选择合适的库函数对数据进行必要的预处理，如标准化、归一化、数值化、离散化。

③ 能够根据需要从完整数据集中选取或生成数据子集。

④ 能够对数据的质量和有效性进行检验。

微课 2-1
数据处理简介

项目介绍

本项目从 4 个方面演练典型的数据处理方法，具体如下。

① 数据探查：包括获取数据的一般性统计信息和样本的分布特点、以可视化的方式来查看数据的分布特点。

② 数据清洗和转换：包括归一化和标准化处理、文本的数值化处理、离散化和分箱处理。

③ 数据取样：包括生成 K 折交叉验证数据、数据抽样。

④ 数据检验：包括数据的正态性验证、异常点和离群点检测。

任务 2.1 获取数据的分布特点

PPT：任务 2.1 获取数据的分布特点

【任务目标】

① 理解常用的描述性统计指标，如均值、中位数、众数、极差、方差以及标准差等，并能够以编程方式进行计算。

② 能够根据均值、中位数、众数等大致估计数据的集中或离散趋势。

微课 2-2 获取数据的分布特点

【任务描述】

分别针对某红酒数据集和教职工收入数据集，分析其样本数据的分布特点。

【知识准备】

1. 描述性统计分析

在进行数据处理和建模前，要对样本数据进行统计性描述，主要包括数据的频数分析、数据的集中趋势分析、数据离散程度分析、数据的分布以及一些基本的统计图形。

描述性统计常用的指标有均值、中位数、众数、极差、方差以及标准差等。一般采用均值、中位数、众数体现数据的集中趋势；采用极差、方差、标准差体现数据的离散程度。

① 均值：即平均数，指在一组数据中所有数据之和除以这组数据的个数，是反映数据集中趋势的一项重要指标。

② 中位数：又称中值，即按顺序排列的一组数据中居于中间位置的数，其可将数值集合划分为相等的上下两部分。对于有限的数集，可以通过把所有观察值高低排序后找出正中间的一个作为中位数。如果观察值有偶数个，通常取最中间的两个数值的平均数作为中位数。

③ 众数：是指在统计分布上具有明显集中趋势点的数值，代表数据的一般水平，也是一组数据中出现次数最多的数值。

④ 极差：又称范围误差或全距（Range），以 R 表示，用来表示统计数据中的变异量数（Measures of Variation），即最大值与最小值之间的差距：$R = X_{\max} - X_{\min}$。

⑤ 方差：在概率统计中用来衡量随机变量或一组数据的离散程度。概率论中，方差用来度量随机变量和其数学期望（即均值）之间的偏离程度：$\sigma^2 = \frac{\Sigma(X-\mu)^2}{N}$。其中，$\sigma^2$ 为总体方差，X 为变量，μ 为总体均值，N 为总体样本数。

⑥ 标准差：方差的算术平方根，用σ表示。标准差也称为标准偏差或者实验标准差，在概率统计中常用作统计分布程度上的测量依据。

2. 相关库函数

（1）求均值

返回指定轴上的值的平均值：

```
DataFrame.mean(axis=None, skipna=None, level=None, numeric_only=None, kwargs)。
```

参数说明如下。

axis：0（索引）或 1（列）。

skipna：bool 类型，默认为 True，排除 NA/空值。如果整个行/列均为 NA，则结果为 NA。

ddof：int 类型，指定是按有偏还是无偏估计来计算。默认值为 1（无偏估计），即有效元素个数为元素总数减去 1；如果设置为 0（有偏估计），则有效元素个数为元素总数。

返回值：Series 或者 DataFrame 类型。

函数示例见代码 2.1（请扫描二维码查看）。

代码 2.1

（2）求中位数

返回指定轴上的值的中值：

```
DataFrame.median(axis=None, skipna=None, level=None, numeric_only=None, kwargs)
```

（3）求众数

返回沿指定轴的每个元素的众数：

```
DataFrame.mode(axis=0, numeric_only=False, dropna=True)
```

参数说明如下。

axis：搜索模式时要迭代的轴。0 或'index'，表示获取各列的众数；1 或'columns'，表示获取每一行的众数。

numeric_only：bool 类型，默认为 False，如果为 True，则仅适用于数字列。

dropna bool：默认为 True，不考虑 NaN/NaT 的计数。

返回值：DataFrame 类型，行或列的众数。

（4）求标准差

返回指定轴上的值的标准偏差：

```
DataFrame.std(axis=None, skipna=None, level=None, ddof=1, numeric_only=None, kwargs)
```

（5）求方差

返回指定轴上的值的方差：

```
DataFrame.var(axis= None, skipna = None, level = None, ddof = 1, numeric_only = None, kwargs)
```

【任务实施】

微课 2-3
分析数据中评分和价格信息

1. 分析数据中评分和价格信息

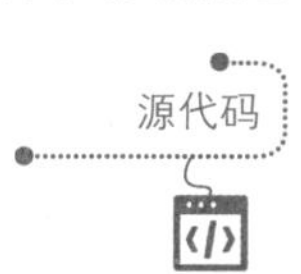

现有红酒数据集（dataset/wine-data.csv）记录了从某网站获得的红酒数据信息，包含 129971 条数据，13 个变量字段。现在需要分析此数据中评分和价格信息。相关字段名称为评分（points）和价格（price）。

➢ 步骤 1：导入红酒数据集，查看数据信息。

```
import pandas as pd

df = pd.read_csv("dataset/Wine-data.csv")
print(df.info())
```

可以看到数据集一共有 129971 条数据、13 个特征字段，其中需要分析的评分和价格字段分别对应到 points 字段和 price 字段。

➢ 步骤 2：集中趋势分析。

集中趋势可以回答"数据中间是什么样"的问题，需要查看数据的中值和均值。查看集中趋势最常用的就是使用均值指标，本次查看评分和价格的均值分别使用计算公式 $avg = \frac{\Sigma points}{N}$ 和 DataFrame.mean( )求得。

```
# 利用公式获取评分均值，DataFrame.mean()获取价格均值
sum_score = df['points'].sum( )
num = len(df)
avg_score = sum_score/num
avg_price = df['price'].mean( )
print("平均评分值为：{%.2f}" % avg_score)
print("平均价格为：{%.2f}" % avg_price)
```

平均价格为 35，平均得分为 88，如果是百分制，评分值是比较令人满意的情况。但

是需要注意的是，数据集来源的网站评分范围是 80～100，因此查看最大最小值进行验证。

```
# 查看分数的最大最小值
min_points = df['points'].min()
max_points = df['points'].max()
print('评分最大值：{%.2f}' % max_points)
print('评分最小值：{%.2f}' % min_points)
```

中位数也是一个衡量数据集集中趋势的典型指标：

```
# 中位数
median_price = df['price'].median()
median_score = df['points'].median()
print('价格中位数：{%.2f}' % median_price)
print('评分中位数：{%.2f}' % median_score)
```

价格的中位数是 25，可以得出酒价至少有一半小于或等于 25，但是与均值 35 有一定的差值，说明有高价酒拉高了均值。评分的中位数与均值一样为 88 分。

➢ 步骤 3：离散程度分析。

离散程度分析可以回答“数据有多少变化”的问题，常用指标是方差和标准差。

```
# 标准偏差
stdev_price = df['price'].std()
stdev_score = df['points'].std()
print('价格标准差：{%.2f}' % stdev_price)
print('分数标准差：{%.2f}' % stdev_score)
```

离散程度分析的结果是预期的。因为分数范围在 80～100，因此标准差会很小。相反，价格范围是大于 0，且平均值为 35、中值为 25。标准差越大，说明平均值附近的数据散布越多，反之亦然。

2. 集中趋势分析以及离散分布分析

现有教学职工信息数据集，对其中的工资（salary）字段进行集中趋势分析以及离散分布分析。

➢ 步骤 1：读入数据。

```
import pandas as pd
```

```
data_url = 'dataset/Salaries.csv'
df = pd.read_csv(data_url, index_col=0)
print(df.info())
```

➢ 步骤 2：集中趋势分析。

```
# 均值
avg_salary = df['salary'].mean()
# 中位数
median_salary = df['salary'].median()
print('salary 均值：{%.2f}' % avg_salary)
print('salary 中位数：{%.2f}' % median_salary)
```

➢ 步骤 3：查看离散分布。

```
# 极差
max_salary = df['salary'].max()
min_salary = df['salary'].min()
print('salary 极差：{%.2f}' % (max_salary-min_salary))
# 标准差
stdev_salary = df['salary'].std()
print('salary 标准差：{%.2f}' % stdev_salary)
```

【任务小结】

数据描述性统计常用指标见表 2-1。其中，均值、中位数、众数体现数据的集中趋势，极差、方差、标准差体现数据的离散程度。

表 2-1 数据描述性统计常用指标及对应函数

指　标	对应函数
均值	DataFrame.mean()
中位数	DataFrame.median()
众数	DataFrame.mode()[0]
极差	DataFrame.max()-DataFrame.min()
方差	DataFrame.var()
标准差	DataFrame.std()

任务 2.2　以可视化方式查看数据特点

PPT：任务 2.2 以可视化方式查看数据特点

【任务目标】

① 熟练使用 matplotlib、seaborn 和 pyecharts 库绘制基础统计图形。

② 能够选择合适的库函数绘制 3D 曲面图、热力图、地理信息图以及动态图。

【任务描述】

商业数据集记录了商品及客户的相关信息，例如品牌名称、门店电话、所在的国家及城市、客户姓名及性别、客户喜好等。本任务需要获取所给商业数据集中的关键信息，分析问题完成地图可视化。

【知识准备】

微课 2-4 以可视化方式查看数据特点

1. 基础的统计图

统计图是利用点、线、面、体等绘制成几何图形，以表示各种数量间的关系及其变动情况的工具，其特点是形象具体、简明生动、通俗易懂、一目了然。基本的统计图包括以下几种。

（1）条形图（柱状图）

条形统计图（简称条形图）主要用于表示离散型的数据，即以条形的长短或高矮表示各事物间的数量大小以及差异情况。

（2）扇形图（饼图）

以一个圆的面积表示总体数量，以扇形面积表示占总体的百分比的统计图，叫作扇形统计图（简称扇形图或饼图）也叫作百分数比较图。扇形图可以比较清楚地反映出部分与部分、部分与整体之间的数量关系。

（3）折线图

以折线的上升或下降来表示统计数量的增减变化的统计图，叫作折线统计图，简称折线图。与条形图相比，折线图不仅可以表示数量的多少，而且可以反映同一事物在不同时间里的发展变化情况，如图 2-1 所示。

（4）散点图

散点图通常用来表述两个连续变量之间的关系，图中的每个点表示目标数据集中的每个样本，如图 2-2 所示。使用散点图可以直观地展示两个变量之间的关系；数据点越多，散点图越能发挥作用（若存在相关关系则关系越明显）。

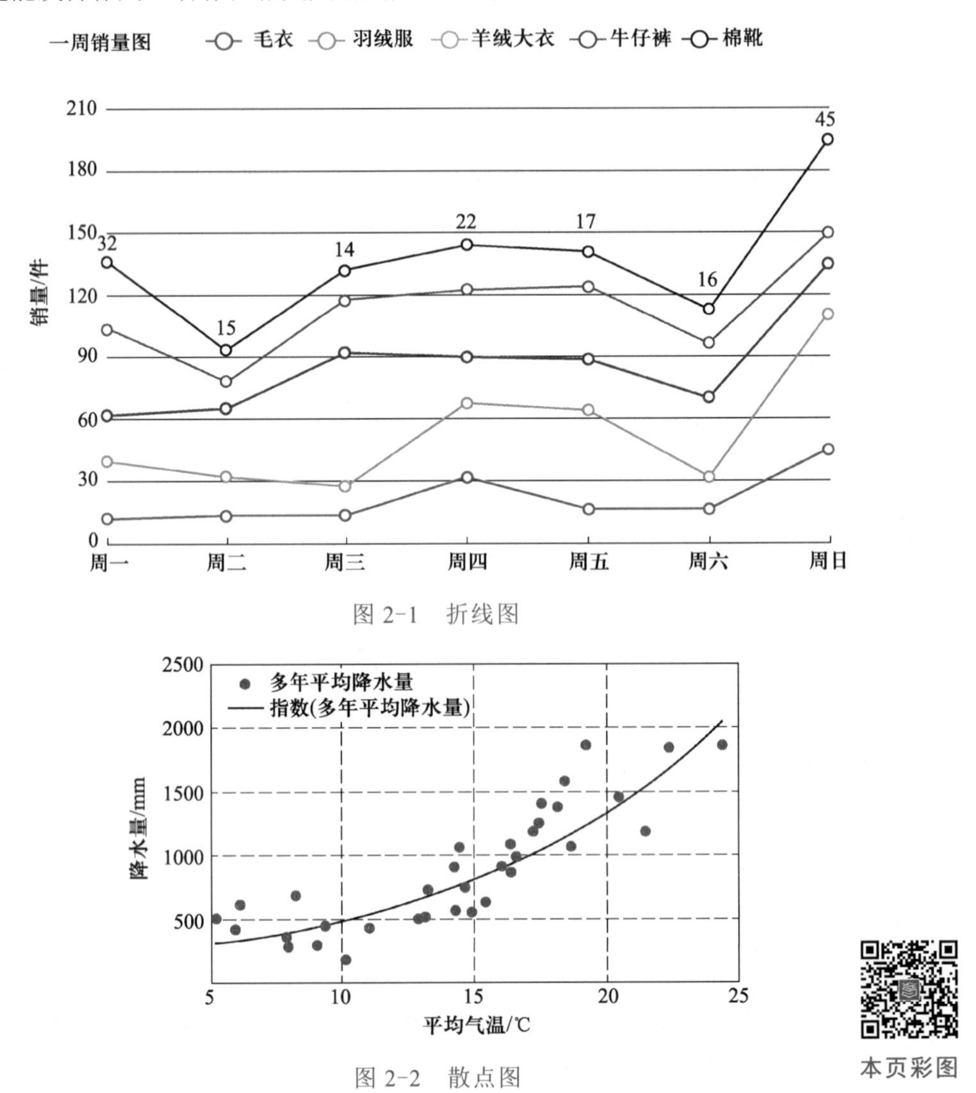

图 2-1 折线图

图 2-2 散点图

2. 相关性

相关关系是客观现象存在的一种非确定的相互依存关系，即自变量的每一个取值，因变量由于受随机因素影响，与其所对应的数值是非确定性的。相关分析中的自变量和因变量没有严格的区别，可以互换。

不确定性的相关关系是指当一个或几个相互联系的变量取一定的数值时，与之相对应的另一变量的值虽然不确定，但它仍按某种规律在一定的范围内变化。变量间的这种相互关系，称为具有不确定性的相关关系。

相关关系按形式分类，可以分为线性相关和非线性相关。线性相关是指当相关关系中的一个变量变动时，另一个变量也相应地发生均等的变动，如图 2-3（a）所示；非线性相关是指当相关关系中的一个变量变动时，另一个变量也相应地发生不均等的变动，如图 2-3（b）所示。

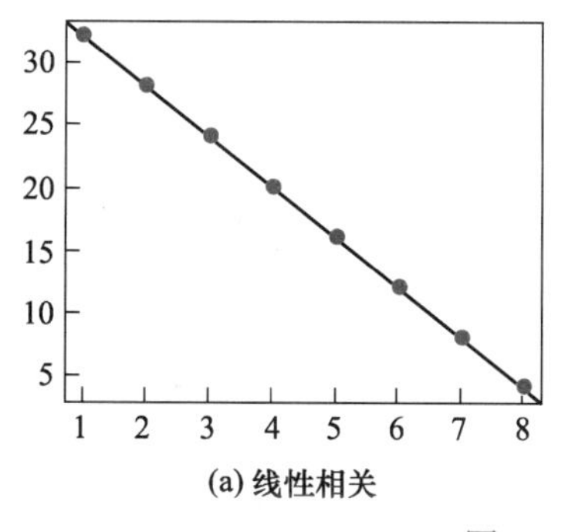

(a) 线性相关

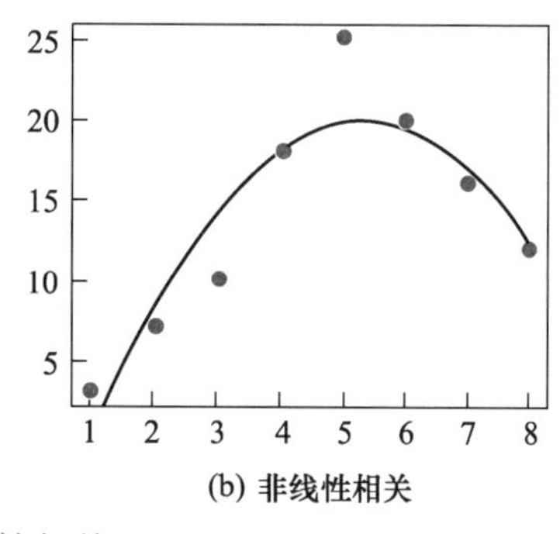

(b) 非线性相关

图 2-3　线性相关

前面介绍过，散点图可以用于判断两个变量之间是否存在某种关联或总结坐标点的分布模式。因此要判断数据集中两两特征之间的相关关系，可以采用矩阵散点图，即通过查看数据集所有特征中两两之间的散点图从而总结出相关关系。

相关关系按照方向分类，可以分为正相关和负相关。正相关是指两个变量的变化趋势相同，从散点图可以看出各点散布的位置是从左下角到右上角的区域，即一个变量的值由小变大时，另一个变量的值也由小变大，如图 2-4（a）所示；负相关是指两个变量的变化趋势相反，从散点图可以看出各点散布的位置是从左上角到右下角的区域，即一个变量的值由小变大时，另一个变量的值由大变小。

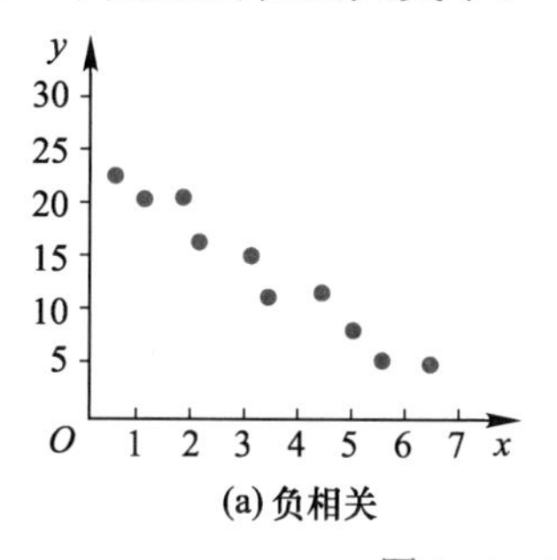

(a) 负相关

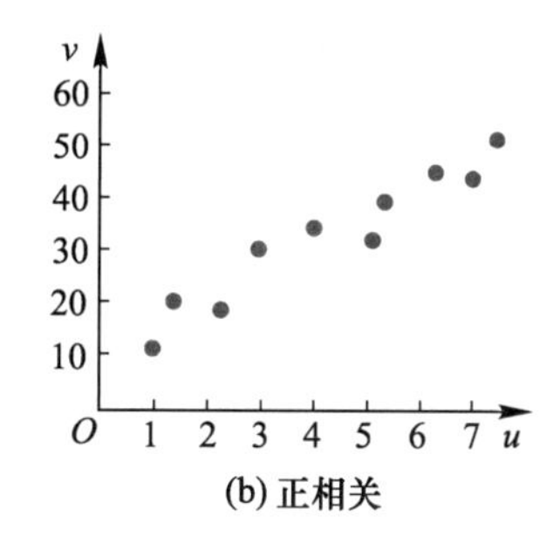

(b) 正相关

图 2-4　正负相关图

查看两个特征的数据是否正相关，除了通过呈现散点图的形式，也可以选用求得相关系数矩阵并可视化为热图的方法，同样可以简单且直观清晰地得出结论。

简单相关系数一般用来度量两个变量间的线性关系，又叫作相关系数或者线性相关系数，用字母 γ 表示，定义公式如下：

$$\gamma(X,Y)=\frac{\mathrm{Cov}(X,Y)}{\sqrt{\mathrm{Var}(X)\mathrm{Var}(Y)}}$$

其中 $\mathrm{Cov}(X,Y)$ 是 X 与 Y 的协方差，$\mathrm{Var}(X)$ 为 X 的方差，$\mathrm{Var}(Y)$ 是 Y 的方差。

3. 使用 matplotlib 绘制基本统计图

（1）基本绘图函数

创建一个新图形，或激活一个现有图形：

```
matplotlib.pyplot.figure(num = None，figsize = None，dpi = None，facecolor = None，edgecolor = None，frameon = True，FigureClass = <class'matplotlib.figure.Figure'>，clear = False，kwargs)
```

主要参数说明如下。

num：图形唯一标识符。

figsize：采用（浮点，浮点）形式，图形宽度及高度以英寸为单位。

（2）显示所有打开的图形

```
matplotlib.pyplot.show(*, block=None)
```

（3）获取或设置 X 轴的当前刻度位置和标签

```
matplotlib.pyplot.xticks(ticks=None, labels=None, kwargs)
```

主要参数说明如下。

ticks：xtick 位置列表，如果传递空列表将删除所有 xtick。

labels：放置在给定刻度线位置的标签。

注意，如果不传递任何参数，则返回当前值。

（4）设置 X 轴标签

```
matplotlib.pyplot.xlabel(xlabel, fontdict=None, labelpad=None, loc=None, kwargs)
```

（5）绘制条形图

```
matplotlib.pyplot.bar(x，height，width = 0.8，bottom = None， align = 'center'，data = None，kwargs)
```

主要参数说明如下。

x：定义条形图的 X 轴。

height：条形的高度。

width：条形的宽度。

代码 2.2

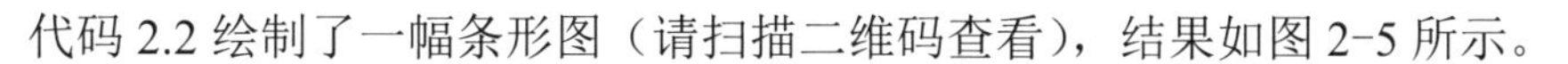

代码 2.2 绘制了一幅条形图（请扫描二维码查看），结果如图 2-5 所示。

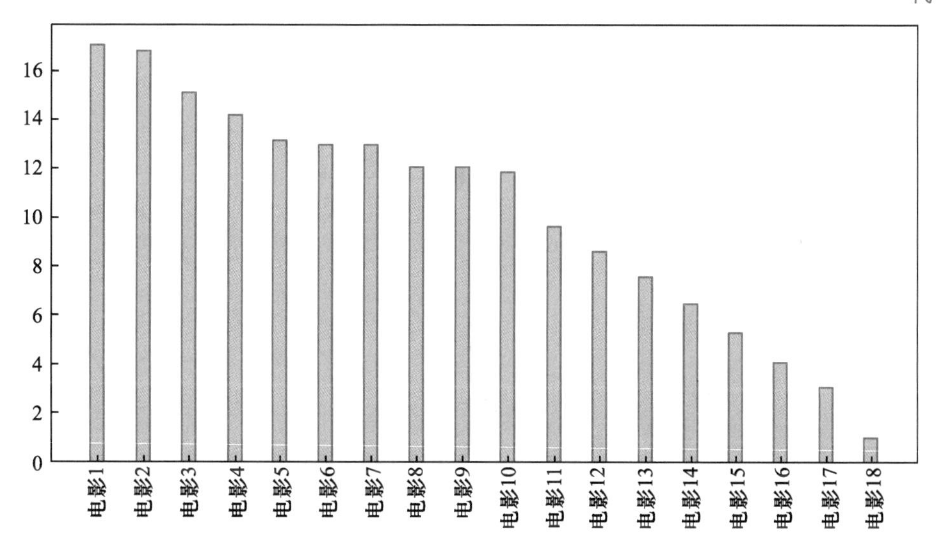

图 2-5　条形图

（6）绘制扇形图

制作一个数组 x 的扇形图，每个楔形的分数面积为 $\frac{x}{\Sigma(x)}$。

```
matplotlib.pyplot.pie(x, explode=None, labels=None, colors=None, autopct=None, pctdistance=0.6, shadow=False, labeldistance=1.1, startangle=0, radius=1, counterclock=True, wedgeprops=None, textprops=None, center=0, 0, frame=False, rotatelabels=False, normalize=None, data=None)
```

主要参数说明如下。

x：一维数组。

explode：如果不是 None，则为一个 len(x)数组，该数组指定对应扇形偏移中心的距离。

labels：扇形外侧显示的说明文字。

autopct：控制扇形图内百分比设置，可以使用 format 字符串或者 format function。

startangle：扇形的起点从 *X* 轴逆时针旋转的角度。

代码 2.3

代码 2.3 绘制了一幅扇形图（请扫描二维码查看），结果如图 2-6 所示。

（7）绘制折线图

```
matplotlib.pyplot.plot(x, y, format_string, kwargs)
```

参数说明如下。

x、y：数据点的水平和垂直坐标。

format_string：控制曲线的格式字符串（可选）。

代码 2.4

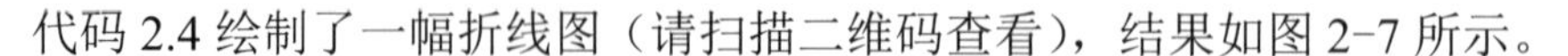
代码 2.4 绘制了一幅折线图（请扫描二维码查看），结果如图 2-7 所示。

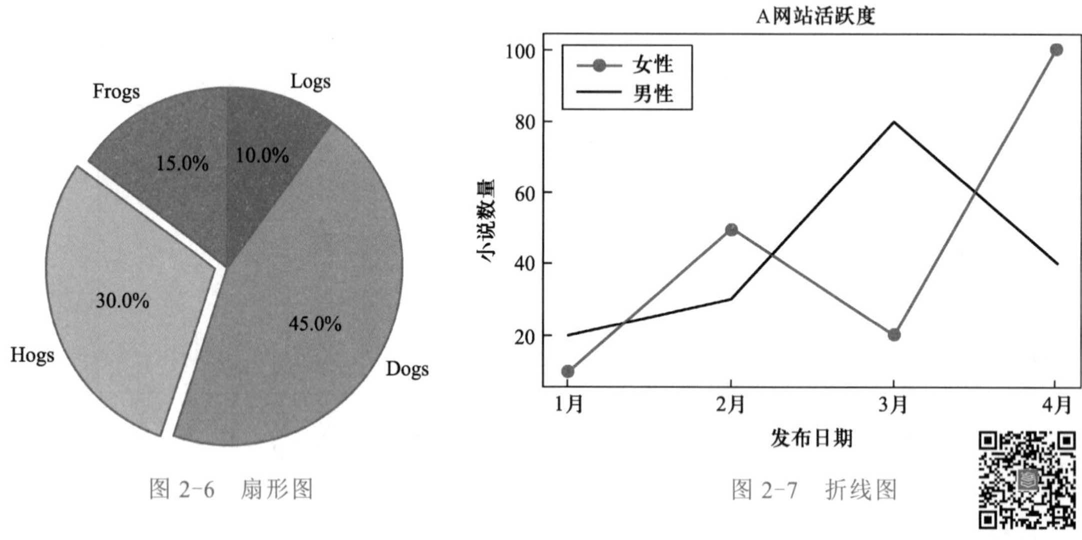

图 2-6 扇形图

图 2-7 折线图

本页彩图

（8）绘制散点图

```
matplotlib.pyplot.scatter(x, y, s=None, c=None, marker=None, cmap=None, norm=None, vmin=None, vmax=None, alpha=None, linewidths=None, verts=<deprecated parameter>, edgecolors=None, plotnonfinite=False, data=None, kwargs)
```

主要参数说明如下。

x，y：数据的水平和垂直坐标。

s：标记大小。

c：颜色。

market：点的形状。

alpha：点的透明度。

代码 2.5

代码 2.5 绘制了一批散点图（请扫描二维码查看），结果如图 2-8 所示。

（9）绘制水平条形图

```
matplotlib.pyplot.barh(y, width, height=0.8, left=None, align='center', kwargs)
```

主要参数说明如下。

y：条形的垂直坐标。

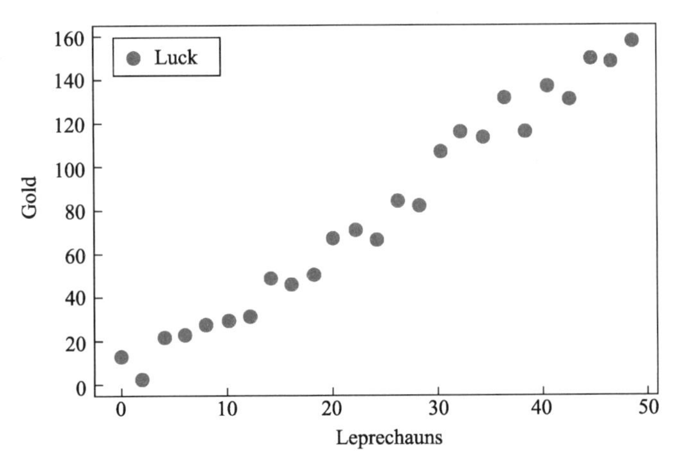

图 2-8　散点图

代码 2.6

width：条形图的宽度；

height：条形的高度。

代码 2.6 绘制了水平条形图（请扫描二维码查看），结果如图 2-9 所示。

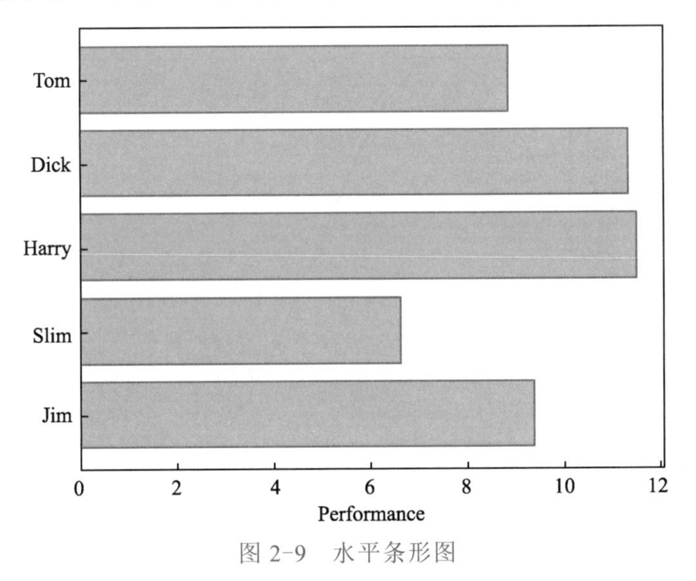

图 2-9　水平条形图

（10）绘制动态图

```
matplotlib.animation.FuncAnimation(fig, func, frames = None, interval=200, init_func = None,
fargs = None, save_count = None, cache_frame_data = True, kwargs)
```

主要参数说明如下。

fig：画布对象。

func：第一步定义的静态绘图函数。可以通过重复调用 func 函数来制作动画。

frames：要传递 func 函数的数据源和动画的每一帧。如果是可迭代的，则只须使用提供的值即可；如果是整数，则等于传递 'range(frames)'。

interval：动画每一帧间隔的时间，默认为 200 ms。

（11）保存动态图

```
save(self, filename, writer=None, fps=None, dpi=None, codec=None, bitrate=None, extra_args=None, metadata=None, extra_anim=None, savefig_kwargs=None, progress_callback=None)
```

主要参数说明如下。

filename：输出文件名。

writer：MovieWriter 类或者字符串，默认是"ffmpeg"。

fps：帧速率。

代码 2.7

代码 2.7 绘制了动态图并保存到磁盘文件中（请扫描二维码查看），结果如图 2-10 所示。

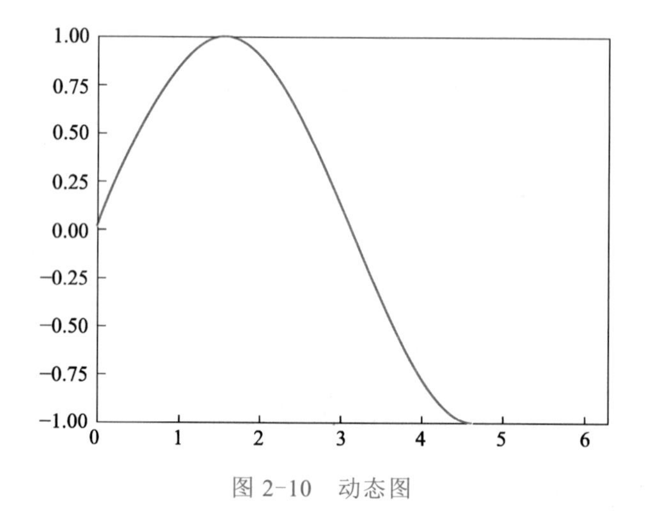

图 2-10　动态图

4. 使用 seaborn 库绘图及分析

（1）安装 seaborn

seaborn 是基于 Matplotlib 的图形可视化 Python 库。它提供了一种高度交互式界面，便于用户能够做出各种有吸引力的统计图表。使用命令 pip install seaborn 安装 seaborn 库以及其所需依赖。

（2）绘制直方图

频率分布是分析数据分布的常用方式，可以使用频率分布直方图，其中的横坐标表示数据的分组情况，纵坐标表示各个组的数量。

```
seaborn.histplot(a, bins=None, hist=True, kde=True, rug=False, fit=None, hist_kws=None, kde_kws=None, rug_kws=None, fit_kws=None, color=None, vertical=False, norm_hist=False, axlabel=None, label=None, ax=None)
```

主要参数说明如下。

a：观测数据。

bins：直方图柱的数目。

hist：是否绘制直方图。

kde：是否绘制高斯核密度估计图。

rug：是否在横轴上绘制观测值竖线。

代码 2.8

代码 2.8 生成一批随机数并通过直方图分 10 个区间统计数量（请扫描二维码查看），结果如图 2-11 所示。

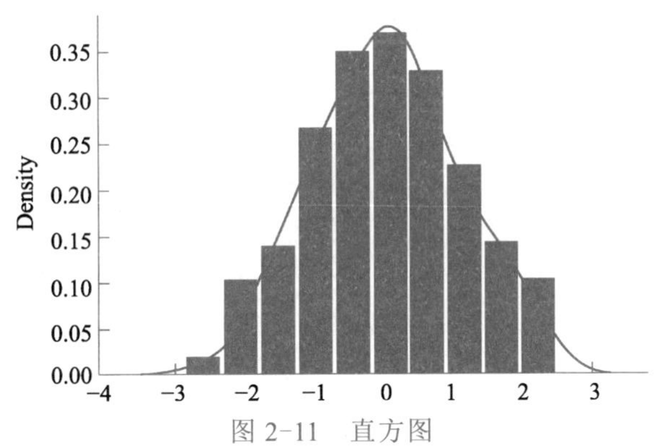

图 2-11　直方图

（3）绘制箱体图

```
seaborn.boxplot(x=None, y=None, hue=None, data=None, order=None, hue_order=None, orient=None, color=None, palette=None, saturation=0.75, width=0.8, dodge=True, fliersize=5, linewidth=None, whis=1.5, ax=None, kwargs)
```

主要参数说明如下。

x，y，hue：数据字段变量名。x 和 y 常用来指定 X 轴和 Y 轴的分类名称；hue 常用来指定第二次分类的数据类别；

data：用于绘图的数据集。

代码 2.9 装载 seaborn 自带的 tips 数据集并绘制箱型图（请扫描二维码查看），结果如图 2-12 所示。

代码 2.9

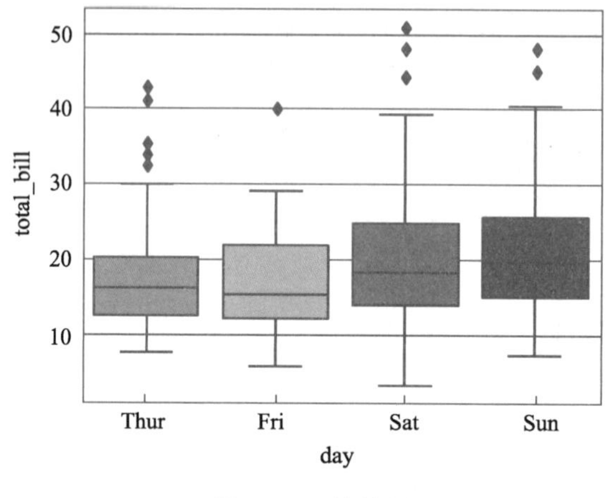

图 2-12　箱体图

本页彩图

（4）绘制散点图矩阵

可以使用 seaborn.pairplot 函数绘制数据集中一对特征的关系。默认情况下，此函数将创建一个轴网格，以便数据中的每个变量在单行的 Y 轴和单列的 X 轴上共享。对角轴的处理方式有所不同，通常绘制一个图以显示该列中变量数据的单变量分布。

```
seaborn.pairplot(data, hue=None, hue_order=None, palette=None, vars=None, x_vars=None, y_vars=None, kind='scatter', diag_kind='auto', markers=None, height=2.5, aspect=1, dropna=True, plot_kws=None, diag_kws=None, grid_kws=None, size=None)
```

主要参数说明如下。

data：DataFrame 类型，必不可少的数据。

hue：对应变量视为沿着深度轴的第三维，用不同颜色区分绘制。

palette：调色板颜色。

下面的代码装载 iris（鸢尾花）数据集并绘制散点图矩阵，如图 2-13 所示。

```
import seaborn as sns
sns.set(style="ticks")
iris = sns.load_dataset("iris")
sns.pairplot(iris,hue="species")
```

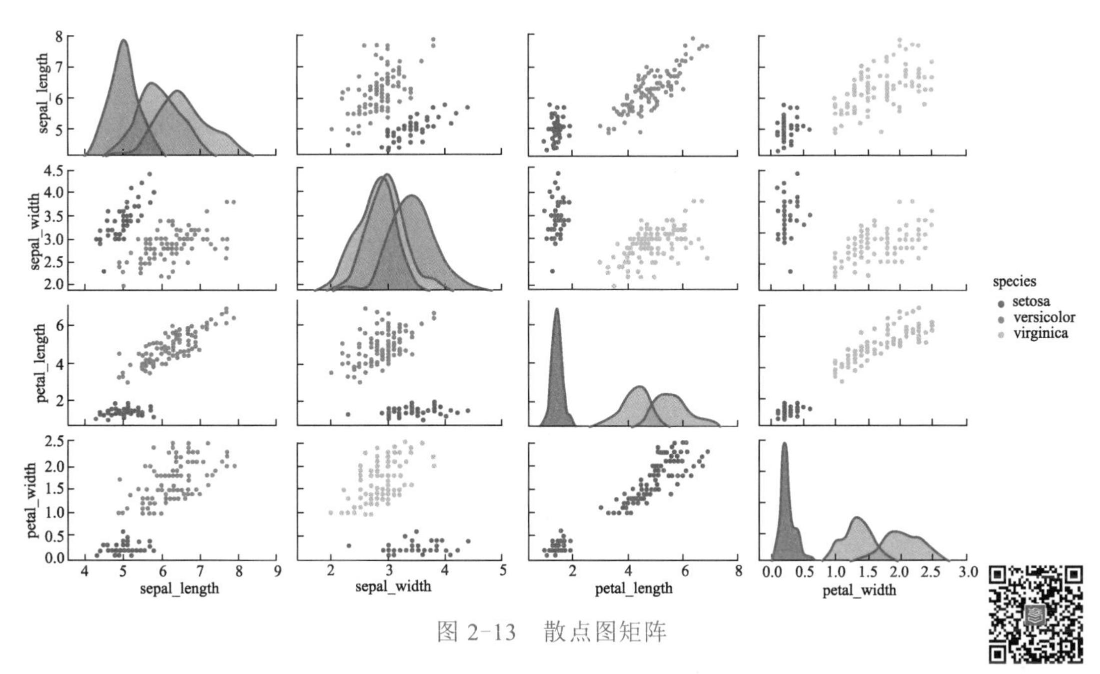

图 2-13　散点图矩阵

本页彩图

（5）绘制热力图

```
seaborn.heatmap(data, vmin=None, vmax=None, cmap=None, center=None, robust=False, annot=None, fmt='.2g', annot_kws=None, linewidths=0, linecolor='white', cbar=True, cbar_kws=None, cbar_ax=None, square=False, xticklabels='auto', yticklabels='auto', mask=None, ax=None, kwargs)
```

主要参数说明如下。

data：矩形数据集。

vmin，vmax：颜色图的值。

cmap：选用颜色。

annot：如果为 True，则在每个单元格中写入数据值。

代码 2.10

代码 2.10 装载 iris 数据集并使用热力图显示两两字段之间的相关性（请扫描二维码查看），结果如图 2-14 所示。

5. 使用 PyEcharts 绘制图表

Echarts 是一款基于 JavaScript 的数据可视化图表库，提供直观、生动、可交互、可个性化定制的数据可视化图表。PyEcharts 是将 Python 与 Echarts 结合的强大可视化库。使用下列命令安装 PyEcharts：

```
pip install pyecharts
```

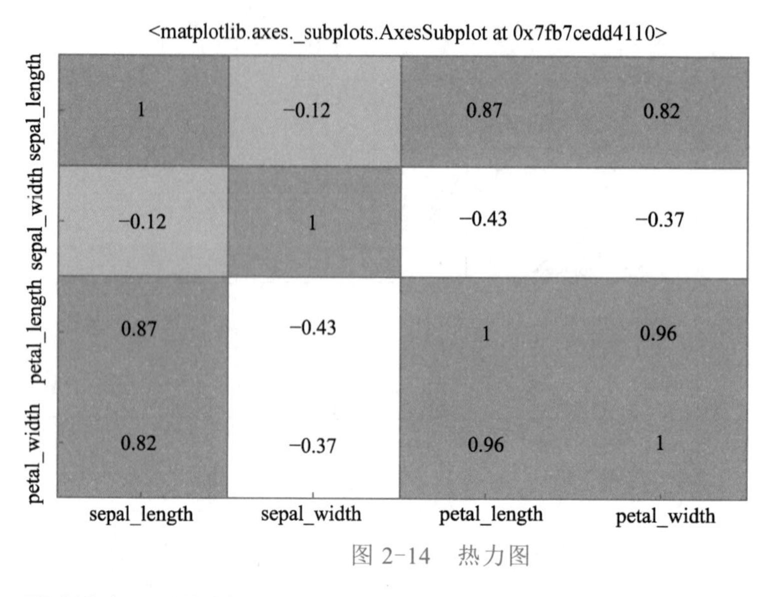

图 2-14 热力图

本页彩图

（1）通过链式调用绘制柱状图

```
from pyecharts.charts import Bar
from pyecharts import options as opts

# 链式调用
bar = (
  # 1 .选择图表类型，声明为 Bar
    Bar()
    .add_xaxis(["衬衫", "毛衣", "领带", "裤子", "风衣", "高跟鞋", "袜子"])
  # 2. 添加数据
    .add_yaxis("商家 A", [114, 55, 27, 101, 125, 27, 105])
    .add_yaxis("商家 B", [57, 134, 137, 129, 145, 60, 49])
    .set_global_opts(title_opts=opts.TitleOpts(title="某商场销售情况"))
)

bar.render('某商场销售.html')
```

运行上述代码，用浏览器打开生成的 HTML 文件，效果如图 2-15 所示。

除了上述的链式调用，也可以通过普通调用来绘制完全相同的柱状图：

```
bar = Bar()
bar.add_xaxis(["衬衫", "毛衣", "领带", "裤子", "风衣", "高跟鞋", "袜子"])
```

```
bar.add_yaxis("商家 A", [114, 55, 27, 101, 125, 27, 105])
bar.add_yaxis("商家 B", [57, 134, 137, 129, 145, 60, 49])
bar.set_global_opts(title_opts=opts.TitleOpts(title="某商场销售情况"))
# 显示图表
bar.render('某商场销售.html')
```

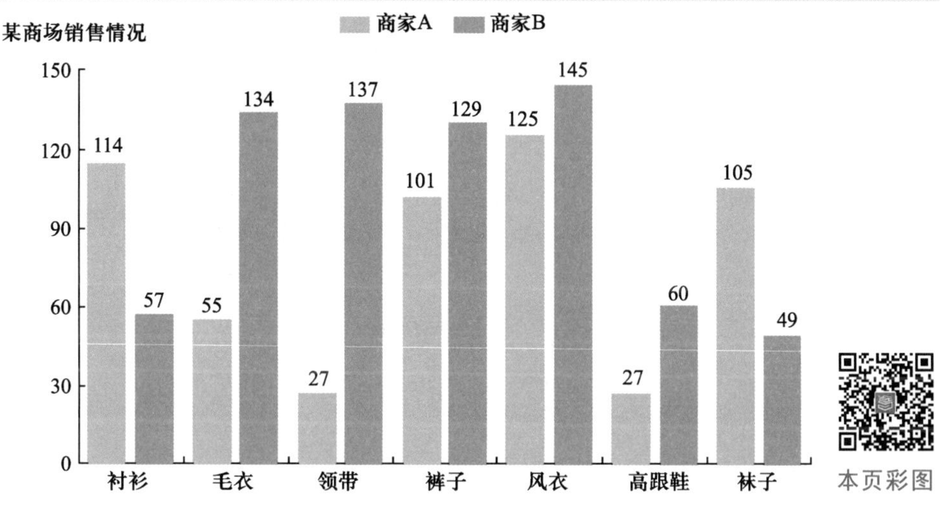

图 2-15　PyEcharts 绘制柱状图

（2）绘制饼图

```
from pyecharts.charts import Pie
from pyecharts import options as opts

attr =["衬衫", "羊毛衫", "雪纺衫", "裤子", "高跟鞋", "袜子"]
v1 =[15, 12, 14, 10, 4, 10]
pie =Pie()

# 饼图 add 函数中系列数据项格式为：(key1,value1)，(key2,value2),…
pie.add("销售数量",list(zip(attr,v1)))

pie.set_global_opts(title_opts=opts.TitleOpts(title="某商场销售饼图"))

pie.render('某商场销售.html')
```

运行结果如图2-16所示。

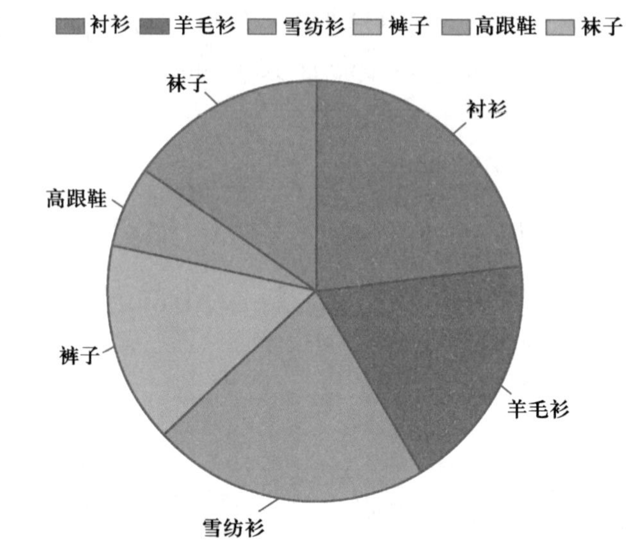

图 2-16 PyEcharts 绘制饼图

6. 使用 PyEcharts 绘制地理信息图

PyEcharts v0.3.2 以后不再自带地图 js 文件，如果需要用到地图图表，可下载对应的地图文件包。可以使用 pip 命令安装地图文件包：

```
pip install echarts-countries-pypkg
pip install echarts-china-provinces-pypkg
pip install echarts-china-cities-pypkg
```

如果要使用地理坐标系，可以调用 Geo 对象。代码 2.11 给出了如何使用 PyEcharts 的地理坐标系组件在地图上标注数据（请扫描二维码查看）。

代码 2.11

【任务实施】

源代码

1. 门店信息数据可视化

某咖啡品牌数据集（dataset/starbucks.csv）记录了其在全球各个门店的信息，包括品牌、电话、所在的国家、城市、街道、经纬度等。本任务需要获得全球各国门店分布数量信息，分析问题并完成地图可视化。

数据集中记录的国家字段为缩写，已提供记录国家全称和缩写的国家数据集 dataset/country.csv 帮助完成数据处理。

➢ 步骤 1：导入库和数据集。

代码 2.12

在代码 2.12 中，country 数据集中所需的关键字段为两个，其中 short 记录国家缩写，en 记录国家全称。df 数据集即为咖啡数据集，因为本项目需要统计各国门店数量，所以有用字段是 Country 字段，其记录了国家名称缩写。请扫描二维码查看相关代码。

➢ 步骤 2：数据预处理。

```
# 查看数据集中的品牌（Brand）
df['Brand'].unique()
# 筛选数据
starbucks = df[df['Brand'] == 'Starbucks']
# 查看分布国家
print(starbucks['Country'].unique())  # country 字段均为缩写
print(len(starbucks['Country'].unique()))  # 73 个国家
```

数据集中除了 Starbucks 还包含了其他品牌，因此需要对数据集进行筛选，选取 Brand 字段为 Starbucks 的样本。本数据集涉及 73 个国家，接下来要按照国家分组并统计门店个数：

```
# 按照国家分组统计门店个数
num_df = starbucks[['Country','Brand']].groupby(by="Country").count()
num_df.columns=['count']  # 更改列名
print(num_df)
# num_df 和 country_data 进行左连接
num_df_new = pd.merge(num_df,country_data,how='left',left_on=num_df.index,right_on= 'short')
```

上面的 merge 函数用于将两个数据集按照指定的索引合并；how='left'指定了以左连接方式合并两个数据集。接下来需要查看是否存在 num_df 数据集中有数据但是 country_data 没有对应数据的情况，即连接后 num_df_new 的 en 字段为 NaN。可以查询缩写对应的国家名称进行手动填充：

```
# 整理 num_df_new，只需要 short、en 和 count 这 3 个字段
num_df_new = num_df_new[['short','en','count']]
# 查看 en 字段为 NaN 的样本
num_df_new[num_df_new['en'].isnull()]
```

经查询，缩写为'AW'对应的为 Aruba，缩写为'CW'对应的是 Netherlands Antilles，手动进行缺失值填充：

```
num_df_new.loc[num_df_new.short=='AW','en'] = 'Aruba'
num_df_new.loc[num_df_new.short=='CW','en'] = 'Netherlands Antilles'
```

以上完成了所有的数据预处理部分，接下来利用 PyEcharts 库完成交互地图可视化。

➢ 步骤 3：生成地图并保存，见代码 2.13（请扫描二维码查看）。

代码 2.13

2. 银行营销数据集处理

微课 2-5
银行营销数据集处理

银行营销数据集 dataset/bank.csv 记录了通过银行电话营销，用户是否会在银行进行存款以及他们的个人信息。该数据集共有 21 列，除去特征 y 记录了是否存款的布尔类型信息，其余 20 个特征变量记录了客户的个人信息，包括受教育程度、年龄、职业、婚姻状况等。

现需要获取以下信息：

① 数据集中年龄分布以及年龄与存款意愿的数据联系。

② 婚姻状况与存款意愿的关系。

本任务需要选择合适的统计图并得出分析结果。

➢ 步骤 1：读入数据，见代码 2.14（请扫描二维码查看）。

代码 2.14

查看数据的基本情况，一共 21 列。

➢ 步骤 2：分析年龄与存款意愿的关系，见代码 2.15（请扫描二维码查看）。

代码 2.15

运行后如图 2-17 所示。

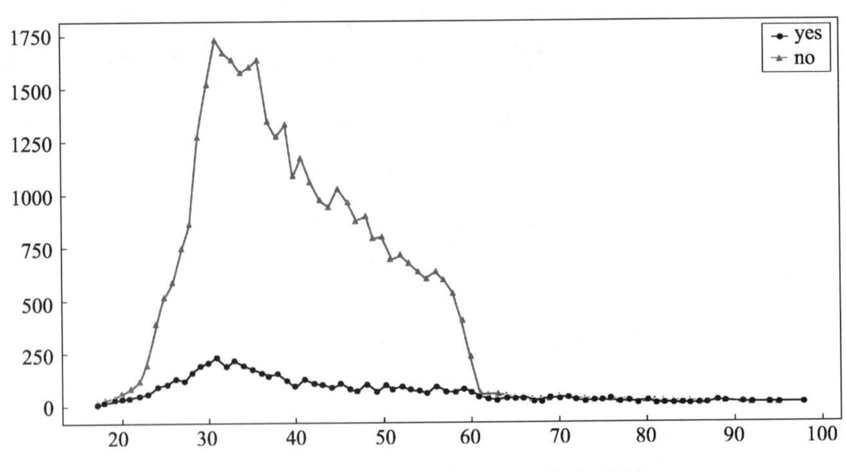

图 2-17 年龄与存款意愿之间的关系图

从以上折线图可以看出，客户年龄段大多在 20～60 岁之间，但是从比例来看老年人更愿意存款。

➢ 步骤 3：分析婚姻状况和存款意愿的关系，见代码 2.16（请扫描二维码查看）。

代码 2.16

运行后如图 2-18 所示。

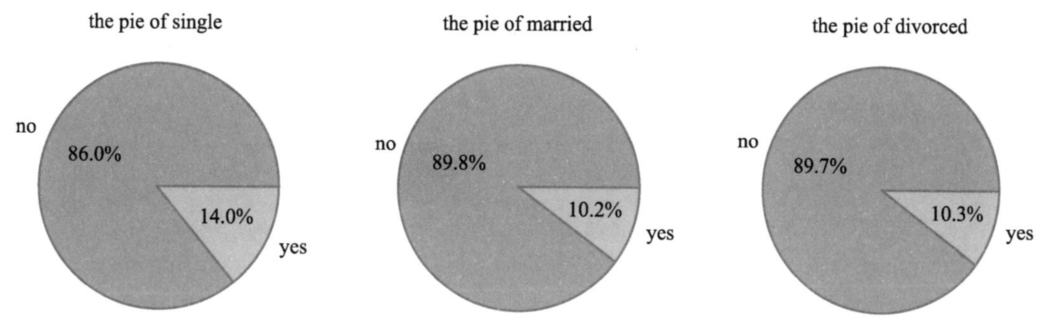

图 2-18　婚姻状况与存款意愿之间的关系图

可见，在单身人士中，相对其他两个群体，有存款意愿的人占比更高。

3. 使用 seaborn 库绘图分析数据分布与变量相关性

房价预测数据集 dataset/HousePrice.csv 记录了某地的影响房价因素与房屋价格，一共 80 个特征 1460 条数据，请分析数据获得与房价相关性最高的特征。

➢ 步骤 1：载入数据集。

```
import pandas as pd
import matplotlib.pyplot as plt
import seaborn as sns
import numpy as np

# 载入房屋价格数据集
df = pd.read_csv('dataset/HousePrices.csv',index_col=0)
print(df.head( ))
```

➢ 步骤 2：缺失值处理。

缺失值过多的特征选择直接删除，其他的连续型特征使用平均值填充，离散型使用 None 填充。

```
df.isnull( ).sum( )[df.isnull( ).sum( )>0]
```

```
df.drop(['Alley','FireplaceQu','PoolQC','Fence','MiscFeature'],axis=1,inplace=True)
df.fillna(df.mean( ),inplace=True)
df.fillna('None',inplace=True)
df.isnull( ).sum( )[df.isnull( ).sum( )>0]
```

➢ 步骤 3：相关特征分析。

```
df_corr = df.corr(method = 'spearman')  # 相关系数
figure, ax = plt.subplots(figsize=(12, 9))  # 创建画布
sns.heatmap(df_corr, vmax=.8, square=True,ax=ax)  # 热度图绘制
plt.show( )
```

运行后如图 2-19 所示。

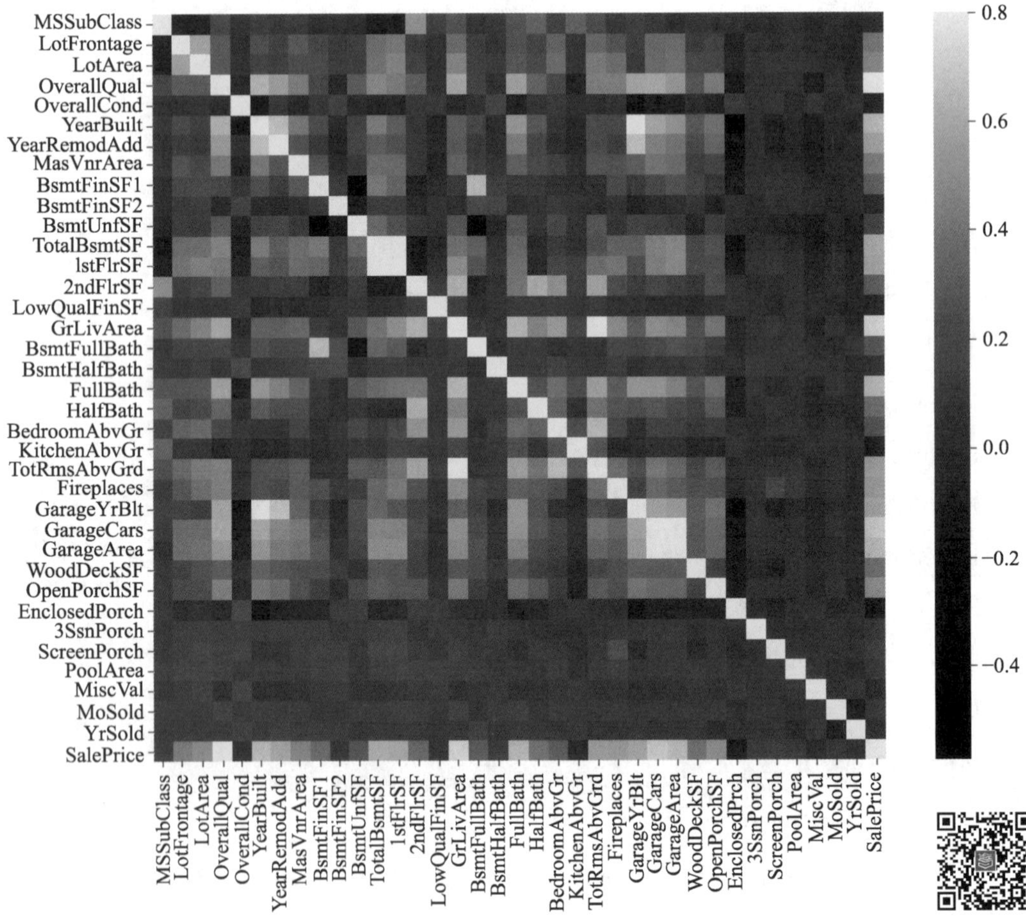

图 2-19 房价数据集字段之间的两两相关性热力图

本页彩图

按照相关系数值从大到小查看与价格因素相关的特征。

```
df_corr['SalePrice'].sort_values(ascending=False)
```

除去价格特征本身，与价格具有最强相关性的特征是 OverallQual，表示整体装修材料。继续求装修材料等级对应的房屋价格平均值：

```
OverallQual_df = df[['OverallQual','SalePrice']].groupby('OverallQual').mean( ).reset_index( )
# 绘制柱状图
sns.barplot(x="OverallQual",y="SalePrice",data=OverallQual_df)
plt.show( )
```

运行后如图 2-20 所示。

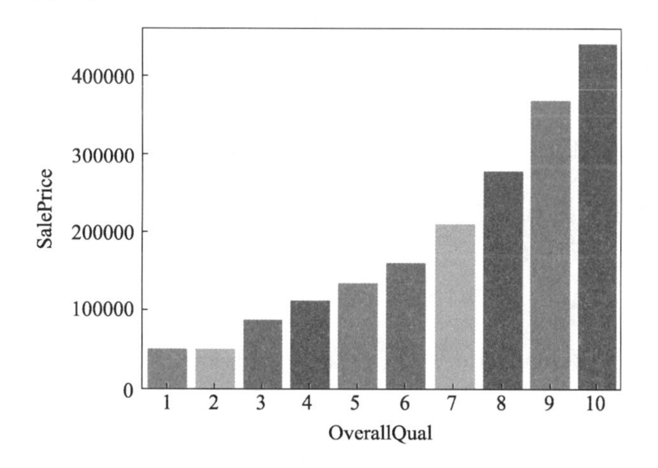

图 2-20　OverallQual 与 SalePrice 之间的相关性图示(柱状图)

本页彩图

查看箱型图，如图 2-21 所示。

```
sns.boxplot(x="OverallQual",y="SalePrice",data=df)
plt.show( )
```

随着装修材料等级上升，价格明显也呈上升趋势，即装修越好价格越高。

4. 酒店预订信息特征关联分析

酒店预订数据集（dataset/hotel_bookings.csv）记录了一家城市酒店和一家度假酒店的预订数据。数据的时间跨度从 2015 年 7 月 1 日至 2017 年 8 月 31 日。该数据集同时包含预订信息，如预订时间、停留时间、成人/儿童/婴儿人数以及可用停车位数量等，包含 32 列一共 120000 条数据本任务将使用 seaborn 库完成对数据集的特征关联分析。

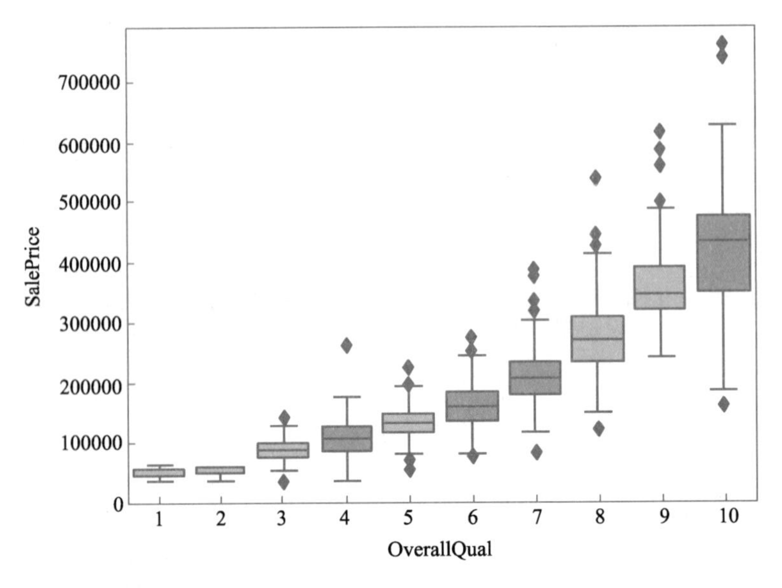

本页彩图

图 2-21 OverallQual 与 SalePrice 之间的相关性图示（箱图）

➢ 步骤 1：载入数据集。

```
import pandas as pd
import numpy as np
import seaborn as sns
import matplotlib.pyplot as plt

data = pd.read_csv('dataset/hotel_bookings.csv')
print(data.head( ))
```

➢ 步骤 2：数据清理。

查看缺失值并填充，缺失值多的（company）直接删除，少的（children 和 country）使用众数填充。

```
data.drop("company",axis=1,inplace=True)
data["agent"].fillna(0, inplace=True)
data["children"].fillna(data["children"].mode( )[0], inplace=True)
data["country"].fillna(data["country"].mode( )[0], inplace=True)
```

➢ 步骤 3：制作热度图，如图 2-22 所示。

```
corr_mat = data.corr(method = 'spearman')     # 计算相关系数
```

```
figure, ax = plt.subplots(figsize=(12, 9))  # 创建画布
sns.heatmap(corr_mat, vmax=.8, square=True,ax=ax)  # 绘制热度图
plt.show()
```

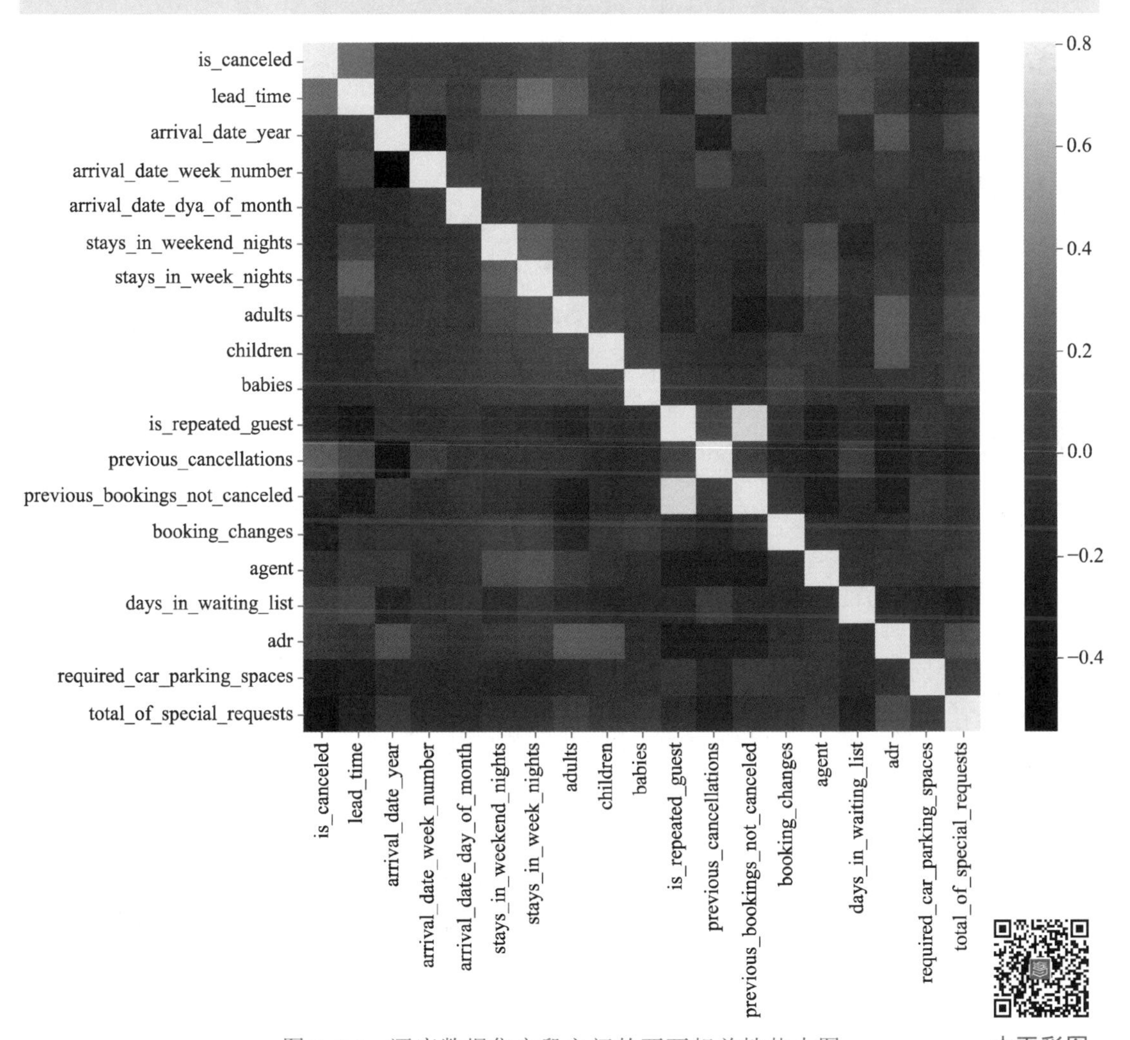

图 2-22 酒店数据集字段之间的两两相关性热力图

本页彩图

通过该热力图，可以很直观地看出各个特征之间的关系，明显看出 previous_bookings_not_canceled 和 is_repeated_guest 变量之间的相关性很明显（在图中颜色浅，代表相关系数越接近于 1，两个特征关系越强），这就说明了如果同时使用这两个特征就会导致信息的冗余性，应尽量避免使用冗余的特征。

【任务小结】

本任务通过分析问题完成地图可视化方法，编写 Python 程序完成动态图表及基础图形

的绘制，并使用 seaborn 库绘图分析数据分布与变量相关性频率分布及相关关系（线性相关、非线性相关；正相关、负相关）。

任务 2.3　对数据进行归一化处理

PPT：任务 2.3
对数据进行
归一化处理

【任务目标】

① 理解数据归一化和标准化的概念和计算方法。

② 能够选择合适的方法完成数据的标准化和归一化处理。

【任务描述】

对某疾病发作识别数据集的指定字段进行归一化或标准化处理。

微课 2-6
对数据进行
归一化处理

【知识准备】

1. 数据不同特征的量纲

数据中不同特征的量纲可能不一致，数值之间差别比较大，不进行处理可能会影响到数据分析的结果。因此，需要将数据按照一定方式处理使得数值落到特定区域，以便于综合分析。

（1）标准化和归一化

① 归一化：对数据的数值范围进行特定缩放，但不改变其数据分布的一种线性特征变换。

② 标准化：对数据的分布的进行转换，使其符合某种分布（如正态分布）的一种非线性特征变换。

（2）标准化/归一化的好处

① 提升模型的收敛速度：最优解的寻优过程明显会变得平缓，更容易正确地收敛到最优解。

② 提升模型的精度：不同维度之间的特征在数值上有一定比较性，可以大大提高分类器的准确性。

③ 深度学习中数据归一化可以防止模型梯度爆炸。

（3）标准化和归一化方法

最大最小归一化（Min-Max Normalization）又称为离差标准化，使结果值映射到[0, 1]

区间，转换函数如下：

$$X = \frac{X - \min(X)}{\max(X) - \min(X)}$$

缺点：如果 max 和 min 的值不稳定，很容易使得归一化结果不稳定，使得后续使用效果也不稳定。实际使用中可以用经验常量来替代 max 和 min 的值。

应用场景：在不涉及距离度量、协方差计算、数据不符合正太分布的时候，可以使用。例如，在图像处理中，将 RGB 图像转换为灰度图像后将其值限定在[0, 255]的范围。

（4）Z-score 标准化方法

数据处理后符合标准正态分布，即均值为 0，标准差为 1，其转化函数为：

$$X = \frac{X - \mu}{\sigma}$$

其中，μ 为所有样本数据的均值，σ 为所有样本数据的标准差。

缺点：本方法要求原始数据的分布可以近似为高斯分布，否则归一化的效果会变得很糟糕。

应用场景：在分类、聚类算法中，需要使用距离来度量相似性的时候或者使用 PCA 技术进行降维的时候，Z-score 标准化方法的表现更好。

2. 技术手段

（1）最大最小归一化

```
class sklearn.preprocessing.MinMaxScaler(feature_range=0, 1, copy=True, clip=False)
```

通过将每个要素缩放到给定范围来变换要素。该估计器分别缩放和转换每个特征，以使其在训练集上的给定范围内，如介于 0 和 1 之间。在创建对象后，通常顺序调用下列两个函数完成归一化操作。

fit(X[, y])：计算要用于以后缩放的最小值和最大值。

transform(X[, y])：按照 fit 计算出的最大最小值，对数据执行转换。

上述两个函数也可以合并成以下一个函数完成。

fit_transform(X[, y])：适配数据，然后对其进行转换。

```
from sklearn import preprocessing
import numpy as np
X_train = np.array([[ 1., -1.,  2.],
 [ 2.,  0.,  0.],
```

```
 [ 0.,   1., -1.]])
min_max_scaler = preprocessing.MinMaxScaler()
X_train_minmax = min_max_scaler.fit_transform(X_train)
print(X_train_minmax)   # 标准化结果
print('最小值：', min_max_scaler.data_min_)   # 最小值
print('最大值：', min_max_scaler.data_max_)   # 最大值
```

（2）使用公式进行最大最小归一化计算

```
X_minmax = (X_train - X_train.min(axis=0)) / (X_train.max(axis=0) - X_train.min(axis=0))
```

（3）Z-score 标准化方法

```
class sklearn.preprocessing.StandardScaler(copy=True, with_mean=True, with_std=True)
```

代码 2.17

使用方法与 MinMaxScaler 函数类似，见代码 2.17（请扫描二维码查看）。

（4）使用公式进行 Z-score 标准化计算

```
X_mean = X_train.mean(axis=0)   # 计算均值
X_std = X_train.std(axis=0)   # 计算标准差
X_transform = (X_train-X_mean)/X_std
print(X_transform)   # 标准化结果
print('标准差：',X_std)   # 标准差
print('平均值：',X_mean)   # 特征平均值
```

微课 2-7
对数据集中的特征进行归一化处理

【任务实施】

现有某种疾病发作识别数据集（dataset/disease.csv），其中 178 个数据点的 11500 个样本（178 个数据点= 1 秒的脑电图记录）具有 5 个类别的目标：1 代表该疾病发作波形，2～5 代表非该疾病发作波形。本任务要求对数据集中 178 个特征进行归一化处理。

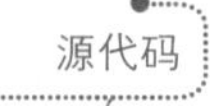

➤ 步骤 1：载入数据集。

```
import pandas as pd
import numpy as np
```

```
df = pd.read_csv('dataset/disease.csv',index_col=0)
print(df.head( ))
print(df.info( ))
```

➢ 步骤 2：数据处理—设置标签。

```
# 设置标签，将目标变量转换为该疾病(y 列编码为 1) 与非该疾病（2～5）对应 seizure 上
# 1 和 0
df['seizure'] = 0
df.loc[df['y']==1,'seizure'] = 1
```

➢ 步骤 3：对 178 个特征进行标准化处理。

```
# 对 x1～x178 进行标准化
df1 = df.drop(['y','seizure'],axis=1)
df1 = df1.aply(lambda x: (x - np.mean(x)) / np.std(x))
```

【任务小结】

本任务主要介绍归一化/标准化的必要性，最大最小归一化和 Z-score 标准化的相关公式及应用场景，如何选择合适的方法并完成数据的标准化和归一化处理。

任务 2.4 对文本数据进行数值化处理

【任务目标】

① 理解文本数据进行数值化转换的方法和结果。

② 能够根据要求选择恰当的转换方法实现字段的转换。

【任务描述】

将指定数据集中的某些文本字段转换成为整数或 0、1 的表示形式。

【知识准备】

文本或字符串类型的字段无法直接用于计算，需要先将其转换成恰当的数值。在转换过程中，首先需要考虑该字段的文本有多少种取值，以便让每种文本取值对应 1 个数值。例如，性别取值（男、女）有两种，它们可以对应着数值 0 和 1。其次，要考虑以何种数

值形式来表示。以“学位”字段为例，假设其有博士、硕士和学士3种取值，则有下列两种形式表述：

① 直接使用整数表示。例如，博士：1，　硕士：2，　学士：3。

② 使用独热（OneHot）编码表示。将“学位”字段展开成3个字段：学位_博士、学位_硕士、学位_学士。每个字段取值要么是1，要么是0。因此，如果该样本的“学位”为博士，则这3个字段值分别为1、0、0。同理，硕士为0、1、0；学士为0、0、1。

文本数据的数值化处理可以使用 sklearn.preprocessing.LabelEncoder、pandas.Categorical 或者 sklearn.preprocessing.OrdinalEncoder 方法。其中，LabelEncoder 和 Categorical 方法可以以整数形式来转换文本，sklearn.preprocessing.OneHotEncoder 方法则以 OneHot 形式来转换文本。

微课 2-8
对文本数据进行数值化处理

【任务实施】

data/data.csv 数据文件内容见表2-2。

表2-2　data/data.csv 数据文件内容

name	age	skill
Jerry	25.0	C++
Jane	27.0	Java
David	NaN	Java
Tom	30.0	NaN
Joe	30.0	PHP
Mike	24.0	C++
Joan	NaN	Java
Jerry	36.0	Java
Jane	38.0	Java
Jerry	40.0	Java
Jerry	25.0	C++
Jane	27.0	PHP
Jessy	22.0	Java
Sam	32.0	PHP
Karl	34.0	C#

续表

name	age	skill
Jack	80.0	C++
Susan	21.0	?

➢ 步骤 1：使用自然数编码，见代码 2.18（请扫描二维码查看）。

➢ 步骤 2：使用 OneHot 编码。

代码 2.19 中，使用 sklearn.preprocessing.OneHotEncoder 方法，将文本特征的所有取值用由 0 和 1 组成的数组来表示。例如，sex 列（原本取值为 Female 和 Male）在 OneHot 编码后将使用[0,1]和[1.0]分别代表这两种取值；workclass 列有 9 个取值，编码后采用 9 个元素的数组来表示一个值。请扫描二维码查看相关代码。

代码 2.18

代码 2.19

【任务小结】

本任务主要介绍对文本数据进行数值化处理，通过将有限取值的文本标签转换成整数或 OneHot 表达形式的数值类型，以符合模型计算的要求。

任务 2.5　对数据进行离散化和分箱处理

PPT：任务 2.5 对数据进行离散化和分箱处理

【任务目标】

① 理解对数据进行离散化和分箱处理的含义。

② 能够根据要求选择恰当的转换方法实现字段值的离散化处理。

【任务描述】

以多种方法对给定的数据进行离散化和分箱处理。

【知识准备】

1. 离散化

离散化是把无限空间中有限的个体映射到有限的空间中，以此提高算法的时空效率。通俗地讲，就是将连续的数据进行分组，使其变成离散化的区间。数据分箱处理即把一段连续的值切分成若干段，每一段的值看成一个分类。通常把连续值转换成离散值的过程就称为分箱处理。

离散化特征的增加和减少都很容易，有利于模型的快速迭代，可以减少过拟合的风险，增加稀疏数据的概率，减少计算量，有效避免一些异常数据的干扰，降低数据波动影响，提高抗噪声能力。分类树、朴素贝叶斯等方法都是基于离散数据展开的。离散化也方便特征衍生，因为数据离散化后就可以把特征直接相互做内积以提升特征维度。

2. 离散化的方法

首先确定需要多少个类别值，以及如何将原数据离散化处理映射到对应的类别值上。例如，针对连续值，将原数据的连续值进行排序后，指定 n 个类别也就是 $n-1$ 个分割点划分为 n 个区间，将处于同一个区间内的数据映射到相同的类别上。

在映射时可以采用下列方法。

① 等宽法：根据属性的值域来划分，使每个区间的宽度相等。例如有数组[4,18,19,22,14,8,9,13,10]划分为 3 组，区间分别是[4,10]、（10,16]、（16,22]，分组结果是[4,8,9,10]、[13,14]、[18,19,22]。

② 等频法：等频分组也叫分位数分组，即分组后，每个分组的元素个数是一样的。例如，现在有一个待离散化的数组[1, 7, 12, 12, 22, 30, 34, 38, 46]，需要分成 3 组，分组后的结果是[1, 7, 12]、[12, 22, 30]、[34, 38, 46]。

③ 卡方分箱：是基于合并的数据离散方法，它依赖于卡方检验。卡方分箱原理：对于精确的离散化，相对类频率在一个区间内应当完全一致，因此如果两个相邻的区间具有非常类似的类分布，则这两个区间可以合并；否则，它们应当保持分开。分箱步骤如下：

- 初始化步骤。根据连续变量值大小进行排序，把每一个单独的值视为一个箱体。
- 合并。自底向上合并，两个相邻的区间具有类似的分布（低卡方值）则合并。
- 停止条件。设置卡方停止的阈值或者限制分箱数目。

④ K-Means（K 均值）聚类算法：该算法最主要的目的是将 n 个样本点划分为 K 个簇，使得相似的样本尽量被分到同一个聚簇。K-Means 衡量相似度的计算方法为欧氏距离（Euclid Distance）。

3. 技术手段

（1）pandas.cut 方法

用来把一组数据分割成离散的区间（等宽分箱）。

```
pandas.cut(x, bins, right=True, labels=None, retbins=False, precision=3, include_lowest=False, duplicates='raise', ordered=True)
```

主要参数说明如下。

x：被切分的类数组（array-like）数据，必须是 1 维的（不能用 DataFrame 类型）。

bins：被切割后的区间。有 3 种形式：一个 int 型的标量、标量序列（数组）或者 pandas.IntervalIndex（定义要使用的精确区间）；当 bins 为一个 int 型的标量时，代表将 x 平分成 bins 份。标量序列定义了被分割后每一个 bin 的区间边缘，此时 x 没有扩展。

labels：给分割后的 bins 打标签。

pandas.cut 方法的使用示例见代码 2.20（请扫描二维码查看）。

代码 2.20

（2）pandas.qcut 方法

基于分位数的离散化方法（等深分箱）。

```
pandas.qcut(x, q, labels=None, retbins=False, precision=3, duplicates='raise')
```

主要参数说明如下。

x：1d ndarray 或 series。

q：分位数。

labels：给分割后的 bins 打标签。

pandas.qcut 方法的使用示例见代码 2.21（请扫描二维码查看）。

代码 2.21

（3）pandas.get_dummies 方法

将类别变量转换为伪变量/指标变量（one hot encode 方式）。

```
pandas.get_dummies(data, prefix=None, prefix_sep='_', dummy_na=False, columns=None,
sparse=False, drop_first=False, dtype=None)
```

主要参数说明如下。

data：要获取虚拟指标的数据。

prefix：用于追加 DataFrame 列名称的字符串。在 DataFrame 上调用 get_dummies 时，传递长度等于列数的列表，或者可以是将列名称映射到前缀的字典。

columns：要编码的 DataFrame 中的列名。如果 columns 为“无”，则将转换所有对象或类别为 dtype 的列。

pandas.get_dummies 方法的使用示例见代码 2.22（请扫描二维码查看）。

代码 2.22

（4）sklearn.preprocessing.KBinsDiscretizer 方法

用于将数值划分成若干个区间，并赋予其区间的编号值，从而将连续数值离散化。

```
sklearn.preprocessing.KBinsDiscretizer(n_bins=5, encode='onehot',strategy='quantile', dtype=
None)
```

主要参数说明如下。

n_bins：分箱数量。

encode：编码类型。'ordinal'表示整数；'onehot'表示用 onehot 数组。

strategy：分箱策略。'uniform'表示各个区间等宽；'quantile'表示使得每个区间的样本个数相同；'kmeans'表示采用聚类方法。

（5）sklearn.cluster.KMeans 方法

基于聚类的分箱。

```
class sklearn.cluster.KMeans(n_clusters=8, init='k-means++', n_init=10,max_iter=300, tol=0.0001, verbose=0, random_state=None, copy_x=True, n_jobs='deprecated', algorithm='auto')
```

主要参数说明如下。

n_clusters：整型，生成的聚类数。

max_iter：执行一次 K-Means 算法所进行的最大迭代数。

n_jobs：整型，指定计算所用的进程数。

主要方法如下。

fit(X[, y, sample_weight])：计算 K-Means 聚类。

主要属性如下。

labels_：分类结果。

代码 2.23

sklearn.cluster.KMeans 方法的使用示例见代码 2.23（请扫描二维码查看）。数据分箱结果表明已成功分为两簇，如图 2-23 所示。

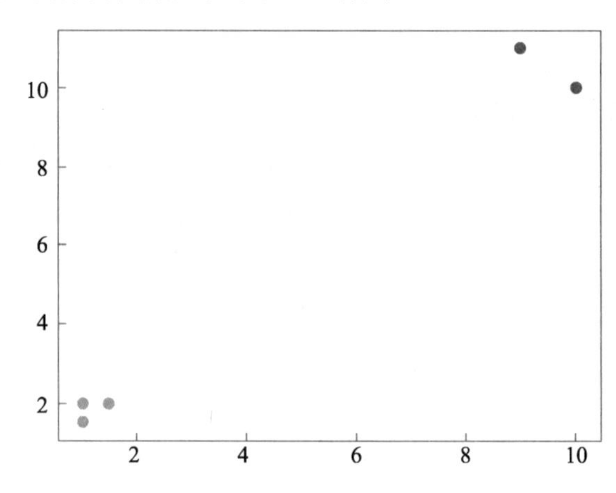

图 2-23 K-Means 数据分箱结果

【任务实施】

1. 使用 cut 方法进行离散化处理

数据集 dataset/symptom.csv 包含了肝气郁结证型系数、热毒蕴结证型系数、转移部位等 10 个特征，共 930 条数据。但是某些算法无法处理连续性数值变量，因此需要进行离散化处理。本任务以肝气郁结证型系数特征为例进行数据离散化。

源代码

➢ 步骤 1：导入库，载入数据集。

```
import pandas as pd
import numpy as np
from sklearn.cluster import KMeans
import matplotlib.pyplot as plt
from datetime import date
import time
import os

df = pd.read_csv('dataset/symptom.csv')
print(df.head())
print(df.info())
```

➢ 步骤 2：建立 K-Means 训练模型。

```
# 复制对应数据
data = df[u'肝气郁结证型系数'].copy()
# 设置聚类数量变量 k
k = 4
# 建立模型
kmodel = KMeans(n_clusters=k)
# 训练模型
kmodel.fit(data.values.reshape((len(data), 1)))
```

微课 2-9
数据离散化处理

➢ 步骤 3：给聚类中心排序，并确定边界值。

```
center = pd.DataFrame(kmodel.cluster_centers_).sort_values(0)    # 给聚类中心排序
```

```
w = center.rolling(2).mean().iloc[1:]      # 滚动计算两个聚类中心的均值（作为分类边界）
w = [0] + list(w[0]) + [data.max()]        # 把首末边界点加上，w[0] 中 0 为列索引
```

➢ 步骤 4：根据边界划分数据完成离散化。

```
df[u'肝气郁结证型系数'] = pd.cut(data, w, labels = range(k))
```

肝气郁结证型系数列已经变为离散值，离散化完成。

2. 自定义分区边界进行离散处理

数据集 dataset/population.csv 记录了一批人口数据，其中 age 字段代表年龄。代码 2.24 通过自定义分区边界的方式，分别使用 numpy.digitize 和 pandas.cut 方法来对该字段值进行分箱处理（请扫描二维码查看）。

代码 2.24

最终的字段 age_digitize 和 age_cut 分别记录了分箱以后的结果。

3. 自动计算分区边界进行离散处理

代码 2.25 中，基于等宽法，使用 KBinsDiscretizer 方法对数据集 dataset/population.csv 的 age 字段进行分箱处理（请扫描二维码查看）。

代码 2.25

最终的字段 age_discretizer 记录了分箱以后的结果。

【任务小结】

本任务主要介绍离散化的基本概念和分箱等方法，以此提高算法的时空效率。根据不同的数据特征，选择合适的离散化处理方法。

任务 2.6 生成 K 折交叉验证数据

PPT：任务 2.6
生成 K 折交叉
验证数据

【任务目标】

① 理解训练集、验证集和测试集的含义，能够根据需要快速划分子集。

② 理解交叉验证的含义，能够选择合适的方法生成多折交叉验证数据子集。

【任务描述】

将 iris 鸢尾花数据集拆分成训练—测试数据集和 5 折交叉数据集。

【知识准备】

1. 训练集、验证集和测试集

一般将模型在实际使用中遇到的数据称为测试数据，为了加以区分，模型评估与选择中用于评估测试的数据集常称为“验证集”（Validation Set）。例如，在研究对比不同算法的泛化性能时，使用测试集上的判别效果来估计模型在实际使用时的泛化能力，而把训练数据另外划分为训练集和验证集，并基于验证集上的性能来进行模型选择和调参。

对于小规模样本集，在没有验证集的情况下，可以按照训练集:测试集=7:3 的数量比例来划分；有验证集的情况下，常用的比例是训练集:验证集:测试集 =6:2:2。例如，共有 10000 个样本，则训练集为 6000 个样本，验证集为 2000 样本，测试集为 2000 样本。对于大规模样本集，验证集和测试集的比例会减小很多，因为验证（比较）模型性能和测试模型性能一定的样本规模就足够了。对于与百万级别的数据集，可以采用 98:1:1 来划分数据集。

2. 数据集划分方法

（1）留出法

留出法（hold_out）直接将数据集 D 划分为两个互斥的集合，其中一个作为训练集 S，另一个作为测试集 T。在 S 上训练出模型后，用 T 来评估其测试误差，作为对泛化误差的估计。划分常用比例是将训练集:测试集设定为 7:3。

（2）K 折交叉验证

K折交叉验证法先将数据集 D 划分为K个大小相同的互斥子集，$D=D_1\cup D_2\cup\cdots\cup D_k$。每次都用其中的 K-1 个子集的并集作为训练集，余下一个作为测试集，这样就可以得到K组训练集/测试集，从而可以进行K次模型的学习，并把这K个测试结果的均值作为评估结果。关于K的取值，当数据量比较小的时候，K可以稍微设置大一些，这样训练集占整体比例就比较大。相反，数据量比较大的时候，K可以设置的小一些。当K=样本总量的时候，测试集的样本数为 1，此时这种方法又叫作留一法。

（3）自助法

对数据集 D 进行采样产生新的数据集 D'。做法是：每次从D中有放回地采样，获取一个样本放入 D'，直到 D' 的样本数也为 m（m 是原始数据集D的样本数）。这样一来，D中的某些样本数据可能在 D' 中出现多次，也有可能不出现。将 D' 作为训练集，$D-D'$ 作为测试集。

自助法在数据集小、难以有效划分训练集/测试集时很有用，但是自助法产生的数据集改变了数据集的分布，会引入偏差。在数据集量足够的时候，更常用留出法和交叉验证法。

3. 技术手段

（1）训练集和测试集随机比例拆分

将数组和矩阵随机拆分为训练集和验证集。

```
sklearn.model_selection.train_test_split(arrays, options)
```

参数说明如下。

array：需要划分的原始数据，一般包括特征（X）和标签（y）两个集合；

test_size：测试集所占样本的数量或者比例。

返回值：包含切分好的训练集—验证集的列表。

代码 2.26

代码 2.26 将手写数字集按照 7:3 的比例拆分，并输出子集的维度（请扫描二维码查看）。

（2）分层 K 折交叉验证器

分层 K 折交叉验证器，提供训练/测试索引以将数据拆分为训练/测试集。此交叉验证对象是 KFold 的变体，它返回分层的折痕。折叠是通过保留每个类别的样品百分比来进行的。

```
class sklearn.model_selection.StratifiedKFold(n_splits=5, shuffle=False, random_state=None)
```

参数说明如下。

n_splits：折数，int 型，默认=5，必须至少为 2。

shuffle：bool 型，在拆分成批次之前是否对每个类别的样本进行混洗，默认= False。

代码 2.27

代码 2.27 使用 4 个样本生成 2 折交叉验证集，并且输出每次生成的数据集中训练样本和测试样本的内容（共两次）（请扫描二维码查看）。

可以看到，共做了两次数据划分（对应 2 折交叉验证），每次划分会选取不同的样本分别作为训练子集和验证子集。

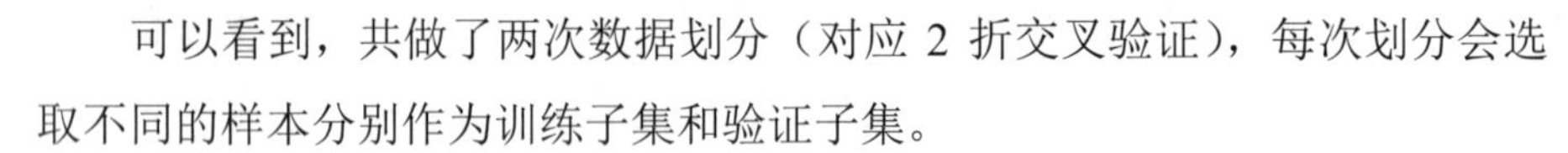

（3）分层 StratifiedShuffleSplit 交叉验证器

提供训练/测试索引将数据拆分为训练/测试集。此交叉验证对象是 StratifiedKFold 和 ShuffleSplit 的合并，返回分层的随机折叠。折叠是通过保留每个类别的样品百分比来进行的。

```
class sklearn.model_selection.StratifiedShuffleSplit(n_splits=10, test_size=None, train_size=None, random_state=None)[source]
```

参数说明如下。

n_splits：整数，重新打乱分割的迭代次数，默认值为 10。

test_size：测试集所占样本的数量或者比例。

train_size：训练集所占样本的数量或者比例。

```
import numpy as np
from sklearn.model_selection import StratifiedShuffleSplit

# 构造数据
X = np.array([[1, 2], [3, 4], [5, 6], [7, 8], [9, 10], [11, 12]])
y = np.array([0, 0 , 0, 1, 1, 1])

# 划分数据，训练数据:测试数据=7:3
sss = StratifiedShuffleSplit(n_splits=5, test_size=0.3, random_state=0)
sss.get_n_splits(X, y)
for train_index, test_index in sss.split(X, y):
    X_train, X_test, y_train, y_test = X[train_index], X[test_index], y[train_index],
y[test_index]
    print('X_train:\n',X_train)
    print('X_test:\n',X_test)
    print("=" * 50)
    block += 1
```

上述划分将确保测试样本的比例为指定值，在本例中是两个(占 30%)。

微课 2-10
将数据集生成
K 折交叉验证
数据

【任务实施】

1. 将鸢尾花数据集按 7:3 划分成训练集和测试集

➢ 步骤 1：导入库，载入数据集。

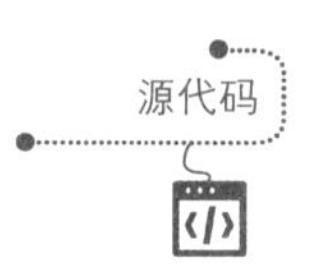


```
from sklearn.datasets import load_iris   # 鸢尾花数据集
from sklearn.model_selection import train_test_split

# 导入鸢尾花数据集
```

```
iris = load_iris()
```

➢ 步骤 2：划分数据集。

```
# 划分数据集，训练:测试 = 7:3
x_train , x_test, y_train , y_test  = train_test_split(iris.data,iris.target, test_size=0.3)
```

➢ 步骤 3：验证划分结果。

```
# 查看原始数据和划分后数据 shape
print('原始数据集 shape：',iris.data.shape)
print('训练数据集 shape：',x_train.shape)
print('测试数据集 shape：',x_test.shape)
```

2. 将鸢尾花数据集划分成 5 折交叉验证数据集

代码 2.28

具体实现见代码 2.28（请扫描二维码查看）。

【任务小结】

本任务主要介绍了训练集、验证集和测试集。训练集用于模型拟合的数据样本；测试集用于评估模区分最终模型的泛化能力；验证集是模型训练过程中单独留出的样本集，它可以用于调整模型的超参数和用于对模型的能力进行初步评估。数据集划分方法有留出法、K 折交叉验证和自助法等。

任务 2.7　数据抽样

【任务目标】

① 理解数据抽象的含义，掌握等距抽样、分层抽样、整群抽样等知识。

② 能够使用不同方法对数据集进行抽样。

【任务描述】

针对淘宝用户行为数据集，根据指定的时间范围对数据进行取样；针对保险赔款案例数据集，使用抽样方法解决样本分类不均衡的问题。

【知识准备】

1. 数据抽样

在统计学中，抽样（Sampling）是一种推论统计方法，它是指从目标总体（Population，或称为母体）中抽取一部分个体作为样本（Sample），通过观察样本的某一或某些属性，依据所获得的数据对总体的数量特征得出具有一定可靠性的估计判断，从而达到对总体的认识。

抽样的方法包括以下几种：

① 简单随机抽样，也叫作纯随机抽样。从总体 N 个单位中随机地抽取 n 个单位作为样本，使得每一个样本都有相同的概率被抽中。特点是：每个样本单位被抽中的概率相等，且样本单位完全独立，彼此间无一定的关联性和排斥性。简单随机抽样是其他各种抽样形式的基础，通常只是在总体单位之间差异程度较小和数目较少时，才采用这种方法。适用场景：所有样本个体概率均匀。

② 系统抽样，也称为等距抽样。将总体中的所有单位按一定顺序排列，在规定的范围内随机地抽取一个单位作为初始单位，然后按事先规定好的规则确定其他样本单位。先从数字 1 到 k 之间随机抽取一个数字 r 作为初始单位，以后依次取 $r+k$，$r+2k$，…。这种方法操作简便，可提高估计的精度。适用场景：个体分布均匀或呈现明显的均匀分布规律，无明显趋势或周期性规律的数据。

③ 分层抽样。将总体按某种特征或规则划分为不同的层，然后从不同的层中独立、随机地抽取样本单位，以保证样本的结构与总体的结构比较相近，从而提高估计的精度。适用场景：适用于层间有较大的异质性，而每层内的个体具有同质性的总体。

④ 整群抽样。将总体中若干个单位合并为群，抽样时直接抽取群，然后对选中群中的所有单位全部实施调查。抽样时只需要群的抽样框，可简化工作量，缺点是估计的精度较差。适用场景：适用于群间差异小、群内各个体差异大、可以依据某种特征差异来划分的群体。

2. 技术手段

（1）DataFrame.sample 方法

从请求轴返回随机的样本项目。

```
DataFrame.sample(n=None, frac=None, replace=False, weights=None, random_state=None, axis=None)
```

参数说明如下。

n：返回的项目数。

frac：返回数目占比，不能与 n 一起使用。

replace：允许或不允许对同一行进行多次采样。

返回值：Series 或者 DataFrame。

DataFrame.sample 方法的使用示例见代码 2.29（请扫描二维码查看）。

代码 2.29

（2）DataFrame.query 方法

使用布尔表达式查询 DataFrame 的列，也就是按照 DataFrame 中某列的规则进行过滤操作。

```
DataFrame.query(expr,inplace = False,kwargs)
```

参数说明如下。

expr：要评估的查询字符串。

inplace：查询是应该修改数据还是返回修改后的副本。

返回值：由提供的查询表达式产生的 DataFrame。

```
import pandas as pd

# 构造数据
df1 = pd.DataFrame({'A': range(1, 6),
                    'B': range(10, 0, -2),
                    'C': range(10, 5, -1)})

# 使用 DataFrame.query 方法查询 C 列数值大于等于 8 的数据
print(df1.query('C>=8'))
```

（3）系统抽样

下面的例子等距从 dataset/titanic.csv 数据集中抽取 100 个样本。

```
import pandas as pd

df2 = pd.read_csv('dataset/titanic.csv')
num = len(df2)  # 样本个数
n = 100  # 抽取样本数
k = num/n  # 步距 k
select_id = [round(i*k+1) for i in range(n)]  # 等距筛选 ID 号
```

```
df2_selected = df2[df2['PassengerId'].isin(select_id)]   # 抽取样本
print(df2_selected)
```

抽样结果：PassengerId 符合 r+i*k（r=1,k=891/100,i 为 0～99 的整数）的结果，符合系统抽样原理。

（4）分层抽样

下面的例子使用数据集 dataset/lianjia.csv，从不同 Region 中抽取总体的 30%样本。

```
import pandas as pd

df3 = pd.read_csv('dataset/lianjia.csv')
print(df3.info())

# 定义函数对不同分组采样
def typicalSamling(group):
    return group.sample(frac=0.3)

df_ = df3.groupby('Region').aply(typicalSamling)   # 分组采样
print(df_.head())   # 查看分组采样后数据

# 查看不同分区的样本数
print(df3.Region.value_counts())
```

一共 12 个特征值字段，23677 条数据。采样后数据为 7104 条，即抽取了 30%样本的结果。

（5）手动抽取

代码 2.30

获取不同分区样本的 index，再从不同分区 index 列表抽取指定数目并整合拼接成一个大的 index 列表，根据此列表抽取样本数据即为所求。代码 2.30 仍然针对 dataset/lianjia.csv 数据集手动完成抽取过程：从不同分区抽取 400 条数据（不足则全部抽取）（请扫描二维码查看）。

（6）整群抽样

代码 2.31

代码 2.31 构造了 A、B、C、D 这 4 个分类群，从中抽取两个群的数据（请扫描二维码查看）。

【任务实施】

1. 根据指定日期范围对淘宝用户行为数据集进行取样

现有淘宝用户行为数据集 dataset/user.csv，一共包含 6 个特征约 200000 条数据，各字段的含义如下。

user_id：客户 id 信息。

item_id：商品 id 信息。

behavior_type：行为类型。

user_geohash：地理位置。

item_category：商品分类。

time：时间。

源代码

需要研究“双十二”期间用户行为数据，请对本数据集进行取样，抽取 10000 条数据，时间范围在 12 月 11 日到 12 月 13 日。

注意：time 列数据类型为 Object，首先转换为 datetime64，然后截取范围[2012-12-11，2012-12-14)的数据。

代码 2.32

具体实现见代码 2.32（请扫描二维码查看）。

输出结果如下：

```
抽取数据信息:
<class 'pandas.core.frame.DataFrame'>
Int64Index: 10000 entries, 30306 to 174899
Data columns (total 6 columns):
 #   Column          Non-Null Count  Dtype
---  ------          --------------  -----
 0   user_id         10000 non-null  int64
 1   item_id         10000 non-null  int64
 2   behavior_type   10000 non-null  int64
 3   user_geohash    3677 non-null   object
 4   item_category   10000 non-null  int64
 5   time            10000 non-null  datetime64[ns]
dtypes: datetime64[ns](1), int64(4), object(1)
```

```
memory usage: 546.9+ KB
时间范围：2014-12-11 00:00:00----2014-12-13 23:00:00
```

2. 使用抽样方法解决样本不均衡的问题

微课 2-11
使用抽样方法解决样本不均衡的问题

有保险赔款案例数据集 dataset/Safe Driver Prediction.csv，其包含 58 个汽车保险相关的特征以及多达 600000 条训练数据集样本。但是数据集中不同类别（target 特征）的样本量差异非常大，请使用抽样方法解决样本不均衡的问题。

➢ 步骤 1：载入数据集并查看不同分类的样本数量。

```
import pandas as pd
import numpy as np
from sklearn.utils import shuffle

df = pd.read_csv('dataset/Safe Driver Prediction.csv')
print(df.target.value_counts())
```

输出结果：

```
0      573518
1       21694
Name: target, dtype: int64
```

可见，target 为 0 的样本数 573518，target 为 1 的样本数 21694，数据类别很不平衡。

➢ 步骤 2：分层抽样。

解决样本严重不平衡问题思路如下：

① 分别获取不同分类对应的 index。

② 根据样本比例计算从样本多的数据中抽取的个数。

③ 从 index 列表随机抽取指定个数的 index。

④ 拼接不同分类 index 列表，根据 index 列表采样数据 df_undersample 即为所求。

代码 2.33

具体实现见代码 2.33（请扫描二维码查看）。

运行结果：

```
0       21694
1       21694
Name: target, dtype: int64
```

一共 43388 条数据，其中 target 特征值为 0 和 1 的都是 21694 条。

【任务小结】

本任务主要介绍了抽样的概念和相关方法。抽样（Sampling）是一种推论统计方法。抽样方法包括随机抽样、等距抽样和分类抽样等。

任务 2.8 数据正态性验证

【任务目标】

① 理解不同的正态性检验方法原理，并掌握对数据进行正态性验证的方法，如 W 检验、KS 检验等。

② 结合使用不同方法完成对于目标数据的正态性检验。

【任务描述】

针对病人健康信息记录数据集中的温度特征和股票数据集中的日收益率特征进行正态分布检验。

【知识准备】

1. 数据正态性

正态分布（Normal Distribution）也称为常态分布，又名高斯分布（Gaussian Distribution），最早由棣莫弗（Abraham de Moivre）在求二项分布的渐近公式中得到。高斯在研究测量误差时从另一个角度导出了正态分布。拉普拉斯和高斯研究了它的性质，其是一个在数学、物理及工程等领域都非常重要的概率分布。

若随机变量 X 服从一个数学期望为μ、方差为σ^2 的正态分布，记为 $N(\mu,\sigma^2)$。其概率密度函数为正态分布的期望值μ决定了其位置，其标准差σ决定了分布的幅度。当μ=0，σ=1 时的正态分布是标准正态分布。

正态性可以保证随机性，在做数据分析或者统计的时候，经常需要进行数据正态性的检验，因为很多假设都是基于正态分布的基础之上的。

2. 正态分布检验

对于正态性验证，首先使用图示法利用直方图或核密度图估计样本数据，如果分布严重偏锋或者尖峰可认为不是正态分布；对于无法做出判断的，可以使用假定检验法验证。

① 图示法：QQPlot（Quantile-Quantile Plot），主要是直观地表示观测值与预测值之间的差异。要利用 QQ 图鉴别样本数据是否近似于正态分布，只需要看 QQ 图上的点是否近似地在一条直线附近，图形是直线说明是正态分布，而且该直线的斜率为标准差，截距为均值。

② 假定检验法：W 检验 。当样本含量 $n \leqslant 2000$ 时，结果以 Shapiro-Wilk 检验（简称 W 检验）为准。它是一种基于相关性的算法，计算可得到一个相关系数，其越接近 1 就越表明数据和正态分布拟合得越好。

③ KS 检验：当样本含量 $n>2000$ 时，结果以 Kolmogorov-Smimov（柯尔莫哥洛夫—斯米尔诺夫（Kolmogorov-Smirnov test，简称 KS）检验为准。该方法基于累积分布函数，用以检验一个分部是否符合某种理论分布或两个经验分布是否有显著差异。

3. 技术手段

（1）QQplot

```
scipy.stats.probplot (x, sparams =( ), dist ='norm', fit = True, plot = None)
```

参数说明如下。

x：从创建图的样本/响应数据。

dist：功能名称。

plot：如果给定，则绘制分位数和最小二乘拟合。

下面的代码针对随机生成（正态分布的随机数）的一批数据，绘制 QQ 图，运行结果如图 2-24 所示。

```
from scipy import stats
import matplotlib.pyplot as plt
x = stats.norm.rvs(loc=10, scale=3, size=50)
```

```
stats.probplot(x, dist="norm", plot=plt)
plt.show()
```

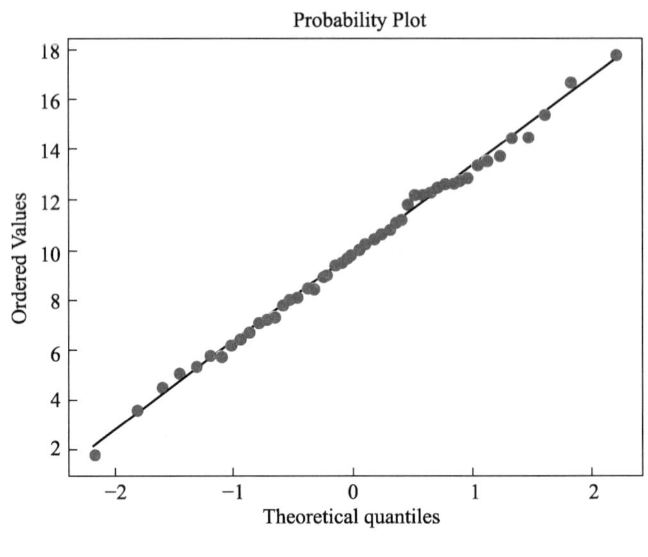

图 2-24 QQ 图示结果

从图中可见，上述数据点基本在一条直线上，说明正态性比较好。

（2）W 检验

```
scipy.stats.shapiro(x, a=None, reta=False)
```

下面的代码对一批随机数进行 W 检验并返回其显著性水平。

```
from scipy import stats
# 构造数据
x = stats.norm.rvs(loc=5, scale=3, size=100)
print(stats.shapiro(x))
```

输出结果：

```
ShapiroResult(statistic=0.9920413494110107, pvalue=0.8242142200469971)
```

直接返回了显著水平 pvalue > 0.05，符合正态分布。

（3）KS 检验

```
scipy.stats.kstest(rvs, cdf, args=(), N=20, alternative='two_sided', mode='aprox', kwds)
```

参数说明如下。

rvs：待检验的一组一维数据。

cdf：检验方法，如'norm'、'expon'、'rayleigh'、'gamma'，正态性检验设置为'norm'。

args：分布参数。

返回值：KS 检验的 D 值和显著水平 p 值。

下面的代码检验一组线性分布数据（非正态分布）的正态性。

```
import numpy as np
from scipy import stats


x = np.linspace(-15,15,2500)     # 等距线性分布的数据点
stats.kstest(x,'norm')
```

输出结果：

```
KstestResult(statistic=0.4130227121094875, pvalue=0.0)
```

直接返回了显著水平 pvalue = 0.0<0.05，不符合正态分布。

【任务实施】

1. 对病人健康数据集中的温度特征进行正态性验证

现有数据集病人健康信息记录数据集 dataset/normtemp.csv，分别包含 130 条记录，3 个特征（Temperature 温度，Gender 性别，Heart Rate 心率）。为确保数据的随机性，对数据中的 Temperature 特征进行正态性验证。

源代码

➢ 步骤 1：导入库，载入数据集。

```
import pandas as pd
import matplotlib.pyplot as plt


df = pd.read_csv('dataset/normtemp.csv',header=None)
df.columns = ['Temperature', 'Gender','Heart Rate']
print(df.head())
print(df.shape)
```

➢ 步骤 2：使用直方图初步判断。

```
import seaborn as sns
sns.displot(df['Temperature'].values,bins=50,kde=True)
plt.show()
```

输出直方图，如图 2-25 所示。

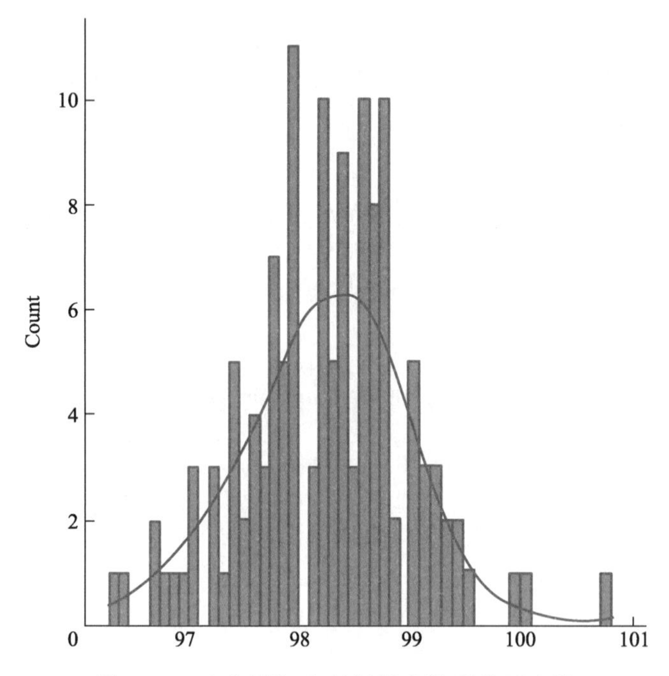

图 2-25 直方图初步判断温度数据的正态性

从图形可以初步预估符合正态分布，下面再进行量化检验。

➢ 步骤 3：KS 检验。

```
from scipy import stats
# 当p 值大于0.05，说明待检验的数据符合为正态分布
result = stats.shapiro(df['Temperature'])
print(result)
```

输出结果：

```
ShapiroResult(statistic=0.9865770936012268, pvalue=0.233174666762352)
```

返回的 pvalue 值为 0.23>0.05，可以认为符合正态分布。

2. 判断股票每日收益率是否符合正态分布

微课 2-12
判断股票每日收益率是否符合正态分布

现有股票数据集 dataset/stock.csv，包含了某公司 2019 年股票数据，获取每日收益率并分析收益率是否符合正态分布。

➢ 步骤 1：导入数据并计算收益率。

收益率是指两天价格差除以前一天的价格，即 $R_{t2}=\dfrac{(p_{t2}-p_{t1})}{p_{t1}}$。

```
import pandas as pd
import seaborn as sns
import matplotlib.pyplot as plt

stock = pd.read_csv('dataset/stock.csv')
stock.head()

# 计算收益率
stock = stock[['date', 'open', 'high', 'low', 'close', 'volume']]
stock['Returns'] =stock['close'].pct_change()   # 收盘价的变化率也就是收益率
clean_returns = stock['Returns'].dropna()   # 删除空值

print(clean_returns)
```

➢ 步骤 2：图示法初步判断。

```
# 查看直方图
sns.displot(clean_returns,bins=50,kde=True)
plt.show()
```

运行结果如图 2-26 所示。

```
# 查看 QQ 图
from scipy import stats
res = stats.probplot(clean_returns, dist="norm", plot=plt)
plt.show()
```

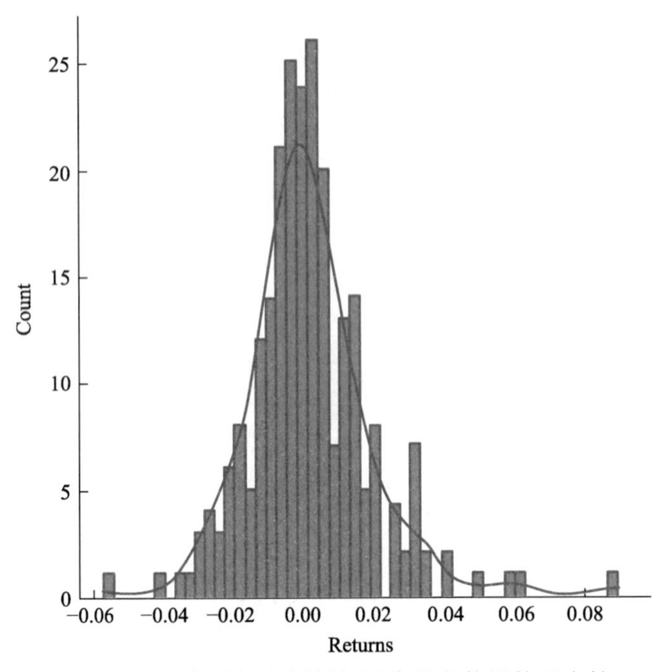

图 2-26 直方图初步判断每日收益率数据的正态性

运行结果如图 2-27 所示。

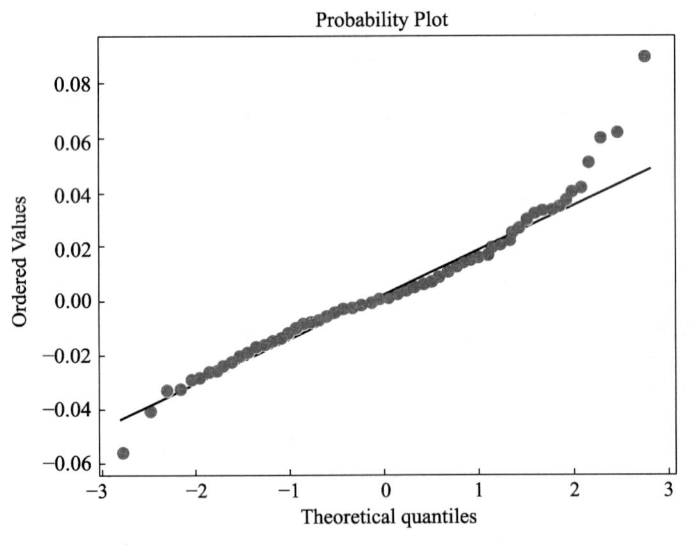

图 2-27 QQ 图初步判断每日收益率数据的正态性

从展示图看，左下和右上的数据点与直线偏离较远，可推测原始数据并不符合正态分布。

➢ 步骤 3：W 检验验证。

```
# W 检验
print(stats.shapiro(clean_returns))
```

输出结果：

```
ShapiroResult(statistic=0.9458552598953247, pvalue=7.626744036315358e-08)
```

pvalue<0.05，不符合正态分布。

【任务小结】

本任务主要介绍了正态分布的数据性含义以及正态性检验的方法和原理，应当掌握结合使用不同方法完成对于目标数据的正态性检验技能。

任务 2.9　检测数据中的异常点或离群点

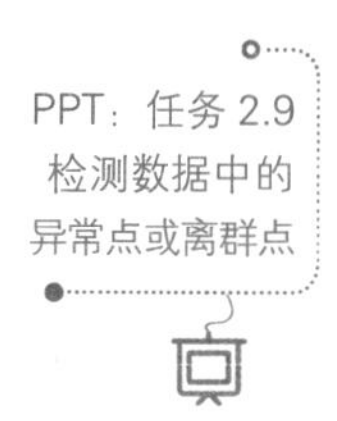

【任务目标】

① 了解使用均值和标准差进行判断异常点或离群点的方法。

② 理解异常点检测算法，掌握 Z-score 方法和 IQR 方法，并能根据计算公式编程实现。

【任务描述】

微课 2-13
检测数据中的异常点或离群点

检测数据集指定字段的样本中的离群点。

【知识准备】

异常点检测（Outlier Detection）又称为离群点检测，是找出与预期对象的行为差异较大的对象的一个检测过程，是比较常见的一类非监督学习算法。这些被检测出的对象就称为异常点或者离群点。

异常点检测常见的有 3 种情况：一是在做特征工程时需要对异常的数据做过滤，防止对归一化等处理的结果产生影响；二是对没有标记输出的特征数据做筛选，找出异常的数据；三是对有标记输出的特征数据做二分类时，由于某些类别的训练样本非常少，类别严重不平衡，此时也可以考虑用非监督的异常点检测算法。

通常可采用下列两种方法来检测异常点或离群点：

① Z-score 方法。首先计算该列数据的均值和标准差，然后计算每个数据的 Z-score：$X_{\text{Z-score}}=\dfrac{X-X_{\text{mean}}}{X_{\text{std}}}$，最后设定 Z-score 阈值，在该阈值范围内的即为正常值。

② 四分位法。将数据按从小到大排列，设 $mean_1$ 为上四分位数（75%），$mean_2$ 为下四

分位数（25%），$mean_3$ 为中位差 $mean_1-mean_2$。设置阈值 T（T 可以取值 2 或 2.5 等），则正常值范围是[$mean_2-T\times mean_3$, $mean_1+T\times mean_3$]。

微课 2-14
检测 age 字段的离群样本

【任务实施】

已知 dataset/raw_data.csv 数据文件内容，见表 2-3，检测 age 字段的离群样本。

表 2-3 dataset/raw_data.csv 数据文件内容

name	age	skill
Jerry	25.0	C++
Jane	27.0	Java
David	NaN	Java
Tom	30.0	NaN
Joe	30.0	PHP
Mike	24.0	C++
Joan	NaN	Java
Jerry	36.0	Java
Jane	38.0	Java
Jerry	40.0	Java
Jerry	25.0	C++
Jane	27.0	PHP
Jessy	22.0	Java
Sam	32.0	PHP
Karl	34.0	C#
Jack	80.0	C++
Susan	21.0	?

➢ 步骤 1：使用均值和标准差进行判断，见代码 2.34（请扫描二维码查看）。

➢ 步骤 2：使用四分位数进行判断，见代码 2.35（请扫描二维码查看）。

源代码

上述两种方法结果相同，除了缺失值样本外，索引号 15 的样本（Jack，age=80）均被视为异常值而去除。

代码 2.34

代码 2.35

【任务小结】

本任务主要介绍了异常点检测的相关知识及方法。异常点检测的目的是找出数据集中和大多数数据不同的数据。可以使用均值和标准差判断异常点或离群点，也可以使用四分位数判断异常点。

项目小结

本项目从数据探查、数据清洗和转换、数据取样、数据检验 4 个方面演练典型的数据处理方法。针对给定的数据集，应当掌握采用恰当合适的方法处理，选择合适的指标对数据进行描述性统计技能，选择合适的图形图像来展示数据的分布特点，选择合适的库函数对数据进行必要的预处理，根据需要从完整数据集中选取或生成数据子集，以及对数据的质量和有效性进行检验。

课后练习

一、选择题

1. 描述性指标中一般不采用（　　）指标体现数据的集中趋势。

A. 平均值　　B. 中位数　　C. 众数　　D. 方差

2. 描述性指标中一般不采用（　　）指标体现数据的离散程度。

A. 极差　　B. 方差　　C. 标准差　　D. 四分位数

3.（　　）根据属性的值域来划分，使各区间的宽度相等。

A. 等宽法　　B. 等频法　　C. 卡方分箱　　D. K-Means 聚类算法

4. 模型评估与选择中，用于评估测试的数据集通常称为（　　）。

A. 训练集　　B. 验证集　　C. 测试机　　D. 模型集

5. 从总体 N 个单位中随机地抽取 n 个单位作为样本，使得每一个容量为样本都有相同的概率被抽中的抽样方法是（　　）。

A. 简单随机抽样　　B. 系统抽样　　C. 分层抽样　　D. 整群抽样

6. 在概率统计中，（　　）是衡量随机变量或一组数据离散程度的度量。

A. 方差　　B. 极差　　C. 众数　　D. 标准差

7.（　　）是离均差平方的算术平均数（即方差）的算术平方根。

A. 标准差　　B. 方差　　C. 众数　　D. 中位数

8. （　　）是指在统计分布上具有明显集中趋势点的数值，代表数据的一般水平，也是一组数据中出现次数最多的数值。

A. 众数　　B. 中位数　　C. 均值　　D. 方差

9. （　　）用于表示离散型的数据，即以条形长度或高度表示各事物间的数量大小与数量之间的差异情况。

A. 条形图　　B. 扇形图　　C. 折线图　　D. 散点图

10. （　　）是对数据的分布的进行转换，使其符合某种分布（如正态分布）的一种非线性特征变换。

A. 标准化　　B. 归一化　　C. 正态分布　　D. 均值处理

二、填空题

1. 描述性统计常用的指标有________、________、________、________、________和________。

2. ________是表示一组数据集中趋势的量数，是指在一组数据中所有数据之和再除以这组数据的个数。

3. ________是利用点、线、面、体等绘制成几何图形，以表示各种数量间的关系及其变动情况的工具，能够表现统计数字大小和变动。

4. 相关分析中的________和________没有严格的区别，可以互换。

5. ________是指当相关关系中的一个变量变动时，另一个变量也相应地发生均等的变动。

6. ________是对数据的分布进行转换，使其符合某种分布（如正态分布）的一种非线性特征变换。

7. ________是把无限空间中有限的个体映射到有限的空间中去，以此提高算法的时空效率。

8. ________是一种推论统计方法，它是指从目标总体（Population，或称为母体）中抽取一部分个体作为样本。

9. ________是指将数据按某种规则划分为不同的层，然后从不同的层中独立、随机地抽取样将抽样单位按某种特征或本。

10. ________也称常态分布，又名高斯分布。

三、判断题

1. 相关关系是客观现象存在的一种非确定的相互依存关系。（　　）

2. 线性相关是指当相关关系中的一个变量变动时，另一个变量也相应地发生不均等

的变动。 （ ）

3．归一化是对数据的数值范围进行特定缩放，但不改变其数据分布的一种线性特征变换。 （ ）

4．分类树、朴素贝叶斯等方法是基于离散数据展开的。 （ ）

5．离散化特征的增加和减少都很容易，有利于模型的快速迭代。 （ ）

6．模型在实际使用中遇到的数据称为测试数据。 （ ）

7．整群抽样，抽样时只需要群的抽样框，可简化工作量，但缺点是估计的精度较差。 （ ）

8．正态性可以保证随机性，在做数据分析或者统计的时候，经常需要进行数据正态性的检验，因为很多假设都是基于正态分布的基础之上的。 （ ）

9．异常点检测的目的是找出数据集中和大多数数据不同的数据。 （ ）

10．异常点检测算法可在做特征工程的时候对异常的数据进行过滤，防止对归一化等处理的结果产生影响。 （ ）

四、简答题

1．简述异常点检测的目的。

2．如何理解描述性统计常用的统计指标。

3．简述定义一个数据集，并对该数据集进行归一化处理的步骤。

4．说明对文本数据进行数值化处理的步骤。

5．请列举典型的数据处理方法。

6．简述统计图的特点。

7．简述什么是相关关系。

8．简述标准化/归一化的优点。

9．举例说明如何理解等频法。

10．简述如何理解抽象统计方法。

项目3 数据建模与性能评估

学习目标 

本项目要求在熟悉数据含义并对数据进行恰当预处理的基础上，构建、训练回归、分类和聚类等机器学习模型，并对未知数据进行预测：

① 理解线性回归的基本概念，能够训练回归模型以预测连续性结果，并验证模型的性能。

② 理解逻辑回归、朴素贝叶斯、K 近邻、决策树的基本概念，能够训练分类模型以预测离散型结果，并验证模型的性能。

③ 理解非监督学习和聚类算法的基本概念，能够训练聚类模型以实现样本的归类。

项目介绍 

本项目从 4 个方面演练机器学习模型训练、模型预测及模型性能验证，具体如下。

① 以 LinearRegression 为代表的线性回归模型，评估残差、MSE/MAE、R 方等性能指标。

② 以 LogisticRegression 为代表的逻辑二分类模型，评估正确率、精度、召回率、F1 Score 等性能指标。

③ 以 MultinomialNB、NearestNeighbors、DecisionTree 等为代表的多分类模型的构建、预测。

④ 以 K-Means 为代表的聚类模型的构建。

任务 3.1　训练线性回归模型

【任务目标】

① 理解线性回归模型的算法的基本原理。

② 能够使用 sklearn.linear_model 方法训练线性回归模型并进行预测。

【任务描述】

假设某比萨店的比萨价格和比萨直径之间的数据关系见表 3-1。

表 3-1　比萨价格与直径关系表

训练样本编号	直径/英寸	价格/美元
1	6	7
2	8	9
3	10	13
4	14	17.5
5	18	18

根据表 3-1 中的数据训练一个线性回归模型，以便推断（预测）出某个直径的比萨可能的售价。例如，12 英寸的比萨可能售卖多少钱。

微课 3-1
训练线性回归
模型

【知识准备】

1. 线性回归

线性回归是最为人所熟知的建模技术之一，通常是学习预测模型时首选的技术之一。在这种技术中，因变量是连续的，自变量可以是连续的也可以是离散的，回归线的性质是线性的。

线性回归在因变量（Y）和一个或多个自变量（X）之间建立一种关系，如果自变量只有 1 个，则该关系体现为直线；如果自变量有 2 个，则体现为直平面；3 个及以上的自变量难以直接绘图，但仍然可以表达为线性（也就是不包含幂函数、三角函数、对数等运算）表达式。

（1）单变量线性回归

单变量线性回归是指只有一个特征/自变量和一个因变量，并且二者关系可用一条直线近似表示。例如在本任务中，自变量为比萨的尺寸，因变量是比萨的价格，那么所要解决的问题就属于单变量线性回归问题。

单变量线性回归的预测模型为：

$$y_i=ax_i+b$$

式中，x_i代表自变量的值；y_i代表因变量的值；a 和 b 代表单变量线性回归方程的参数。

（2）多变量线性回归

单变量线性回归是一个主要影响因素作为自变量来解释因变量的变化。在现实问题研究中，因变量的变化往往受几个重要因素的影响，此时就需要用两个或两个以上的影响因素作为自变量来解释因变量的变化，这就是多变量线性回归，也称多重回归或多元回归。在回归分析中，如果有两个或两个以上的特征或自变量，且因变量和自变量是线性关系，就称为多变量回归。多变量线性回归模型为：

$$y_i=b_0+b_1x_1+b_2x_2+\cdots+b_nx_n$$

如果是两个自变量x_1、x_2与同一个因变量y呈线性相关时，上式变为：

$$y_i=b_0+b_1x_1+b_2x_2$$

事实上，一种现象常常是与多个因素相联系的，由多个自变量的最优组合共同来预测或估计因变量，比只用一个自变量进行预测或估计更有效，也更符合实际。因此，多元线性回归比一元线性回归的实用意义更大。

2. LinearRegression 方法

采用 sklearn.linear_model.LinearRegression 方法可以实现最小二乘法进行线性回归。

```
sklearn.linear_model.LinearRegression(fit_intercept=True, normalize=False, copy_X=True, n_jobs=None)
```

参数说明如下

fit_intercept：是否计算该模型的截距，默认为 True。如果使用中心化的数据，可以设置为 False，即不考虑截距。

normalize：是否对数据进行标准化处理，默认为 False。当 fit_intercept 设置为 False 的时候，该参数会被自动忽略。normalize 如果为 True，回归器会标准化输入参数：减去平均值，并且除以相应的二范数。

copy_X：是否对 X 复制，默认为 True。如为 False，则经过中心化或标准化后，把新数据覆盖到原数据上。

n_jobs：计算时设置的任务个数，该参数对于目标个数>1（n_targets>1）且足够大规模的问题有加速作用。可以设置为 int 类型 or None，默认为 None，如果选择-1 则代表使用所有的 CPU。

可以将 sklearn.linear_model.LinearRegression 看作是一个估计器（Estimator），即依据观测值来预测结果。在 sklearn（scikit-learn）库中，所有的估计器都带有 fit 方法和 predict 方法。fit 方法用来训练模型参数，predict 方法使用训练出来的模型参数对样本进行预测。因为所有的估计器都有这两种方法，因此使用 sklearn 库很容易实现不同的模型。

3. SGDRegressor 方法

sklearn 库中的线性回归模型都是通过最小化成本函数来计算参数的。通过矩阵乘法和求逆运算来计算参数时，如果变量很多则计算量会非常大，因此改用梯度下降法。梯度下降就好比从一个凹凸不平的山顶快速下到山脚下，每一步都会根据当前的坡度来找一个能最快下山的方向。梯度下降算法又可分为批量梯度下降和随机梯度下降两种实现。批量梯度下降（Batch Gradient Descend，BGD）算法每次迭代都用所有样本，快速收敛但性能不高；随机梯度下降（Stochastic Gradient Descend，SGD）算法每次用一个样本调整参数，逐渐逼近，效率较高。sklearn.linear_model.SGDRegressor 方法提供了使用随机梯度下降算法进行线性回归的实现，对于数据集较大的情形比较合适；如果样本较少，其效果一般不好。

4. 欠拟合与过拟合问题

一般来说，线性回归适合解决数据是线性分布的情形。以单个特征的样本（这些样本值包含一个特征 x 和一个结果 y）来举例，可以在平面上绘制数据样本点，并使用直线来进行拟合。但是如果给定的样本点并非线性分布的，如果使用直线进行拟合，效果就会非常差。此时可以考虑使用非线性函数（如高阶函数、三角函数等）来构造判别式。例如，在图 3-1 中，如果使用一阶直线拟合（红色），误差显然很大；如果使用 $h(x)=x^2+2x+1$ 这个二阶函数（绿色）来拟合，虽然并不会完全吻合，但效果仍然很好，充分体现了数据的变化趋势；如果使用更高阶函数（图中为九阶），则虽然能够较完美地贴合给定的样本点，但是因为过于注重细节，曲线的形状非常复杂，反而没有展示数据的趋势。

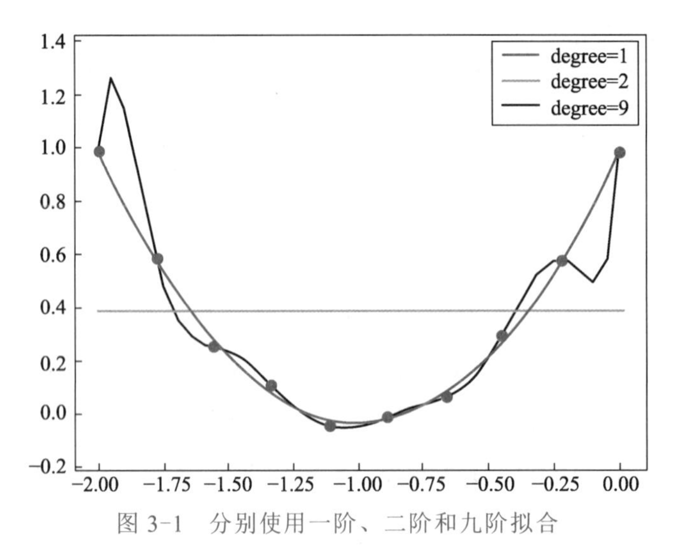

图 3-1 分别使用一阶、二阶和九阶拟合

本页彩图

上述3种情况分别称为欠拟合、正拟合和过拟合。在机器学习建模时，既要防范欠拟合，也要防范过拟合。如果模型过于简单，则欠拟合的风险较大；而当训练样本数量较少，而采用的模型算法又非常复杂时（如过度高阶函数），则很容易产生过拟合。

【任务实施】

1. 使用 LinearRegression 方法建立回归模型

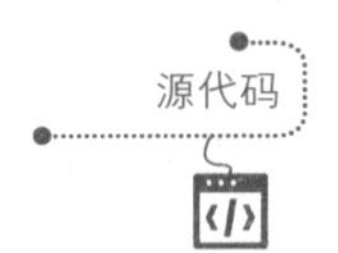

源代码

➢ 步骤1：查看样本数据。

把比萨直径看成自变量 x（以后也称特征值），比萨价格看成因变量 y，可以先通过作图看出二者的关系。

```
import numpy as np
import matplotlib.pyplot as plt

def initPlot():
    plt.figure()
    plt.title('Pizza Price vs Diameter')
    plt.xlabel('Diameter')
    plt.ylabel('Price')
    plt.axis([0, 25, 0, 25])          # 设置x 轴和y 轴的值域均为0～25
    plt.grid(True)
    return plt
```

```
plt = initPlot()

xTrain = np.array([6,8,10,14,18])
yTrain = np.array([7,9,13,17.5,18])
plt.plot(xTrain, yTrain, 'k.')
plt.show()
```

执行结果如图 3-2 所示。

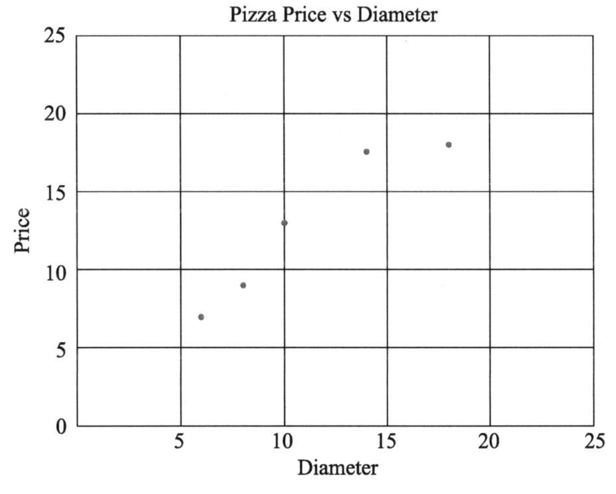

图 3-2　训练样本分布散点图

从图 3-2 中可以看到：价格 y 随着直径 x 的变化大致呈现线性变化。如果根据现有的训练数据能够拟合出一条直线，使之与这些训练数据的各点都比较接近，那么根据该直线，就可以计算出在任意直径比萨的价格。

➢ 步骤 2：使用 LinearRegression 方法建立模型。

采用 sklearn.linear_model.LinearRegression 方法来进行线性拟合，拟合出来的直线可以表示为 $h_\theta(x)=\theta_0x_0+\theta_1x_1=\theta_0+\theta_1x_1$。

其中各参数说明如下。

x_0：截距项（Intercept Term），一般设置为 1 即可。

x_1：影响计算结果的第一个因素（或称特征，在本例中就是直径）。在单变量线性回归中，只有 x_1。

θ_0：直线的截距，通过训练样本数据拟合而得。

θ_1：直线的斜率，通过训练样本数据拟合而得。

$h_\theta(x)$：判别函数（Hypothesis Function）或判别式，也就是线性拟合的模型结果函数。

本任务中使用 LinearRegression 的 fit 方法实现一元线性回归确定比萨直径与价格线性关系。

```
# 模型训练，线性拟合
from sklearn.linear_model import LinearRegression

xTrain = np.array([6,8,10,14,18])[:, np.newaxis]
yTrain = np.array([7,9,13,17.5,18])
model = LinearRegression()
hypothesis = model.fit(xTrain, yTrain)
# 输出截距和斜率
print("theta0=", hypothesis.intercept_)
print("theta1=", hypothesis.coef_)
```

输出结果如下：

```
theta0= 1.965517241379315
theta1= [0.9762931]
```

LinearRegression 方法支持单变量和多变量回归。对于多变量回归，xTrain 显然是矩阵形式。因此，即使只有一个变量，LinearRegression 方法也要求输入的特征值以矩阵形式（列向量）存在。

➢ 步骤 3：预测新的数据。

将待预测的数据放置在一个矩阵（或列向量）中，可以批量预测多个数据。

```
# 用训练好的模型执行预测
print(model.predict([[12]]))        # 预测单个样本
xNew = [[0],[10],[14],[25]]
yNew = model.predict(xNew)          # 批量预测 4 个样本
print(yNew)
```

输出结果为：

```
[13.68103448]
[ 1.96551724 11.72844828 15.63362069 26.37284483]
```

可见，直径 12 英寸的比萨饼预测价格约为 13.68 美元；而直径分别为 0、10、12 和 25 英寸的比萨饼也分别给出了预测的价格。

➢ 步骤 4：绘制结果曲线。

根据判别函数，绘制拟合直线，并同时显示训练数据点。拟合的直线较好地穿过训练数据，根据新拟合的直线，可以方便地求出各个直径下对应的价格（预测结果）。

```
import numpy as np
# 绘制线性回归模型的拟合直线
plt = initPlot()
plt.plot(xTrain, yTrain, 'k.')
plt.plot(xNew,    yNew, 'g-')                    # 画出通过这些点的连续直线
plt.show()
```

输出结果如图 3-3 所示。

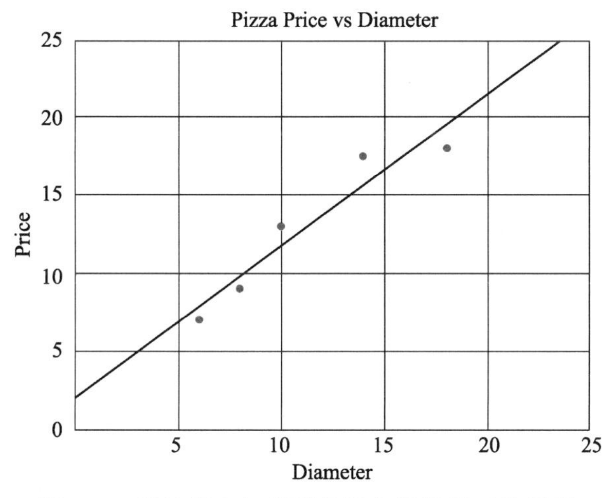

图 3-3 训练样本与模型曲线之间的相对位置图

模型曲线与训练样本之间的误差并不算大，说明该线性拟合有一定的效果。

2. 使用 SGDRegressor 方法优化出拟合直线的系数

```
import numpy as np
import matplotlib.pyplot as plt
from sklearn.linear_model import SGDRegressor


xTrain = np.array([6,8,10,14,18])[:, np.newaxis]
```

```
yTrain = np.array([7,9,13,17.5,18])

# 创建SGDRegressor方法，并且指定误差计算方法为均方误差
# 指定最大迭代次数为2000次
regressor = SGDRegressor(loss='squared_loss', max_iter=2000)
regressor.fit(xTrain, yTrain)    # 每次运行，得到的结果并不相同
theta0 = regressor.intercept_[0]
theta1 = regressor.coef_[0]
print("SGD theta1=", theta1)
print("SGD theta0=", theta0)

def initPlot():
    plt.figure()
    plt.title('Pizza Price vs Diameter')
    plt.xlabel('Diameter')
    plt.ylabel('Price')
    plt.axis([0, 25, 0, 25])
    plt.grid(True)
    return plt

plt = initPlot()
plt.plot(xTrain, yTrain, 'k.')
plt.plot(xTrain, theta0 + theta1 * xTrain, 'g-')
plt.show()
```

其模型结果的系数分别为：

```
SGD theta1= 1.009345765538341
SGD theta0= 1.0755971591498001
```

可见与LinearRegression方法的结果并不完全一致；而且因为随机梯度下降算法的“随机”特点，每次运行该程序，其结果也并不相同。值得注意的是，在本例中因为样本点数量太少，因此使用SGDRegression方法并非是最好的选择。

3. 针对测试数据查看拟合效果

给出 5 个测试样本数据点(8,11)、(9,8.5)、(11,15)、(16,18)和(12,11)，可以通过作图来查看模型针对测试样本的贴合程度。

```
import numpy as np
import matplotlib.pyplot as plt
from sklearn.linear_model import LinearRegression

# 训练样本和测试样本
xTrain = np.array([6, 8, 10, 14, 18])[:, np.newaxis]          # 训练数据（直径）
yTrain = np.array([7, 9, 13, 17.5, 18])                       # 训练数据（价格）
xTest = np.array([8, 9, 11, 16, 12])[:, np.newaxis]           # 测试数据（直径）
yTest = np.array([11, 8.5, 15, 18, 11])                       # 测试数据（价格）

# 作图用的数据点
def initPlot():
    plt.figure()
    plt.title('Pizza Price vs Diameter')
    plt.xlabel('Diameter')
    plt.ylabel('Price')
    plt.axis([0, 25, 0, 25])
    plt.grid(True)
    return plt
plt = initPlot()
plt.plot(xTrain, yTrain, 'r.')                 # 训练点数据（红色）
plt.plot(xTest, yTest, 'b.')                   # 测试点数据（蓝色）

# 线性拟合
linearModel = LinearRegression()
linearModel.fit(xTrain, yTrain)
linearModelTrainResult = linearModel.predict(xTrain)
# 绘制拟合直线
plt.plot(xTrain, linearModelTrainResult, 'y-')                # 线性拟合线
```

```
plt.show()
```

输出如图 3-4 所示。

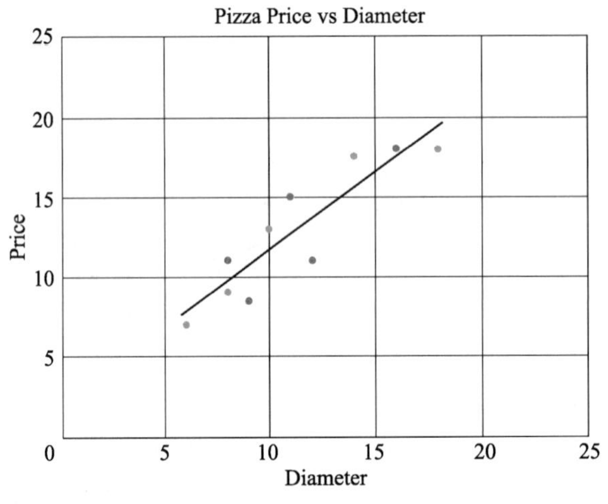

本页彩图

图 3-4 训练样本、测试样本与模型曲线

4. 多变量线性回归

在之前的实验中，比萨价格仅与直径有关，按照这一假设，其预测的结果并不令人满意。本任务再引入一个新的影响因素：比萨辅料级别（此处已经把辅料级别调整成数值，以便能够进行数值计算）。其中，训练样本和测试样本见表 3-2 和表 3-3。

表 3-2 训练样本

训练样本编号	直径/英寸	辅料级别	价格/美元
1	6	2	7
2	8	1	9
3	10	0	13
4	14	2	17.5
5	18	0	18

表 3-3 测试样本

测试样本编号	直径/英寸	辅料级别	价格/美元
1	8	2	11
2	9	0	8.5
3	11	2	15
4	16	2	18
5	12	0	11

下面的代码构建多变量线性回归模型并针对测试数据执行预测。

```
import numpy as np
from sklearn.linear_model import LinearRegression

xTrain = np.array([[6, 2], [8, 1], [10, 0], [14, 2], [18, 0]])
yTrain = np.array([7, 9, 13, 17.5, 18])
xTest= np.array([[8, 2], [9, 0], [11, 2], [16, 2], [12, 0]])
yTest = np.array([11, 8.5, 15, 18, 11])

model = LinearRegression()
model.fit(xTrain, yTrain)
hpyTest = model.predict(xTest)
print("假设函数参数：", model.intercept_, model.coef_)
print("测试数据预测结果与实际结果差异：", hpyTest - yTest)
```

输出结果为：

```
假设函数参数：  1.1875 [1.01041667 0.39583333]
测试数据预测结果与实际结果差异：[-0.9375   1.78125   -1.90625   0.14583333   2.3125 ]
```

【任务小结】

本任务介绍了线性回归的基本原理及 sklearn 库中的模型算法实现。经过本任务的学习，应当能够使用 LinearRegression 方法或 SGDRegressor 方法建立一维或多维线性回归模型。

任务 3.2　评价线性回归模型的性能

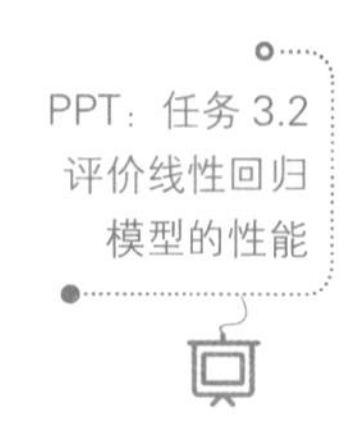

【任务目标】

① 理解线性回归的评价方法，并能够采用合适的尺度评价模型的性能。

② 能够灵活调用 sklearn 库函数计算线性回归模型的性能尺度。

【任务描述】

本任务将对国外某城市房价数据集 dataset/boston_house.csv 使用线性回归进行建模和预测。该数据集一共506条数据，每条数据包括14个字段，其中前13个字段作为特征字段。

CRIM：城镇人均犯罪率。

ZN：住宅用地超过25000平方米的比例。

INDUS：城镇非零售商用土地的比例。

CHAS：城市河流空变量（如果边界是河流，则为1；否则为0）。

NOX：一氧化氮浓度。

RM：住宅平均房间数。

微课 3-2
评价线性回归模型的性能

AGE：1940年之前建成的自用房屋比例。

DIS：到五个中心区域的加权距离。

RAD：辐射性公路的接近指数。

TAX：每10000元的全值财产税率。

PTRATIO：城镇学生数与教师数的比例。

B：按公式 $1000(B_k-0.63)^2$ 计算的结果，其中 B_k 指代城镇中无业者的比例。

LSTAT：城镇中低收入者的比例。

第14个字段（MEDV，即平均房价）作为结果字段，以千元计。

【知识准备】

1. 均方误差

均方误差（Mean Squared Error，MSE）是各数据偏离真实值差值的平方和的平均数，也就是误差平方和的平均数。均方误差的开方叫作均方根误差，其和标准差形式上接近。例如，要测量房间里的温度，但温度计精度不高，所以需要测量 N 次，得到一组数据 $[x_1,x_2,\cdots x_N]$，假设温度的真实值是 $\dot{x}$，数据与真实值的误差为 $e_i=\dot{x}-x_i$，那么均方误差 MSE= $\frac{\sqrt{\sum_{i=1}^{N} e_i^2}}{N}$。

2. 平均绝对误差

平均绝对误差（Mean Absolute Error，MAE）是各数据偏离真实值差值的绝对值的平均数。在上面的例子中，MAE= $\frac{\sum_{i=1}^{N}|e_i|}{N}$。

3. R方

R 方（R-Squared）又称确定系数（Coefficient of Determination）。在得到了模型的判别函数后，针对给定的样本数据集(x,y)，可以通过下列公式计算 R 方：

$$SS_{\text{tot}}=\sum_{i=1}^{m}(y^{(i)}-\overline{y})$$

$$SS_{\text{res}}=\sum_{i=1}^{m}[y^{(i)}-h_{\theta}(x^{(i)})]^2$$

$$R^2=1-\frac{SS_{\text{res}}}{SS_{\text{tot}}}$$

式中各参数说明如下。

m：样本数据集中的样本数量。

$y^{(i)}$：样本数据集中第 i 个样本的 y 值（实际值）。

$\overline{y}$：样本数据集中 y 的平均值。

$h_{\theta}(x^{(i)})$：将 $x^{(i)}$ 代入到判别函数计算的结果，也就是根据模型算出的 y 值。

SS_{tot}：针对样本数据计算出来偏差平方和。

SS_{res}：针对样本数据计算出来的残差平方和。

一般来说，R 方越大（不会超过 1），说明模型效果越好；如果 R 方较小或为负，说明效果很差。

4. sklearn 库中的性能计算函数

下面 3 个函数分别用于计算 MSE、MAE 和 R 方：

```
sklearn.metrics.mean_squared_error(y_true, y_pred,…)
sklearn.metrics.mean_absolute_error(y_true, y_pred,…)
r2_score.r2_score(y_true, y_pred…)
```

主要参数说明如下。

y_true：真实值。

y_pred：预测值。

除此之外，LinearRegression 的 score 方法也可以用于计算 R 方：

```
LinearRegression.score(X, y,…)
```

主要参数说明如下。

X：样本的特征矩阵。

y：样本的真实值。

【任务实施】

源代码

➢ 步骤1：读取数据并拆分训练集和测试集。

```
import numpy as nnp
import pandas as pd
from sklearn.model_selection import train_test_split

data_path = 'dataset/boston_house.csv'
data = pd.read_csv(data_path)
print(data.head())
X = data.iloc[:, :-1]        # 前13列作为特征数据集
y = data.iloc[:, -1]         # 最后1列作为结果列

# 按照8:2拆分训练集和测试集
random_state = 100
test_ratio = 0.2
X_train, X_test, y_train, y_test = train_test_split(X, y, test_size=test_ratio, random_state=
random_state)
print("训练数据集维度：", X_train.shape)
print("测试数据集维度：", X_test.shape)
```

从输出结果可以看出，训练数据集维度为(404, 13)，测试数据集维度为(102, 13)。

➢ 步骤2：线性回归建模并计算性能。

针对测试数据集，分别计算MSE、MAE和R方。

```
from sklearn.linear_model import LinearRegression
from sklearn.metrics import mean_squared_error, mean_absolute_error, r2_score

model =    LinearRegression()
model.fit(X_train, y_train)
y_pred = model.predict(X_test)
```

```
# 针对测试数据集，计算MSE、MAE 和R 方
mse = mean_squared_error(y_true=y_test, y_pred=y_pred)
mae = mean_absolute_error(y_true=y_test, y_pred=y_pred)
r2 = r2_score(y_true=y_test, y_pred=y_pred)
print("MSE=%.2f, MAE=%.2f, R2=%.2f" % (mse, mae, r2))
print("socre=%.2f" % model.score(X_test, y_test))
```

输出结果如下：

```
MSE=25.13, MAE=3.35, R2=0.74
socre=0.74
```

【任务小结】

本任务介绍了线性回归的基本评价方法，经过本任务的学习，应当能够采用均方误差（MSE）、平均绝对误差（MAE）和 R 方完成对模型的评估。

任务 3.3　训练逻辑回归模型进行二分类

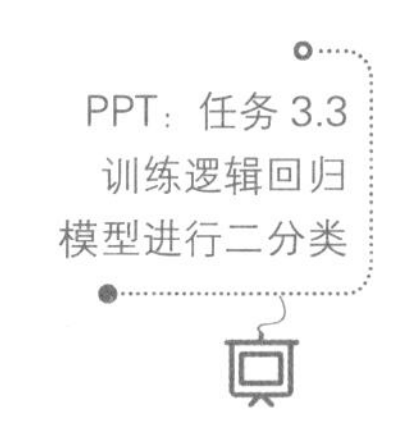

【任务目标】

① 理解逻辑回归的基本原理，能够使用 LogisticRegression 方法训练模型，从而实现分类。

② 理解并能够在二维平面上绘制决策边界线。

【任务描述】

某班学生的两门考试成绩（Exam Score 1，Exam Score 2）与最终评价是否合格（Passed）的数据见表 3-4（部分数据）。

表 3-4　考试成绩数据示例

训练样本编号	Exam Score 1	Exam Score 2	Passed
1	34.6	78.0	0
2	30.3	43.9	0
3	35.8	72.9	0
4	60.2	86.3	1
5	79.0	75.3	1

根据上面的训练数据，构建一个模型，使之能够针对新提供一组分数（如 65, 58），来预测其是否合格。

微课 3-3
训练逻辑
回归模型
进行二分类

【知识准备】

1. 逻辑回归判别式

逻辑回归的模型判别式为：

$$h_\omega(x) = g(\omega_0 x_0 + \omega_1 x_1 + \cdots + \omega_d x_d) = g\left(\sum_{i=0}^{d} \omega_i x_i\right) = g(\boldsymbol{\omega x})$$

式中各参数说明如下。

$x_0, x_1, \cdots, x_d$：特征，共 d+1 个。

$\omega_0, \omega_1, \cdots, \omega_d$：权重参数。

$h_\omega(x)$：判别函数，根据传入的特征预测输出结果。

x_0：截距项或偏置项（Intercept Term/Bias Term），一般设置为 1 即可

g：称为 Sigmoid 激活函数。

可见，逻辑回归的判别函数，实际上就是在线性回归运算的基础上，再追加了一个激活函数。激活函数 g 的定义为 $g(z) = \dfrac{1}{1+\mathrm{e}^{-z}}$，该函数图像如图 3-5 所示。

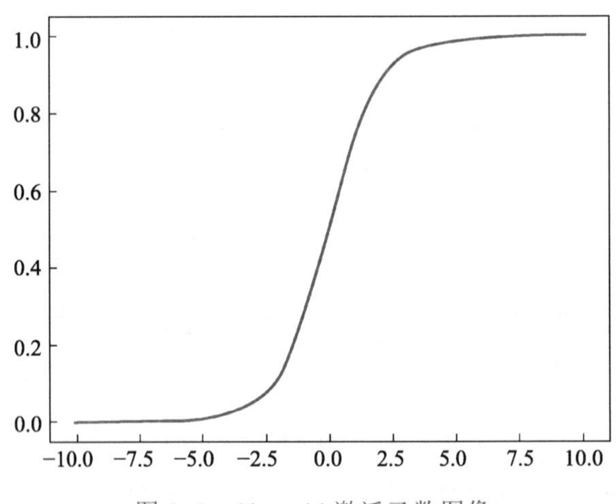

图 3-5 Sigmoid 激活函数图像

$g(z)$ 特点是：值域在(0,1)之间；当 z=0 时，$g(z)$ 的值为 0.5；当 z>5 时，$g(z)$ 迅速接近 1；当 z<−5 时，$g(z)$ 迅速接近 0。

如果将 $g(z)$ 视为该样本属于某个分类的概率，并且设置类别判定阈值为 0.5，则低于

0.5 的 $g(z)$ 可以预测为 False；高于 0.5 的可以预测为 True，这样便实现了样本分类。此种情况下，激活函数相当于起了如下作用：将一个连续的数值量，基于设定的阈值转变成离散的分类结果；而逻辑回归是典型的二分类（即分成两种类别）模型。

2. LogisticRegression 方法

LogisticRegression 方法实现了逻辑回归算法，能够根据训练样本优化出权重参数，从而得出逻辑回归判别式 $g(z)$。此后，便可以使用判别式和类别判定阈值对样本进行分类。

```
LogisticRegression(penalty='l2', dual=False, tol=0.0001, C=1.0, fit_intercept=True, intercept_scaling=1, class_weight=None, random_state=None, solver='liblinear', max_iter=100, multi_class='ovr', verbose=0, warm_start=False, n_jobs=1)
```

主要参数说明如下。

penalty：正则化项的选择。正则化主要有 L1 和 L2 两种，LogisticRegression 默认选择 L2 正则化。

C：正则化强度（正则化系数 λ）的倒数，必须是大于 0 的浮点数，默认为 1。与支持向量机一样，较小的值指定更强的正则化，通常默认为 1。

fit_intercept：是否存在截距，bool 类型，默认存在（True）。

solver：str 类型，可选择'newton-cg'、'lbfgs'、'liblinear'、'sag'或 'saga'。其中，'liblinear'表示使用开源的 liblinear 库实现，内部使用了坐标轴下降法来迭代优化损失函数；lbfgs 是拟牛顿法的一种，利用损失函数二阶导数矩阵即海森矩阵来迭代优化损失函数；newton-cg 也是牛顿法家族的一种，利用损失函数二阶导数矩阵即海森矩阵来迭代优化损失函数。默认为'liblinear'。

max_iter：求解器收敛的最大迭代次数 int 类型，默认为 100。

multi_class：str 类型，可选择'ovr'或'multinomial'。其中，'ovr'表示采用 one-vs-rest 策略，'multinomial'表示直接采用多分类逻辑回归策略，默认为'ovr'。

LogisticRegression 同样包括 fit 和 predict 两种方法。fit 方法用来训练模型参数，predict 方法使用训练出来的模型参数对样本进行预测。LogisticRegression 对象的.intercept_和 coef_属性可用于获取模型的参数。

3. 线性可分与线性不可分

一般在特征和权重参数之间仅进行线性组合操作，然后通过 Sigmoid 函数构成判别式；如果该判别式能够对数据样本具有良好的分类效果，则认为这些数据样本是线性可分的。例如，在图 3-6 中，黑色类别的样本和红色类别的样本能够较好地被蓝色的直线（决策边界线）区分开来。

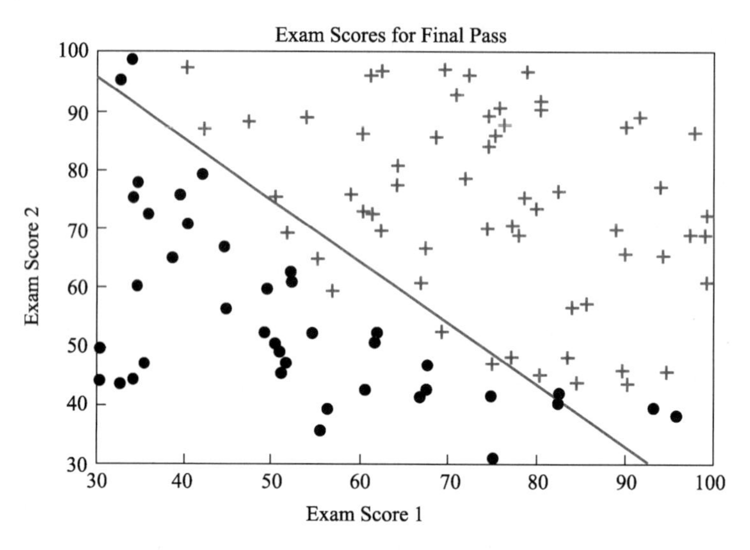

图 3-6 线性可分的样本数据图

而图 3-7 则无法使用一条直线来区分不同类别的样本，因此是线性不可分的。

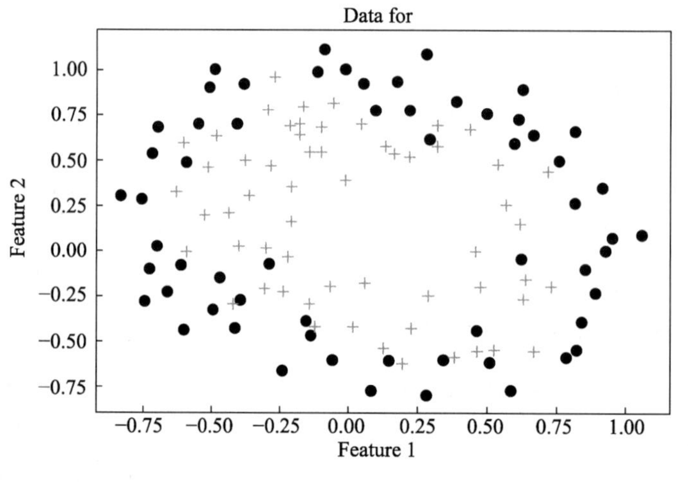

图 3-7 线性不可分的样本数据图

本页彩图

这种情况下，在特征和权重参数之间就需要使用高阶函数（非线性）。图 3-8 使用了 6 阶函数： $\omega_0+\omega_1x_1+\omega_2x_2+\omega_3x_1^2+\omega_4x_1x_2+\omega_5x_2^2+\omega_6x_1^3+\omega_7x_1^2x_2+\omega_8x_1x_2^2+\omega_9x_2^3+\cdots+\omega_{21}x_1^6+\omega_{22}x_1^5x_2+\omega_{23}x_1^4x_2^2+\omega_{24}x_1^3x_2^3+\omega_{25}x_1^2x_2^4+\omega_{26}x_1x_2^5+\omega_{27}x_2^6$ 来作为 Sigmoid 激活函数的输入，从而可以形成复杂的决策边界线以便区分不同类别的样本。

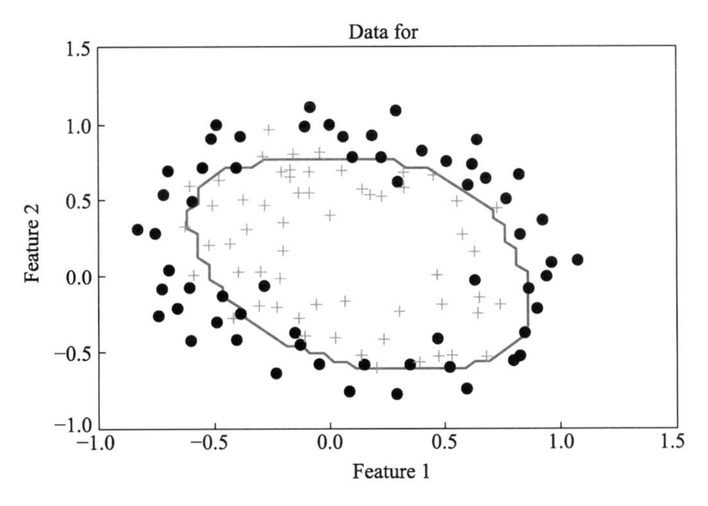

图 3-8　高阶函数形成复杂决策边界线

4. 通过惩罚项来抑制过拟合

上述高阶函数虽然能够解决线性不可分的问题，但是会带来过拟合的新问题。例如，如果不加以限制，上述 6 阶函数实际上会产生如图 3-9 所示的决策边界线。

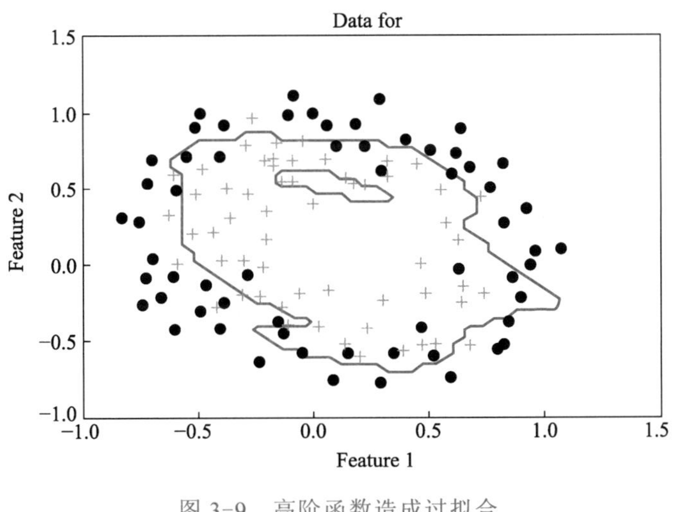

图 3-9　高阶函数造成过拟合

本页彩图

在图 3-9 中，虽然有更多的样本点被边界线正确分割，但是边界线形状过于复杂，而过于注重细节很可能会丢失对于整体趋势的把握，从而造成过拟合。

为了降低过拟合倾向，一般希望：即使需要使用高阶，那么高阶函数中的每个项的系数（权重参数）的绝对值不要太大，这样能保证边界线较为平滑。为此，需要设置一个“惩罚项”，即：如果权重参数绝对值较大，就对该模型的训练效果追加一个很大的误差项，从而“迫使”模型训练过程中，逐步降低权重参数的绝对值。可以人为指定一个惩罚系数λ，作为惩罚误差的放大倍数。如果认为过拟合情况可能会很严重，则可以指定较大的λ；反之可以指定较小的λ；如果$\lambda=0$，则相当于没有任何惩罚。

在LogisticRegression方法的初始化函数中，参数C实际上用于定义惩罚系数相关的值，并且可以理解成$C=\frac{1}{\lambda}$。而参数 penalty 用于指定权重系数作为误差的具体方式。当penalty=L1 时，表示将所有权重系数的绝对值之和的平均值作为误差；当 penalty=L2 时，表示将所有权重系数的平方和的平均值作为误差。

5. 决策边界线

决策边界线可视为两种类别数据点的分界线。对于本任务（学生成绩）来说，决策边界线是一条直线。权重参数ω_0、ω_1和ω_2定义了决策边界线：$\omega_0+\omega_1x_1+\omega_2x_2=0$。在确定了模型的权重参数后，只需要给定两个不同的$x_1$值，分别计算出两个对应的$x_2$值，就得到了直线上的两个点，再将其连接起来就得到了决策边界线。

【任务实施】

➢ 步骤 1：查看成绩数据点的分布图。

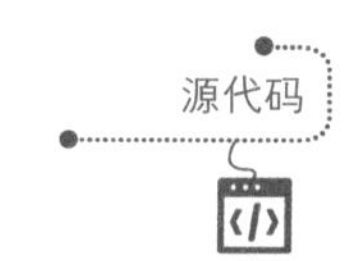

完整的数据集位于 dataset/exam_score.csv 中。

```
import numpy as np
import matplotlib.pyplot as plt

def drawSamples():
    plt.figure()
    plt.title('Exam Scores for Final Pass')
    plt.xlabel('Exam Score 1')
    plt.ylabel('Exam Score 2')
    plt.axis([30, 100, 30, 100])
    # 从 trainData 中获取下标索引第 2 列(Passed)值为 1 的所有行的第 0 列元素
    score1ForPassed = trainData[trainData[:, 2] == 1, 0]
    score2ForPassed = trainData[trainData[:, 2] == 1, 1]
    score1ForUnpassed = trainData[trainData[:, 2] == 0, 0]
```

```
    score2ForUnpassed = trainData[trainData[:, 2] == 0, 1]
    plt.plot(score1ForPassed,score2ForPassed,'r+')
    plt.plot(score1ForUnpassed,score2ForUnpassed,'ko')
    return plt

trainData = np.loadtxt(open('dataset/exam_score.csv', 'r'), delimiter=",",skiprows=1)
plt = drawSamples()
plt.show()
```

运行结果如图 3-10 所示。

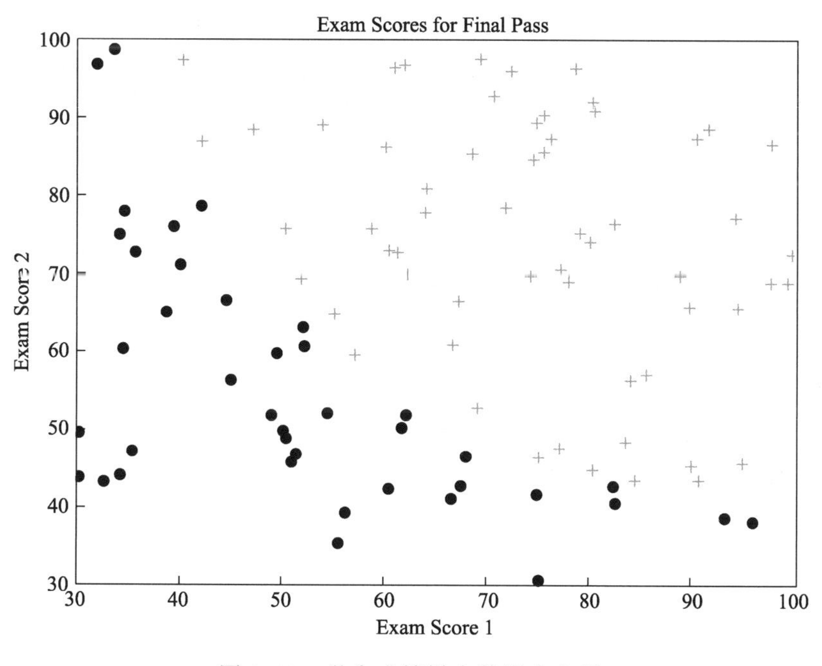

图 3-10　学生成绩样本数据分布图

本页彩图

➢ 步骤 2：使用 LogisticRegression 方法进行逻辑回归。

```
from sklearn.linear_model import LogisticRegression

xTrain = trainData[:,[0,1]]            # 无须追加 Intercept Item 列
yTrain = trainData[:,2]
```

```
model = LogisticRegression(solver='lbfgs')    # 使用lbfgs 算法，默认是liblinear 算法
model.fit(xTrain, yTrain)
newScores = np.array([[58, 67],[90, 90],[35, 38],[55, 56]])
print("预测结果：")
print(model.predict(newScores))
# 获取theta 计算结果
theta = np.array([model.intercept_[0], model.coef_[0,0], model.coef_[0,1]])

plt = drawSamples()
boundaryX = np.array([30, 50, 70, 90, 100])                 # 绘制决策边界线
boundarY = -(theta[1] * boundaryX + theta[0]) / theta[2]    # 根据决策边界线的直线公
                                                            # 式和x 值，计算对应的y 值
plt.plot(boundaryX, boundarY, 'b-')
plt.show()
```

输出图像可以参考图 3-6。其中，决策边界线（蓝色）左下方的数据点，被认为分到第 0 类（考试不通过），该线右上方的数据点，被认为分到第 1 类（考试通过）。

【任务小结】

本任务介绍了逻辑回归的原理和建模方法，包括决策边界线的定义和绘制方法。通过本任务的学习，应当将能够灵活使用逻辑回归模型来完成二分类的机器学习任务。

任务 3.4 评价二分类模型的性能

PPT：任务 3.4
评价二分类
模型的性能

【任务目标】

① 理解二分类模型的评价方法，并能够采用合适的尺度评价模型的性能。

② 能够灵活调用 sklearn 库函数计算二分类模型的性能尺度。

【任务描述】

本任务将任务 3.3 中的学生成绩数据集拆分成训练集和测试集，使用训练集建立逻辑回归模型，然后使用测试集来评估模型的分类性能。

【知识准备】

微课 3-4
评价二分类
模型的性能

1. 模型性能尺度

如果一个模型对于给定的测试数据，其预测错误率只有 1%（也就是说有 99%的正确率），那么可以认为这个模型很好吗？

假设在真实自然界条件下，某疾病只有 0.5%的出现概率。现在训练了一个逻辑回归模型 $h_{\omega}(x)$，如果 $h_{\omega}(x)=1$，代表发现了该疾病，$h_{\omega}(x)=0$ 代表没有发现疾病，则可以立即生成一个最极端的模型，即无论给出怎样的特征 x，判别式总是返回 0，也就是说永远预测没有发现该疾病。即使对于这样一个模型，也只有 0.5%的错误率，也就是 99.5%的正确率。显然，这个极端模型是没有效果的，因为它完全无法判断出有疾病的情形。由此可见，除了使用人们通常认为的错误率/正确率来衡量一个模型判别式外，还应有其他更为重要的验算指标。

对于二分类模型，单个样本的实际（真实）分类结果和模型预测的结果预测有下列几种可能组合，如图 3-11 所示。

		Actual Class	
		1	0
Predicted Class	1	True Positive	False Positive
	0	False Negative	True Negative

图 3-11　二分类的实际结果和真实结果组合

图 3-11 中 Actual Class 表示数据集中实际的结果；Predicted Class 则表示模型预测的结果，其中各自含义如下。

① True：表示实际结果与模型预测结果一致（预测正确）。

② False：表示实际结果和模型预测结果不一致（预测错误）。

③ Positive：表示模型预测结果为 1。

④ Negative：表示模型预测结果为 0。

上述 4 种情况将分别简写为 TP、FP、TN 和 FN，其含义如下。

① TP：模型预测结果为 P(Positive, 1)，而且预测正确（实际结果也为 Positive/1)。

② FP：模型预测结果为 P(Positive, 1)，但是预测错误（实际结果应为 Negtive/0)。

③ TN：模型预测结果为 N(Negtive, 0)，而且预测正确（实际结果也为 Negtive/0)。

④ FN：模型预测结果为 N(Negtive, 0)，但是预测错误（实际结果应为 Postive/1)。

2. 尺度计算

对于给定的测试数据集，使用模型进行预测，并且统计 TP、FP、TN 和 FN 样本的数量，分别用#TP、#FP、#TN 和#FN 表示。之后就可以计算下列性能指标：

（1）正确率：$\text{Accuracy}=\dfrac{\#TP+\#TN}{\#TP+\#FP+\#TN+\#FN}$

分母部分实际上是测试数据集中所有样本的总数，而分子部分是模型预测正确的样本数。正确率体现了预测正确的样本数占总样本数的比重（无论预测结果是 0 还是 1）。

（2）精度：$\text{Precisioin}=\dfrac{\#TP}{\#TP+\#FP}$

分母部分代表了所有被预测为 1 的样本数量（无论是否预测正确），而分子部分代表了其中预测正确的样本数量。精度体现了对于所有预测为 1 的样本中，实际真正为 1 的样本所占的比例，即反映了“误报”程度：精度越高，误报越小。

（3）查全率：$\text{Recall}=\dfrac{\#TP}{\#TP+\#FN}$

分母部分代表了所有实际结果为 1 的样本数量（无论预测结果是 0 或 1），而分子部分体现了其中预测结果也为 1 的样本数量。查全率体现了对于所有实际为 1 的样本中，预测也为 1 的样本所占的比例，即反映“漏报”程度：查全率越高，漏报越少。

（4）F1 Score：$\text{F1 Score}=\dfrac{2PR}{P+R}$

其中，P 为 Precision，R 为 Recall。F1 Score 越大，可以认为模型的性能越好。对于前面的例子，如果某个算法简单预测所有样本分类结果都是 0，那么该模型的 Recall 为 0，F1 Score=0，因此模型性能最差。

3. 在 Precision 和 Recall 中取平衡

虽然 LogisticRegression 的 predict 方法将直接输出分类 1 或 0 的结果，但事实上它也可以通过 predict_proba 方法输出概率值：$0\leqslant h_\omega(x)\leqslant 1$。此时可以人为指定某个阈值 K，使得当$h_\omega(x)\geqslant K$ 时，预测 y=1；当$h_\omega(x)$时，预测 y=0。predict 方法在默认情况下将阈值 K 设置为 0.5。

如果设置 K=0.7，意味着预测更加保守，只有高可信度才会被预测为 1。 因此误报可能性降低，Precision 提升；漏报可能性增加，Recall 降低。

如果设置 K=0.3，意味着预测趋于大胆，低可信度也会被预测为 1。因此误报可能性增加，Precision 降低；漏报可能性减少，Recall 上升。

在现实中，往往需要根据经验，结合具体的业务场景来合理设定 K 值。

4. 计算性能指标

sklearn.metrics 提供了 accuracy_score、precision_score、recall_score 以及 f1_score 等方法分别计算各个性能指标。也可以基于测试数据手动计算各种类别的数量然后统计得出性能指标。此外，LogisticRegression 的 score 方法也能够计算出 Accuracy。

【任务实施】

按照 6:4 的比例拆分训练集和测试集，然后训练一个逻辑回归模型，最后针对测试集计算各项性能指标。

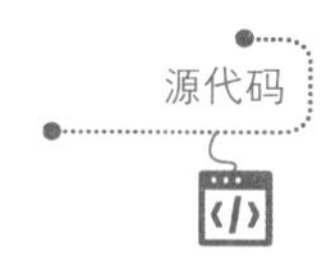


```
import numpy as np
from sklearn.linear_model import LogisticRegression
from sklearn.model_selection import train_test_split
from sklearn.metrics import precision_score, recall_score, f1_score

# 装载数据
trainData = np.loadtxt(open('dataset/exam_score.csv', 'r'), delimiter=",",skiprows=1)
X_train, X_test, y_train, y_test = train_test_split(trainData[:, :2], trainData[:, 2], test_
size=0.4)

# 训练模型
model = LogisticRegression()
model.fit(X_train, y_train)

# 预测测试数据的结果
predicts = model.predict(X_test)

accuracy = model.score(X_test, predicts)
precision = precision_score(y_test, predicts)
recall = recall_score(y_test, predicts)
f1 = f1_score(y_test, predicts)

print("正确率:%.3f, 精度:%.3f, 召回率:%.3f, F1:%.3f" % (accuracy, precision, recall, f1))
```

运行结果如下：

```
正确率:1.000, 精度:0.773, 召回率:0.895, F1:0.829
```

【任务小结】

本任务介绍了以逻辑回归为代表的二分类模型的基本性能评价方法。通过本任务的学习，应当能够采用 Accuracy、Precision、Recall 和 F1 Score 等指标完成对模型的评估。

任务 3.5 使用朴素贝叶斯模型进行文本分类

PPT：任务 3.5 使用朴素贝叶斯模型进行文本分类

【任务目标】

① 理解朴素贝叶斯算法的原理，能够调用 sklearn 库函数构建和训练朴素贝叶斯模型实现文本分类。

② 理解文本处理中的词袋、词频等基本概念。

【任务描述】

给定一批小样本文本数据，每个文本包含若干个英文单词以及该文本对应的分类结果。分类结果只有敏感文本（分类结果为 1）和常规文本（分类结果为 0）两类。训练一个模型，使之能够预测某个文本属于哪个类别。

微课 3-5 使用朴素贝叶斯模型进行文本分类

【知识准备】

1. 朴素贝叶斯算法

朴素贝叶斯算法是应用最为广泛的分类算法之一。该方法是在贝叶斯算法的基础上进行了相应的简化，即假定给定目标值时属性之间相互条件独立，也就是说没有哪个属性变量对于决策结果来说占有着较大的比重，也没有哪个属性变量对于决策结果占有着较小的比重。虽然这个简化方式在一定程度上降低了贝叶斯分类算法的分类效果，但是在实际的应用场景中，极大地简化了贝叶斯方法的复杂性。朴素贝叶斯分类是以贝叶斯定理为基础并且假设特征条件之间相互独立的方法，先通过已给定的训练集，以特征词之间独立作为前提假设，学习从输入到输出的联合概率分布，再基于学习到的模型输入，求出使得后验概率最大的输出。

对于一个分类问题，给定样本特征 x 条件下，样本属于类别 y 的概率记为 $P(y|x)$，根据贝叶斯理论，$P(y|x)=\dfrac{P(x|y)P(y)}{P(x)}$。其中，$P(x|y)$ 是指类别为 y 的样本中包含有特征 x

的概率，$P(y)$ 是指类别为 y 的样本占所有样本的比例，$P(x)$ 是指包含有特征 x 的样本占所有样本的比例。

假设 x 维度为 N（即有 N 个特征），c 代表 y 的可能分类，其维度为 K（即 y 有 K 个分类，分别是 $c_1,c_2,\cdots,c_k$）；若提供一个向量 x（该向量可视为是由特征 $x_1,x_2,\cdots,x_n$ 组合而成），则计算出该向量 x 所对应的 y 是类别 k 的可能性为

$$P(y=c_k\mid \boldsymbol{x})=\frac{P(\boldsymbol{x}\mid y=c_k)P(y=c_k)}{P(\boldsymbol{x})}=\frac{P(x_1\mid y=c_k,x_2\mid y=c_k,\cdots,x_n\mid y=c_k)P(y=c_k)}{P(x_1,x_2,\cdots,x_n)}$$

所谓朴素，是指这 n 个特征在概率上彼此独立，即

$$P(x_1\mid y=c_k,x_2\mid y=c_k,\cdots,x_n\mid y=c_k)=P(x_1\mid y=c_k)P(x_2\mid y=c_k)\cdots P(x_n\mid y=c_k)$$

2. 朴素贝叶斯如何用于文本信息分类

对于 m 条训练文本（假设全是英文），如果已经知道它们一共分为 K 类（如分为敏感和常规两类），一般的做法如下：

① 建立一个词汇表。将每一条文本拆分成若干个单词。将每个单词加入到词汇表中，如果词汇表中已经存在该单词，则只保留一个。遍历所有文本，建立起完整的词汇表，假设其词汇总数为 N，这就是特征的维度。

② 生成词向量。词汇表构建完成后，对于每一条训练文本，都可以将其转换成为词向量。词向量的长度为 N，每个元素对应词汇表中的一个单词的出现情况；如果该文本中出现了某个单词，则词向量中对应元素值设置为 1，否则设置为 0。

③ 计算先验概率（词频）遍历所有文本的分类，计算从 1～K，每个类别所占的比重或概率。例如，1 号类别占总数的 20%，2 号占 15%等。

对于每一个分类下的所有文本，先统计该类下的单词总数（$N_{c=k}$），然后针对词汇表中的每个单词，分别统计该单词在该类的文本中出现的次数。在简单的情况下，把每个分类下所有文本的词向量相加，就可以得出每个单词的出现次数。然后计算其占 $N_{c=k}$ 的比重（概率）。

④ 预测新文本的类别。先将新文本转换成词向量。根据朴素贝叶斯公式，对于每个类别，其分母部分都是相同的，因此只需要比较分子部分，最大的那个即是其所属类别。分子部分实际上是每个单词在某种类别的文本中出现概率的连乘，再乘以该类别的出现概率；而这两个部分所需的数据值都已在上一步骤中计算完成。因此，就可以根据分子部分的最大值所对应的类被来判断新文本的类别。

朴素贝叶斯算法在文字识别和图像识别方向有着较为重要的作用。可以将未知的一种

文字或图像，根据其已有的分类规则来进行分类，最终达到分类的目的。现实生活中朴素贝叶斯算法应用广泛，如文本分类、垃圾邮件分类、信用评估、钓鱼网站检测等。

3. sklearn.naive_bayes.MultinomialNB 类

该类用于构造一个朴素贝叶斯分类器。它接受以词向量形式表示的训练样本，自动计算词频率先验概率。当需要预测新样本时，使用朴素贝叶斯公式计算并输出分类结果。

```
class sklearn.naive_bayes.MultinominalNB(alpha=1.0, fit_prior=True, class_prior=None)
```

该类的主要方法如下。

fit(X,Y)：在数据集(X,Y)上拟合模型。

predict(X)：对数据集X进行预测。

predict_log_proba(X)：对数据集预测，得到每个类别的概率对数值。

predict_proba(X)：对数据集X预测，得到每个类别的概率。

score(X,Y)：得到模型在数据集(X,Y)上的正确率(Accuracy)。

【任务实施】

➢ 步骤1：构造词汇表。

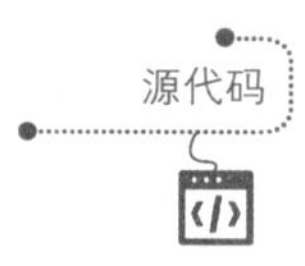

生成的单词表按照英文字母进行了排序。

```
import numpy as np

# 模拟训练数据
def loadDataSet():
    # 一共6个训练文本，并且已拆分成单词
    postingList=[['my', 'dog', 'has', 'flea', 'problems', 'help', 'please'],
    ['maybe', 'not', 'take', 'him', 'to', 'dog', 'park', 'stupid'],
    ['my', 'dalmation', 'is', 'so', 'cute', 'I', 'love', 'him'],
    ['stop', 'posting', 'stupid', 'worthless', 'garbage'],
    ['mr', 'licks', 'ate', 'my', 'steak', 'how', 'to', 'stop', 'him'],
    ['quit', 'buying', 'worthless', 'dog', 'food', 'stupid']]
    # 上述每个文本对应的类型：1 表示敏感，0 表示常规
    classVec=[0, 1, 0, 1, 0, 1]
```

```
    return postingList, classVec

# 构造词汇表
def createVocabList(dataSet):
    vocabSet = set([])        #set 具有保证元素唯一性的特点
    for document in dataSet:
        # 先从 document 中取出所有单词（去掉重复的），然后再与之前的 vocabSet
        # 合并（并且去掉重复性的单词）
        vocabSet = vocabSet | set(document)
    vocabList = list(vocabSet)
    vocabList.sort()      # 单词排序
    return vocabList

listPosts, listClasses = loadDataSet()
myVocabList = createVocabList(listPosts)
print("词汇表总所有元素：", myVocabList)
print("词汇表总长度：", len(myVocabList))
```

输出结果如下：

```
词汇表总所有元素： ['I', 'ate', 'buying', 'cute', 'dalmation', 'dog', 'flea', 'food', 'garbage', 'has', 'help', 'him', 'how', 'is', 'licks', 'love', 'maybe', 'mr', 'my', 'not', 'park', 'please', 'posting', 'problems', 'quit', 'so', 'steak', 'stop', 'stupid', 'take', 'to', 'worthless']
词汇表总长度： 32
```

可见，所有训练样本中一共有 32 个不同的单词，词汇表总长度为 32。

➢ 步骤 2：将每个文本语句表示成特征向量形式。

```
# 将 inputSet（也就是一个语句）拆分成多个单词，并生成一个 Feature 行，标记每个
# 单词在词汇表中是否存在
def setOfWords2Vec(vocabList, inputSet):
    returnVec=np.zeros(len(vocabList))
    # 每个元素对应 vocabList 中的一个单词
```

```
    for word in inputSet:
        if word in vocabList:
            # inputSet 中的某个单词存在 vocabList 中，则 returnVec 中对应单词位置
            # 元素值设为 1
            returnVec[vocabList.index(word)] = 1
        else: print('单词【%s】在词汇表中暂不存在，忽略!'% word)
    return returnVec

trainMat=[]
# 将每个文本转换成词向量，追加到 trainMat 矩阵中
for postinDoc in listPosts:
    trainMat.append(setOfWords2Vec(myVocabList, postinDoc))

for trainFeature in trainMat:
    print(trainFeature)
```

输出结果如下：

```
[0. 0. 0. 0. 0. 1. 1. 0. 0. 1. 1. 0. 0. 0. 0. 0. 0. 0. 1. 0. 0. 1. 0. 1.
 0. 0. 0. 0. 0. 0. 0. 0.]
[0. 0. 0. 0. 0. 1. 0. 0. 0. 0. 0. 1. 0. 0. 0. 0. 1. 0. 0. 1. 1. 0. 0. 0.
 0. 0. 0. 0. 1. 1. 1. 0.]
[1. 0. 0. 1. 1. 0. 0. 0. 0. 0. 0. 1. 0. 1. 0. 1. 0. 0. 1. 0. 0. 0. 0. 0.
 0. 1. 0. 0. 0. 0. 0. 0.]
[0. 0. 0. 0. 0. 0. 0. 0. 1. 0. 0. 0. 0. 0. 0. 0. 0. 0. 0. 0. 0. 0. 1. 0.
 0. 0. 0. 1. 1. 0. 0. 1.]
[0. 1. 0. 0. 0. 0. 0. 0. 0. 0. 0. 1. 1. 0. 1. 0. 0. 1. 1. 0. 0. 0. 0. 0.
 0. 0. 1. 1. 0. 0. 1. 0.]
[0. 0. 1. 0. 0. 1. 0. 1. 0. 0. 0. 0. 0. 0. 0. 0. 0. 0. 0. 0. 0. 0. 0. 0.
 1. 0. 0. 0. 1. 0. 0. 1.]
```

以第一个文本的词向量输出为例，下标索引 5、6、9、10、18、21、23 的值为 1。对照单词表中的单词分别是 dog、flea、has、help、my、please、problems，正好是第 1 个文

本拆分成的单词。

➢ 步骤 3：使用 MultinomialNB 方法进行文本分类。

```
from sklearn.naive_bayes import MultinomialNB
model = MultinomialNB()
model.fit(trainMat, listClasses)
testEntry1 = ['love', 'my', 'dalmation']   # 第 1 条测试文本
testEntry2 = ['stupid', 'garbage'] # 第 2 条测试文本
testMat = []
testMat.append(setOfWords2Vec(myVocabList,testEntry1))
testMat.append(setOfWords2Vec(myVocabList,testEntry2))
print(model.predict(testMat))
```

输出结果如下：

```
[0 1]
```

可见，['love', 'my', 'dalmation']被识别为常规文本，而['stupid', 'garbage']则被识别为敏感文本。

【任务小结】

本任务介绍了使用朴素贝叶斯模型来进行文本分类。通过本任务的学习，应能够构建简单的词汇表（词袋）、统计词频，并基于先验数据进行计算和预测。

任务 3.6　使用 K 近邻模型进行分类

【任务目标】

① 理解向量间常见的距离定义和计算方法。

② 理解 K 近邻（KNN）模型的工作原理并能够构建 K 近邻模型执行分类预测。

【任务描述】

对于给定的手写数字图片数据集，建立 K 近邻模型，找到与测试数据最接近的若干个训练样本，并确定测试数据的最终分类。

【知识准备】

微课 3-6
使用 K 近邻模型进行分类

1. 向量距离的计算方法

（1）曼哈顿距离

出租车几何或曼哈顿距离（Manhattan Distance）是由 19 世纪的赫尔曼·闵可夫斯基所创词汇，是使用在几何度量空间的几何学用语，用以标明两个点在标准坐标系上的绝对轴距总和。

曼哈顿距离——两点在南北方向上的距离加上在东西方向上的距离，即 $d(i,j)=|x_i-x_j|+|y_i-y_j|$。对于一个具有正南正北、正东正西方向规则布局的城镇街道，从一点到达另一点的距离正是在南北方向上旅行的距离加上在东西方向上旅行的距离，因此，曼哈顿距离又称为出租车距离。注意，曼哈顿距离不是距离不变量，当坐标轴变动时，点间的距离就会不同。

（2）欧式距离

在数学中，欧式距离或欧式度量是欧几里得空间中两点间“普通”（即直线）距离。二维空间两个坐标点(x_1,y_1)和(x_2,y_2)的欧式距离计算公式为$\rho=\sqrt{(x_2-x_1)^2+(y_2-y_1)^2}$，$n$ 维空间两个坐标点$(a_1,a_2,\cdots,a_n)$和$(b_1,b_2,\cdots,b_n)$的欧式距离计算公式为$\rho=\sqrt{\sum_{i=1}^{n}(a_i-b_i)^2}$。

（3）余弦夹角

夹角余弦用于衡量两个向量方向上到差异。夹角余弦越大，表明向量夹角越小。当两个向量方向一致时，夹角余弦取值为 1；完全相反时，取值为-1。

$$\cos\theta=\frac{AB}{|A||B|}=\frac{\sum_{k=1}^{n}x_{1k}x_{2k}}{\sqrt{\sum_{k=1}^{n}x_{1k}^2}\sqrt{\sum_{k=1}^{n}x_{2k}^2}}$$

（4）汉明距离

汉明距离是以理查德·卫斯里·汉明的名字命名的。在信息论中，两个等长字符串之间的汉明距离是两个字符串对应位置的不同字符的个数。换句话说，它就是将一个字符串变换成另外一个字符串所需要替换的字符个数。例如：

1011101 与 1001001 之间的汉明距离是 2；

2143896 与 2233796 之间的汉明距离是 3；

"toned"与"roses"之间的汉明距离是 3。

2. K 近邻算法基本思想

已知一批数据集及其对应的分类标签，输入测试数据，将测试数据的特征与训练集中对应的特征进行相互比较，找到训练集中与之最为相似的前 K 个数据，则该测试数据对应的类别就是 K 个数据中出现次数最多的那个分类。具体步骤如下：

① 计算测试数据与各个训练数据之间的距离。

② 按照距离的递增关系进行排序。

③ 选取距离最小的 K 个点。

④ 确定前 K 个点所在类别的出现频率。

⑤ 返回前 K 个点中出现频率最高的类别作为测试数据的预测分类。

与之前线性回归、逻辑回归和朴素贝叶斯模型不同，K 近邻算法不会形成假设函数。每次预测时，必须即时对所有训练数据进行计算，因此工作量很大。但因为该模型实现起来较为简单，因此往往作为初始模型提供一个基线性能，然后再用其他模型来提升性能。

3. K 的选取

K 可以视为一个超参数（Hyper Parameter），一般需要通过交叉验证的方法来选取最优值。

如果 K 太小就意味着整体模型变得复杂，容易发生过拟合（High Variance），即如果邻近的实例点恰巧是噪声，预测就会出错。极端的情况是 K=1，称为最近邻算法，即对于待预测点 x，与 x 最近的点决定了 x 的类别。

K 的增大意味着整体的模型变得简单。极端的情况是 K=N，那么无论输入的实例是什么，都简单地预测它属于训练集中最多的类。这样的模型过于简单，容易发生欠拟合（High Bias）。

4. sklearn.neighbors.NearestNeighbors 方法

```
NearestNeighbors(n_neighbors=5, radius=1.0, algorithm='auto', leaf_size=30, metric='minkowski', p=2, metric_params=None, n_jobs=None)
```

主要参数说明如下。

n_neighbors：所要选用的最近邻的数目，相当于 K 近邻算法中的 K，int 类型，默认为 5。

algorithm：选取计算最近邻的算法，主要包括'auto'、'ball_tree'、' kd_tree'和'brute'。其中，brute 是指使用蛮力搜索，即遍历所有样本数据与目标数据的距离，进而按升序排序从

而选取最近的 K 个值，采用投票得出结果。

metric：用于树的距离度量，默认是 Minkowski。p=2 等价于标准的欧几里得度量。

NearestNeighbors 提供了 kneighbors 方法，返回距离指定样本最近的前 K 个训练样本的索引，也可以返回实际的距离值。

【任务实施】

dataset/digits_training.csv 数据集提供了 0～9 这 10 个数字的手写图片，总共 5000 张。每张图片都是灰度图，大小为 28×28 像素。文件中每行数据代表一张图片，其中第 1 个字段代表图片所对应的数字（0～9），后面 784 个字段代表每个像素的值（0～255）。

基于训练样本构建 K 近邻模型，然后对 dataset/digits_testing.csv 数据集中的测试样本，分别预测其数字分类，最后计算正确率。

源代码

```
import numpy as np
import collections as col
from sklearn.neighbors import NearestNeighbors

# 装载训练数据
trainData = np.loadtxt(open('dataset/digits_training.csv', 'r'), delimiter=",",skiprows=1)
MTrain, NTrain = np.shape(trainData)
xTrain = trainData[:, 1:NTrain]
yTrain = trainData[:, 0]
print("装载训练数据：", MTrain, "条，训练中...")

# 按照K=3 构建K 近邻模型
K = 3
model = NearestNeighbors(n_neighbors=K, algorithm='auto')
model.fit(xTrain)
print("训练完毕")

# 装载测试数据
testData = np.loadtxt(open('dataset/digits_testing.csv', 'r'), delimiter=",",skiprows=1)
MTest,NTest = np.shape(testData)
```

```
xTest = testData[:, 1:NTest]
yTest = testData[:, 0]
print("装载测试数据：", MTest, "条，预测中...")

# 对测试数据执行预测
# return_distance=False，表示不返回距离值，只返回最近的K 个训练样本的索引
indices = model.kneighbors(xTest, return_distance=False)
print("测试数据返回的索引矩阵尺寸：", indices.shape)
yPredicts = np.zeros(MTest)
# K 个近邻投票，确定测试样本的类别
for i in np.arange(0, MTest):
    counter = col.Counter(indices[i])        # 统计最近的K 个索引分别出现的次数
    max_index = counter.most_common()[0][0]      # 获取次数最多的那个索引值
    yPredicts[i] = yTrain[max_index]

# 统计正确率
errors = np.count_nonzero(yTest - yPredicts)
print("预测完毕。错误：", errors, "条")
print("测试数据正确率:", (MTest - errors) / MTest)      # 约 0.944 的正确率
```

输出结果如下：

```
装载训练数据：5000 条，训练中...
训练完毕
装载测试数据：500 条，预测中...
测试数据返回的索引矩阵尺寸：(500, 3)
预测完毕。错误：28 条
测试数据正确率：0.944
```

【任务小结】

本任务介绍了使用 K 近邻模型进行分类。通过本案例的学习，应当能够计算向量之间的距离，并通过 NearestNeighbors 方法返回最近的样本，最终通过投票统计出分类结果。

任务 3.7 使用决策树模型进行分类

PPT：任务 3.7 使用决策树模型进行分类

【任务目标】

① 理解信息熵的概念并且能够计算信息增益。

② 理解决策树的构建原理和过程，并能够通过决策树模型执行预测。

微课 3-7 使用决策树模型进行分类

【任务描述】

给定一批应聘者的数据，见表 3-5，每条数据包含几个特征（level、lang、tweets 和 phd）以及最终是否被录用的结果（hired）。构建一个模型，针对新给定的应聘者数据，判断其是否应该被录用。

表 3-5 应聘者样本数据

level	lang	tweets	phd	hired
Senior	Java	no	no	F
Senior	Java	no	yes	F
Mid	Python	no	no	T
Junior	Python	no	no	T
Junior	Python	no	yes	F

【知识准备】

1. 决策树的基本概念

样本的各种特征中有一些特征在分类时起到决定性作用，决策树的构造过程就是找到这些具有决定性作用的特征，根据其决定性程度来构造一棵树——决定性作用最大的那个特征作为根节点，然后递归找到各分支下子数据集中次大的决定性特征，直至子数据集中所有数据都属于同一类。要获取对分类结果起决定性作用的特征，可以借助信息论中的条件熵或信息增益来进行判断。对每个特征分别计算信息增益，增益最大的那个就可以视为起最决定作用的特征。

2. 信息熵

信息熵主要研究的是对一个信号能够提供信息的多少进行量化。1948 年，香农引入信息熵的概念，将其定义为离散随机事件的出现概率。一个系统越是有序，信息熵就越低；反之，一个系统越是混乱，信息熵就越高。所以说，信息熵可以被认为是系统有序化程度的一个度量。

如果一个随机变量 Y 的可能取值为 $Y = y_1, y_2, \cdots, y_n$，其概率分布为 $P(y_i)$，则随机变量 Y 的熵定义为：

$$H(Y) = \sum_{i=1}^{n} -P(y_i)\log(P(y_i))$$

信息熵的值越大，说明对于随机变量 Y 的取值越不确定。

3. 基于信息论的决策树算法（ID3）

ID3 算法中根据信息论的信息增益评估和选择特征，每次选择信息增益最大的特征做判断模块。算法步骤如下：

① 以所有样本为工作数据集。

② 分别计算每个特征的条件熵，选取条件熵最小的那个特征作为第一级主特征，并假设该特征有 N 种取值 $x_1, x_2, \cdots, x_N$。

③ 在第一级主特征下设置 N 个分支 $D_1, D_2, \cdots, D_N$，分支 D_i 的工作数据集设置为所有包含特征值 x_i 的样本。

④ 针对每个分支 D_i，进行以下操作：

首先，检查该分支下的所有工作数据集，如果每条数据的判别结果都相同，则直接以该判别结果作为叶子节点，结束该分支的构建；如果判别结果有多个，则继续执行下面操作。

然后，在该分支的工作数据集中，计算除了上一级主特征之外的其他特征（称为候选特征）的条件熵，选取条件熵最小的那个特征作第二级主特征。

再然后，如果被选中的二级主特征的条件熵为 0，则说明该特征已经可以完全判别样本，以该特征的取值作为分支，其取值对应的判别结果作为叶子节点，完成该分支树的构建；如果被选中二级主特征条件熵大于 0，则根据该特征的取值，重新设置样本中包含该特征值工作数据集，开始新一轮的计算。

⑤ 重复执行步骤 4，直到所有分支都确定了叶子节点，从而完成决策树的构建。一旦建立了决策树，对于新的数据，可以从根节点开始逐个检索得出最终的判别结果。

基于 ID3 算法的决策树的缺点是偏向于具有大量值的属性，即在训练集中，某个属性所取的不同值的个数越多，那么越有可能拿它来作为分类属性，而这样做有时候是不合理的。此外，它不能处理特征值是连续变量的情形。

4. sklearn.tree.DecisionTreeClassifier 方法

```
class sklearn.tree.DecisionTreeClassifier( criterion='gini', max_depth=None, min_samples_split=2, min_samples_leaf=1, random_state=None, max_leaf_nodes=None)
```

sklearn 库中使用 sklearn.tree.DecisionTreeClassifier 方法来实现决策树分类算法，其中几个典型的参数解释如下。

criterion：选择节点划分质量的度量标准，默认使用'gini'，即基尼系数，其是 CART 算法中采用的度量标准；该参数还可以设置为'entropy'，表示信息增益，是 C4.5 算法中采用的度量标准。

max_depth：设置决策树的最大深度，默认为 None，表示不对决策树的最大深度作约束，直到每个叶子节点上的样本均属于同一类，或者少于 min_samples_leaf 参数指定的叶子节点上的样本个数。也可以指定一个整型数值，设置树的最大深度，在样本数据量较大时，可以通过设置该参数提前结束树的生长，改善过拟合问题，但一般不建议这么做，因为过拟合问题还是通过剪枝来改善比较有效。

min_samples_split：当对一个内部节点划分时，要求该节点上的最小样本数，默认为 2。

min_samples_leaf：设置叶子节点上的最小样本数，默认为 1。当尝试划分一个节点时，只有划分后其左右分支上的样本个数不小于该参数指定的值时，才考虑将该节点划分。换句话说，当叶子节点上的样本数小于该参数指定的值时，则该叶子节点及其兄弟节点将被剪枝。在样本数据量较大时，可以考虑增大该值，提前结束树的生长。

random_state：当将参数 splitter 设置为'random'时，可以通过该参数设置随机种子号，默认为 None，表示使用 np.random 产生的随机种子号。

max_leaf_nodes：设置决策树的最大叶子节点个数，该参数与 max_depth 等参数一起，限制决策树的复杂度，默认为 None，表示不加限制。

DecisionTreeClassifier 的主要方法如下。

训练（拟合）：fit(X,y[,sample_weight])。

预测：predict(X)返回标签；predict_log_proba(X)、predict_proba(X)返回概率，每个点的概率和为 1，一般取 predict_proba(X)[:,1]。

评分（返回平均准确度）：score(X,y[,sample_weight])e。

参数类：获取分类器的参数 get_params([deep])；设置分类器的参数 set_params(**params)。

5. 文本的数值化

在进行训练之前，要把字符串形式的特征值和标签转换成数值形式。可以使用 LabelEncoder、OrdinalEncoder 或 OneHotEncoder 等多种方式将文本字段转换成为数值字段，也可使用 sklearn.feature_extraction.DictVectorizer 方法将字典类型的对象转换成为数值表示形式。

【任务实施】

本任务提供了 14 条训练数据和 2 条验证数据。每条数据以元组的形式封装了一个样本的特征部分和标签部分；特征部分则是以字典的形式存在，特征值是作为字符串提供的，因此需要进行数值化处理。注意，验证数据也需要进行数值化转换。本任务中先将所有 16 条数据都进行数值化转换，但最后执行训练时仅取前 14 条，剩下 2 条数据作为测试使用。

源代码

➢ 步骤 1：构造数据样本。

```
import numpy as np
import collections as col
from sklearn import tree


inputs = [
({'level':'Senior', 'lang':'Java', 'tweets':'no', 'phd':'no'}, False),
({'level':'Senior', 'lang':'Java', 'tweets':'no', 'phd':'yes'}, False),
({'level':'Mid', 'lang':'Python', 'tweets':'no', 'phd':'no'}, True),
({'level':'Junior', 'lang':'Python', 'tweets':'no', 'phd':'no'}, True),
({'level':'Junior', 'lang':'R', 'tweets':'yes', 'phd':'no'}, True),
({'level':'Junior', 'lang':'R', 'tweets':'yes', 'phd':'yes'}, False),
({'level':'Mid', 'lang':'R', 'tweets':'yes', 'phd':'yes'}, True),
({'level':'Senior', 'lang':'Python', 'tweets':'no', 'phd':'no'}, False),
({'level':'Senior', 'lang':'R', 'tweets':'yes', 'phd':'no'}, True),
({'level':'Junior', 'lang':'Python', 'tweets':'yes', 'phd':'no'}, True),
({'level':'Senior', 'lang':'Python', 'tweets':'yes', 'phd':'yes'}, True),
({'level':'Mid', 'lang':'Python', 'tweets':'no', 'phd':'yes'}, True),
```

```
({'level':'Mid', 'lang':'Java', 'tweets':'yes', 'phd':'no'}, True),
({'level':'Junior', 'lang':'Python', 'tweets':'no', 'phd':'yes'}, False),
#下列2行数据是用来进行预测的，请不要作为训练数据
({ "level" : "Junior", "lang" : "Java", "tweets" : "yes", "phd" : "no"}, True),
({ "level" : "Junior", "lang" : "Java", "tweets" : "yes", "phd" : "yes"}, False),
]

data = [row[0] for row in inputs]            # 仅获取特征矩阵（连同最后两行）
y = [1 if row[1] else 0 for row in inputs[:-2]]       # 以0或1来代替True或False，去掉
                                                      # 最后2行用于预测的数据
```

➢ 步骤2：采用DictVectorizer方法对文本进行数值化处理。

```
from sklearn.feature_extraction import DictVectorizer
vec = DictVectorizer()
x = vec.fit_transform(data).toarray()
print("DictVectorizer转换后的特征矩阵中的特征名称：\n", vec.feature_names_)
print("特征矩阵值：\n", x)
seperate_index = -4
train_x = x[:seperate_index]
train_y = y[:seperate_index]
```

输出结果如下：

```
DictVectorizer转换后的特征矩阵中的特征名称：
 ['lang=Java', 'lang=Python', 'lang=R', 'level=Junior', 'level=Mid', 'level=Senior', 'phd=no',
'phd=yes', 'tweets=no', 'tweets=yes']
特征矩阵值：
 [[1. 0. 0. 0. 0. 1. 1. 0. 1. 0.]
 [1. 0. 0. 0. 0. 1. 0. 1. 1. 0.]
 [0. 1. 0. 0. 1. 0. 1. 0. 1. 0.]
 [0. 1. 0. 1. 0. 0. 1. 0. 1. 0.]
 [0. 0. 1. 1. 0. 0. 1. 0. 0. 1.]
 [0. 0. 1. 1. 0. 0. 0. 1. 0. 1.]
```

```
[0. 0. 1. 0. 1. 0. 0. 1. 0. 1.]
[0. 1. 0. 0. 0. 1. 1. 0. 1. 0.]
[0. 0. 1. 0. 0. 1. 1. 0. 0. 1.]
[0. 1. 0. 1. 0. 0. 1. 0. 0. 1.]
[0. 1. 0. 0. 0. 1. 0. 1. 0. 1.]
[0. 1. 0. 0. 1. 0. 0. 1. 1. 0.]
[1. 0. 0. 0. 1. 0. 1. 0. 0. 1.]
[0. 1. 0. 1. 0. 0. 0. 1. 1. 0.]
[1. 0. 0. 1. 0. 0. 1. 0. 0. 1.]
[1. 0. 0. 1. 0. 0. 0. 1. 0. 1.]]
```

可见，DictVectorizer 方法针对字典对象中的每一个字段进行 OneHot 编码处理。

➢ 步骤 3：决策树建模和预测。

```
clf = tree.DecisionTreeClassifier(criterion = 'entropy')
clf = clf.fit(x[:-2], y)              # 最后 2 行预测数据要去掉
# 针对训练样本数据的准确率为 100%
accuracy = clf.score(x[:-2], y)
print("针对训练数据的判别准确率：", accuracy)
predicts = clf.predict(x[-2:])  # 预测最后 2 行数据
print("预测", inputs[-2], "结果：", predicts[0])
print("预测", inputs[-1], "结果：", predicts[1])
```

输出结果如下：

```
针对训练数据的判别准确率： 1.0
预测 ({'level': 'Junior', 'lang': 'Java', 'tweets': 'yes', 'phd': 'no'}, True) 结果： 1
预测 ({'level': 'Junior', 'lang': 'Java', 'tweets': 'yes', 'phd': 'yes'}, False) 结果： 0
```

从结果可以看出，对于训练数据的预测全部正确，这也同时说明决策树存在着过拟合的可能性。

【任务小结】

本任务介绍了使用决策树模型进行分类。通过本任务的学习，应当能够采用恰当的方式将文本转换成数值，通过 DecisionTreeClassifier 方法从现有训练数据中构建决策树分类

器，并执行预测。

PPT：任务 3.8 使用 K-Means 模型进行聚类

任务 3.8 使用 K-Means 模型进行聚类

【任务目标】

① 理解非监督学习与监督学习的区别，能够调用 sklearn 库函数构建和训练 K-Means 模型对数据进行聚类。

② 能够以可视化的方式展现数据的聚类效果。

微课 3-8
使用 K-Means 模型进行聚类

【任务描述】

针对给定的一批不包含标签结果的数据样本，仅通过它们的特征将其分门别类。

【知识准备】

1. 监督学习和无监督学习

监督学习在模型训练过程中，必须使用到样本的标签（连续数值或分类结果），其目标是使得预测的结果与标签之间的误差最小。例如，线性回归、逻辑回归、朴素贝叶斯、SVM 等算法都属于监督学习。

现实生活中常常会有这样的问题：缺乏足够的先验知识，因此难以人工标注类别或进行人工类别标注的成本太高。很自然地，人们希望计算机能替代人工完成这些工作，或至少提供一些帮助。根据类别未知（没有被标记）的训练样本解决模式识别中的各种问题，称为无监督学习。无监督学习在模型训练过程中，无须使用样本的标签。聚类是最常见的无监督学习任务，它仅仅通过样本的特征，找到每个样本潜在的类别，并将同类别的样本放在一起。

2. 聚类算法

最主要的聚类算法有划分方法和层次方法两种。划分聚类算法通过优化评价函数把数据集分割为 K 个部分，它需要 K 作为输入参数。典型的分割聚类算法有 K-Means 算法、K-Medoids 算法、CLARANS 算法。层次聚类由不同层次的分割聚类组成，层次之间的分割具有嵌套的关系。它不需要输入参数，这是它优于分割聚类算法的一个明显优点，其缺点是终止条件必须具体指定。典型的分层聚类算法有 BIRCH 算法、DBSCAN 算法和 CURE 算法等。

3. K-Means 算法

K-Means 是一种迭代求解的聚类分析算法，其步骤为：预将数据分为 K 组，再随机选取 K 个对象作为初始的聚类中心，然后计算每个对象与各个聚类中心之间的距离并将其分配给距离最近的聚类中心。聚类中心以及分配给它们的对象就代表一个聚类。每分配一个样本，聚类中心会根据聚类中现有的对象被重新计算，这个过程将不断重复直到满足某个终止条件。终止条件可以是以下任何一个：

① 没有（或最小数目）对象被重新分配给不同的聚类。

② 没有（或最小数目）聚类中心再发生变化。

③ 误差平方和局部最小。

K-Means 聚类算法的优缺点如下。

① 算法简单，易于实现。

② 初始质心选择很重要，有可能会导致找不到全局收敛解（只找到局部收敛解）；但是又没有什么好的办法来优化质心的选择。

③ K 的选取也很重要。K 的值越大，对训练数据的分类将很好，但有可能造成过拟合。

sklearn.cluster.KMeans 方法提供了求解最优质心及给样本点分类的实现。

【任务实施】

源代码

➢ 步骤 1：生成数据样本。

使用 sklearn.datasets.make_blobs 方法指定质心数量，在二维平面上围绕质心生成若干个随机数据点。

```
import numpy as np
import matplotlib.pyplot as plt
from sklearn.datasets import make_blobs

M = 100
K = 4
# 围绕K 个中心点，生成M 个随机二维数据点
X, y = make_blobs(n_samples=M, centers=K, cluster_std=2.0, random_state=20)
# 查看原始分类情况
plt.figure(1)
plt.title("Origin Classification")
```

```
plt.scatter(X[:, 0], X[:, 1],c=y, s=30, cmap=plt.cm.Paired)
plt.show()
```

查看样本点分布情况，如图 3-12 所示。

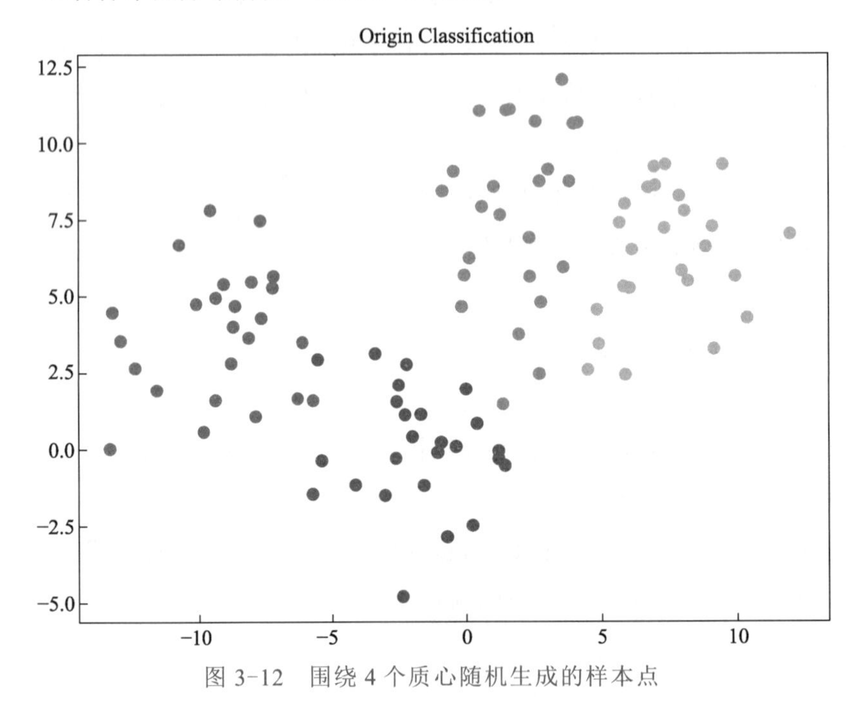

本页彩图

图 3-12 围绕 4 个质心随机生成的样本点

上述 100 个样本点，从分布上看可以分成 3 个或 4 个簇。在下面的步骤中将使用 K-Means 算法来聚类。

➢ 步骤 2：使用 sklearn.cluster.KMeans 方法实现聚类。

首先查看 K=4 的情形：

```
from sklearn import cluster
k_means = cluster.KMeans(n_clusters=4)
k_means.fit(X)
yPredicts = k_means.predict(X)
# 查看使用 K-Means 算法分类的结果
plt.title("K=4")
plt.scatter(X[:, 0], X[:, 1], c=yPredicts, s=30, cmap=plt.cm.Paired)
plt.show()
```

聚类结果如图 3-13 所示。

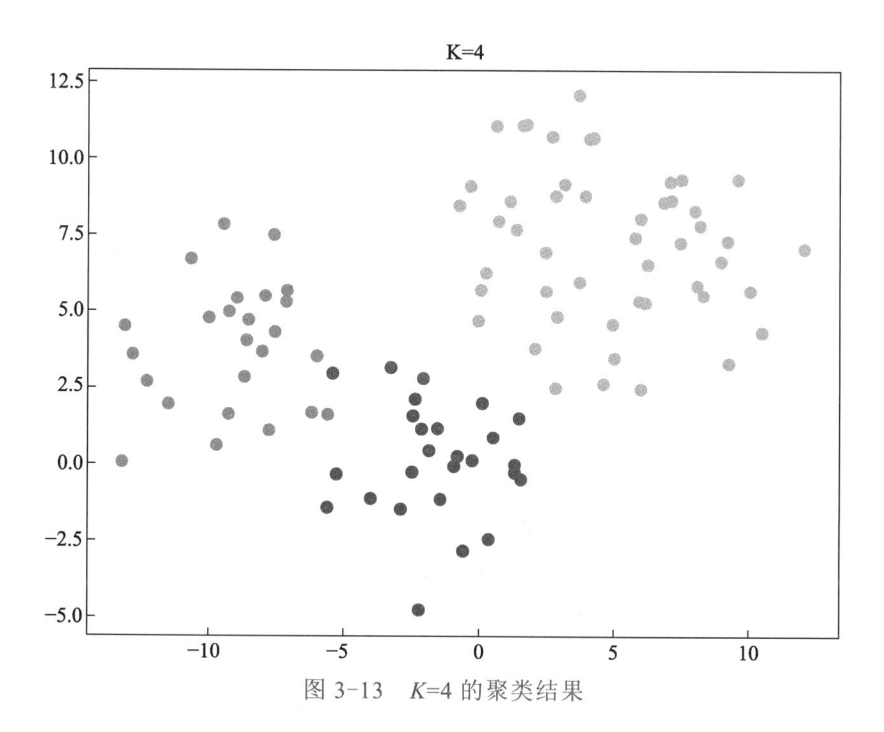

图 3-13　*K*=4 的聚类结果

同一颜色代表同一个聚类簇。与原始数据对比，大部分数据点能正确地划分到合适的簇中。查看 *K*=3 的情形，如图 3-14 所示。

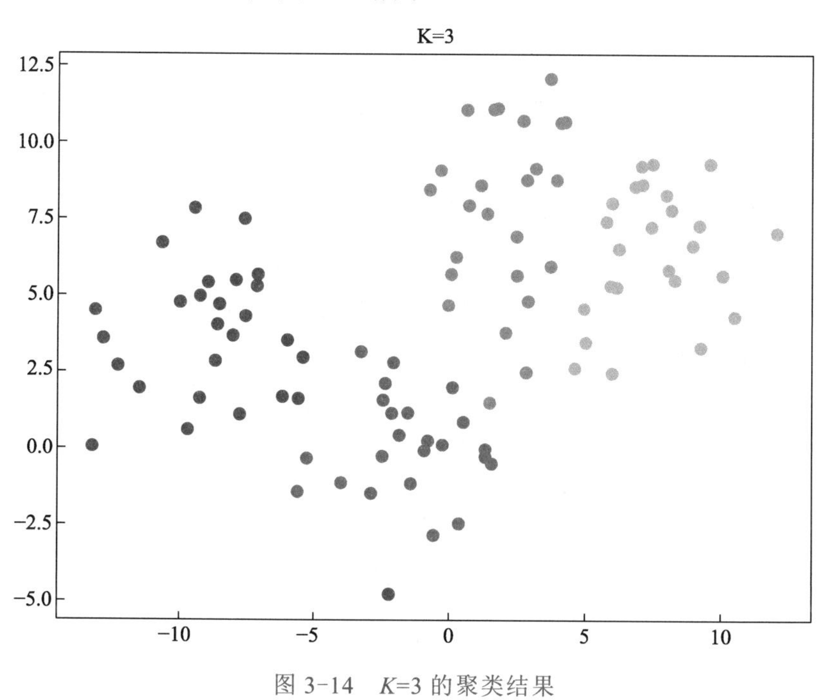

图 3-14　*K*=3 的聚类结果

本页彩图

可见，当 *K*=3 时，聚类的效果也仍然是比较合理的。

【任务小结】

本任务介绍了使用无监督学习的方法对数据进行归类。通过本任务的学习，应当能够使用 K-Means 算法对不包含标签的样本点，以基于样本间距离的计算来实现聚类，同时能够绘制聚类后样本点的分布情况。

项目小结

本项目通过以线性回归、逻辑回归、朴素贝叶斯、K 近邻、决策树等相关的 8 个任务为载体，全面介绍了机器学习模型训练、模型预测及模型性能验证。在帮助读者熟悉数据含义并对数据进行恰当预处理的基础上，构建及训练如回归、分类和聚类等机器学习模型，并对未知数据进行预测。

课后练习

一、选择题

1.（　　）是各数据偏离真实值差值的平方和的平均数。

A．平均绝对误差　　B．均方误差　　C．确定系数　　D．均方根误差

2.（　　）是各数据偏离真实值差值的绝对值的平均数。

A．线性回归　　B．确定系数

C．平均绝对误差　　D．LinearRegression 对象

3．逻辑回归的模型判别式为（　　）。

A．$g(z)=\frac{1}{1+e^{-z}}$　　B．$\rho=\sqrt{\sum_{i=1}^{n}(a_i-b_i)^2}$

C．$P(y=c_k \mid x)=\frac{P(x \mid y=c_k)P(y=c_k)}{P(x)}$　　D．$h_\omega(x)=g(\omega_0 x_0+\omega_1 x_1+\cdots+\omega_d x_d)$

4．二维空间两个坐标点(x_1,y_1)和(x_2,y_2)的欧式距离计算公式为（　　）。

A．$y_i=ax_i+b$　　B．$h_\omega(x)=g(\omega_0 x_0+\omega_1 x_1+\cdots+\omega_d x_d)$

C．$\rho=\sqrt{(x_2-x_1)^2+(y_2-y_1)^2}$　　D．$H(Y)=\sum_{i=1}^{n}-P(y_i)\log(P(y_i))$

5．划分聚类算法通过（　　）把数据集分割为 K 个部分，它需要 K 作为输入参数。

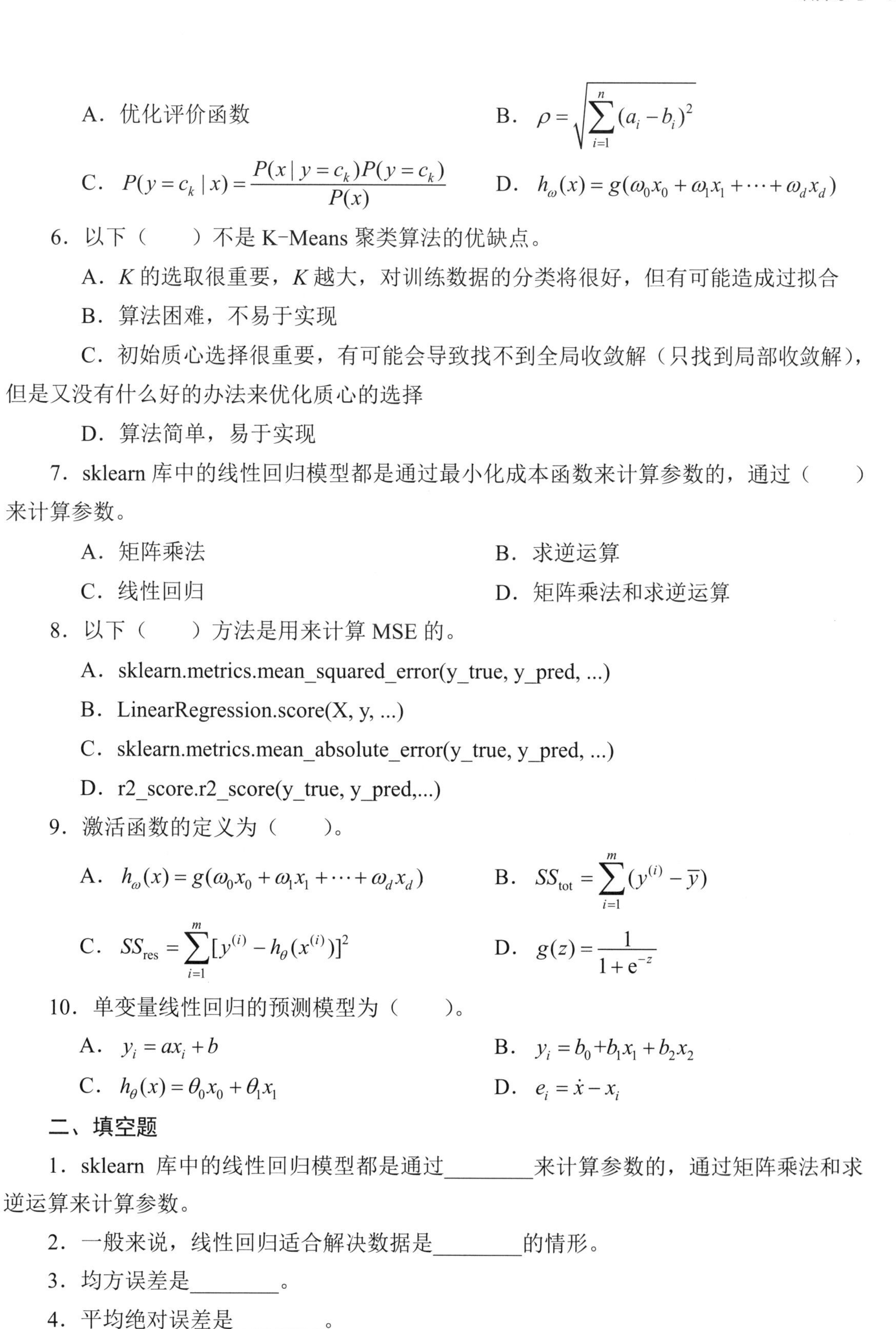

A．优化评价函数

B．$\rho=\sqrt{\sum_{i=1}^{n}(a_i-b_i)^2}$

C．$P(y=c_k\mid x)=\dfrac{P(x\mid y=c_k)P(y=c_k)}{P(x)}$

D．$h_\omega(x)=g(\omega_0x_0+\omega_1x_1+\cdots+\omega_dx_d)$

6．以下（　　）不是 K-Means 聚类算法的优缺点。

A．K 的选取很重要，K 越大，对训练数据的分类将很好，但有可能造成过拟合

B．算法困难，不易于实现

C．初始质心选择很重要，有可能会导致找不到全局收敛解（只找到局部收敛解），但是又没有什么好的办法来优化质心的选择

D．算法简单，易于实现

7．sklearn 库中的线性回归模型都是通过最小化成本函数来计算参数的，通过（　　）来计算参数。

A．矩阵乘法

B．求逆运算

C．线性回归

D．矩阵乘法和求逆运算

8．以下（　　）方法是用来计算 MSE 的。

A．sklearn.metrics.mean_squared_error(y_true, y_pred, ...)

B．LinearRegression.score(X, y, ...)

C．sklearn.metrics.mean_absolute_error(y_true, y_pred, ...)

D．r2_score.r2_score(y_true, y_pred,...)

9．激活函数的定义为（　　）。

A．$h_\omega(x)=g(\omega_0x_0+\omega_1x_1+\cdots+\omega_dx_d)$

B．$SS_{\mathrm{tot}}=\sum_{i=1}^{m}(y^{(i)}-\overline{y})$

C．$SS_{\mathrm{res}}=\sum_{i=1}^{m}[y^{(i)}-h_\theta(x^{(i)})]^2$

D．$g(z)=\dfrac{1}{1+\mathrm{e}^{-z}}$

10．单变量线性回归的预测模型为（　　）。

A．$y_i=ax_i+b$

B．$y_i=b_0+b_1x_1+b_2x_2$

C．$h_\theta(x)=\theta_0x_0+\theta_1x_1$

D．$e_i=\dot{x}-x_i$

二、填空题

1．sklearn 库中的线性回归模型都是通过________来计算参数的，通过矩阵乘法和求逆运算来计算参数。

2．一般来说，线性回归适合解决数据是________的情形。

3．均方误差是________。

4．平均绝对误差是________。

5. K 可以视为一个超参数（Hyper Parameter），一般需要通过________的方法来选取最优值。

6. 信息熵主要研究的是对________能够提供________进行量化。

7. 信息增益=________-条件熵。

8. 最主要的聚类算法有________和________两种。

9. K-Means 聚类算法的优点有________、________以及________。

10. 夹角余弦________，表明________越小。

三、判断题

1. 一般来说，线性回归适合解决数据是线性分布的情形。（ ）

2. sklearn 库中的线性回归模型都是通过最大化成本函数来计算参数的。（ ）

3. 均方误差的开方叫作均方根误差，其和标准差形式上接近。（ ）

4. 平均绝对误差是各数据偏离真实值差值的绝对值的平均数。（ ）

5. 从决策边界线来看，它的形状将会异常复杂以便尽可能拟合所有训练样本点，但却不一定能很好地拟合新的样本点，产生过拟合。（ ）

6. 朴素贝叶斯方法是在贝叶斯算法的基础上进行了相应的复杂化，即假定给定目标值时属性之间相互条件独立。（ ）

7. 夹角余弦越大，表明向量夹角越大。（ ）

8. 当两个向量方向一致时，夹角余弦取值为-1；完全相反时，取值为 1。（ ）

9. 一个系统越是有序，信息熵就越低。（ ）

10. 一个系统越是混乱，信息熵就越低。（ ）

四、简答题

1. 简述均方误差的概念。

2. 简述什么是余弦夹角。

3. 简述决策树的基本概念。

4. 简述什么是平均绝对误差。

5. 简述什么是汉明距离。

6. 简述 K-Means 聚类算法的优缺点。

7. 简述 K-Means 聚类算法中 K 值的选取。

8. 简述信息熵的概念。

9. 简述 ID3 算法的步骤。

10. 简述什么是单变量线性回归。

项目4　特征选取与模型优化

学习目标

本项目使用 Python 语言调用 sklearn 库函数实现特征选取与模型优化，包括：

① 掌握线性回归的变体模型方法，能够使用 sklearn.linear_ model.Ridge_regression 方法。

② 能够根据性能指标优选模型，使用 sklearn.metrics.roc_curve 方法绘制 ROC 曲线。

③ 掌握使用 Bagging 方法构建集成学习模型。

④ 掌握使用 Boosting 方法构建集成学习模型。

⑤ 了解使用 Stacking 方法构建集成学习模型。

⑥ 掌握使用 Filter 方法进行特征筛选。

⑦ 掌握使用 Wrapper 方法进行特征筛选。

⑧ 掌握使用 Embedded 方法进行特征筛选。

项目介绍

本项目从 4 个方面介绍变体模型、优选模型、集成学习模型以及特征筛选方法，具体如下。

① 以 sklearn.linear_model.Ridge_regression 为代表的线性回归变体模型方法。

② 性能指标优选模型构建方法。

③ 以 Bagging、Boosting、Stacking 等为代表的集成学习模型方法。

④ 以 Filter、Wrapper、Embedded 等为代表的特征筛选方法。

任务 4.1 合理使用逻辑回归的惩罚项

【任务目标】

微课 4-1
合理使用逻辑
回归的惩罚项

① 理解逻辑回归中的惩罚项的作用。

② 理解加入正则项的逻辑回归。

③ 能够选择合理的惩罚系数以达到模型的泛化效果。

【任务描述】

InterviewData.txt 文件中有一批应聘者数据集样本，包括两个特征和一个分类结果。对于每一个训练样本，有应聘者两次面试的评分和是否会被录取的结果。作为企业招聘人员，需要通过应聘者两次面试的评分，来决定他们是否被录取。在训练的初始阶段，要求训练一个逻辑回归模型，评价某位面试者是否会被企业某部门录取。

如图 4-1 所示，横坐标和纵坐标分别代表应聘者第一次面试成绩和第二次面试成绩的两个特征，绿色圆点表示分类结果为 Offered，红色方块表示分类结果为 NotOffered。

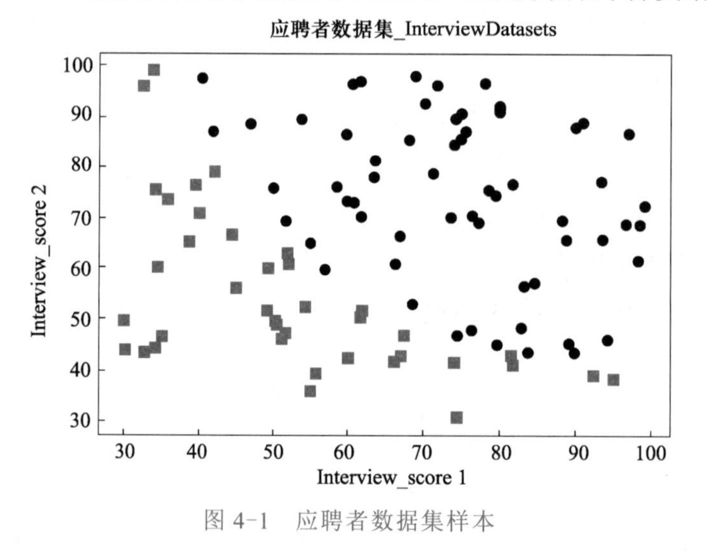

图 4-1 应聘者数据集样本

本页彩图

ICTest.txt 文件中是半导体芯片工厂中，部分芯片样本的测试数据，通过样本在两次测试中的测试结果，决定该芯片是否被接受或抛弃。如图 4-2 所示，横坐标和纵坐标分别代表对芯片的两次测试结果，绿色圆点表示测试通过的芯片，标签为 Accepted，红色方块表示测试未通过的芯片，标签为 NotAccepted。

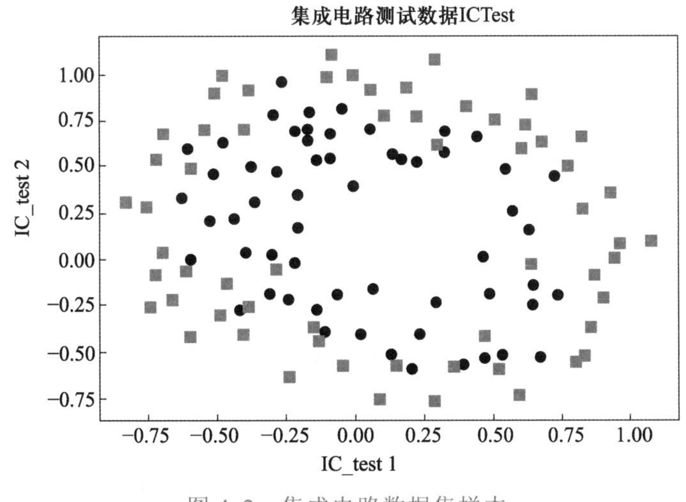

图 4-2 集成电路数据集样本

本页彩图

【知识准备】

1. 线性可分与线性不可分

如果用一条直线或者一个直平面就能较好地将两个或多个类别的样本分割开来，那么可以将这些样本视为线性可分的。但是在本任务中，无论如何也无法用一条直线将绿色和红色的样本点较好区分开来，这就构成了线性不可分问题。也就是说，采用 $h_\theta = g(\theta_0 + \theta_1 x_1 + \theta_2 x_2)$ 这样简单的逻辑回归表达式是无法满足要求的。

对于线性不可分问题，一种思路是使用高阶曲线代替直线作为分割边界线（也就是用高阶函数替换 g 函数内部的线性表达式子）。例如，考虑采用高阶函数，如六阶函数（一共 28 项）：

$$\theta_0 + \theta_1 x_1 + \theta_2 x_2 + \theta_3 x_1^2 + \theta_4 x_1 x_2 + \theta_5 x_2^2 + \theta_6 x_1^3 + \theta_7 x_1^2 x_2 + \theta_8 x_1 x_2^2 + \theta_9 x_2^3 + \cdots$$
$$+\theta_{21} x_1^6 + \theta_{22} x_1^5 x_2 + \theta_{23} x_1^4 x_2^2 + \theta_{24} x_1^3 x_2^3 + \theta_{25} x_1^2 x_2^4 + \theta_{26} x_1 x_2^5 + \theta_{27} x_2^6$$

对于高阶函数，其图像曲线可以足够复杂，从而能够更好地拟合样本分类结果。

2. 使用线性方法来模拟高阶函数计算

高阶函数虽然功能强大，但是其数值计算的难度和运算量也远超一阶线性函数。但是在某些情况下，可以将高阶问题转换成线性问题来计算。例如，在上面的六阶函数中，虽然项数增加了，但是每一项的自变量都可以由 x_1 和 x_2 通过计算而得出。如果把每个项系数后的 x_1 和 x_2 计算结果视为一个新的变量，那么上式就可以看成是具有 28 个自变量的线性回归表达式。这样就将六阶二维的问题，转换成了一阶 28 维的问题。

3. 高阶边界函数引发的过拟合问题

高阶函数还会引发另一个更为严重的问题：函数越复杂（阶数越高），就越倾向于把每一个样本点都照顾到，或者说过于重视每一个细节，反而忽略了整体的趋势和分布规律。对于机器学习来说，这将导致严重的过拟合问题，即对于给定的训练样本，模型能极好地匹配；但是对于没有见过的样本，模型可能会给出极差的预测结果。

机器学习模型要特别注意防止过拟合。对于逻辑回归来说，高阶函数的每个系数绝对值越大，过拟合的可能性就会越大。因此，需要设法降低每个系数的绝对值。当然，这又可能导致模型对训练样本的拟合度降低，甚至造成欠拟合（可以设想，如果θ_3及以后各项的系数都变为 0，那么该高阶函数实际上又退化成线性函数，它理所当然无法胜任本任务中训练样本的分类）。这就意味着，需要有一种合适的机制，在过拟合和欠拟合之间寻求平衡，而这种机制的关键点，就是要合理地调控每个系数的取值范围。

在逻辑回归中，可以通过“惩罚项”来惩罚过大的系数。具体方法是，设置惩罚系数λ，将其与所有系数的某种组合（如所有系数的平方和，或者绝对值之和）进行乘积，其结果纳入到模型误差中。很显然，如果系数绝对值越大，那么模型误差就会越大。这就使得模型在迭代优化过程中，不得不设法降低系数绝对值（当然，也不能降得太低，否则对于训练样本的分类误差同样会很大），从而达到某种平衡。

如果λ配合采用所有系数的平方和作为惩罚项，则称为 L2 正则化处理；如果配合采用所有系数的绝对值之和作为惩罚项，则称为 L1 正则化处理。

最后，通过设置不同大小的λ，就能够控制惩罚的程度。通过多次调整λ并分别建立不同的模型，最终选取误差最小的模型所对应的λ作为最优的惩罚系数。

【任务实施】

1. 线性可分

源代码

➢ 步骤 1：装载训练数据并绘制其分布图。

```
import numpy as np
import matplotlib.pyplot as plt
%matplotlib inline
plt.rcParams['font.sans-serif'] = ['SimHei']  # 用来正常显示中文标签
plt.rcParams['axes.unicode_minus'] = False  # 用来正常显示负号
interviewData = np.loadtxt(open('./dataset/InterviewData.txt', 'r'), delimiter=",", skiprows=1)
```

```
x1 = interviewData[:,0]                # 应聘者第一次面试评分
x2 = interviewData[:,1]                # 应聘者第二次面试评分
y = interviewData[:,2]                 # 应聘者是否被录用
def initPlot():
    plt.figure()
    plt.title('应聘者数据集_InterviewDatasets') #应聘者
    plt.xlabel('Interview_score 1') #面试测试评分 1
    plt.ylabel('Interview_score 2') #面试测试评分 2
    return plt
plt = initPlot()
score1Offered=interviewData[interviewData[:,2] == 1, 0]# 标签结果为1（通过）的样本点
                                                        # 的第一特征值（面试测试评分1）
score2Offered=interviewData[interviewData[:,2] == 1, 1]# 标签结果为1（通过）的样本点
                                                        # 的第二特征值（面试测试评分2）
score1NotOffered = interviewData[interviewData[:,2] == 0, 0]
score2NotOffered = interviewData[interviewData[:,2] == 0, 1]
plt.plot(score1Offered,score2Offered,'go')
plt.plot(score1NotOffered,score2NotOffered,'rs')
plt.show()
```

运行结果如图 4-3 所示。

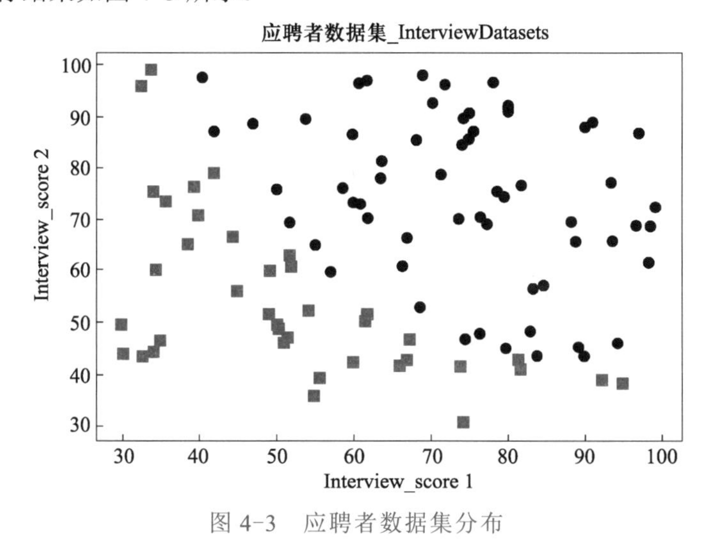

图 4-3　应聘者数据集分布

本页彩图

➢ 步骤 2：训练 LogisticRegression 模型并预测。

```
from sklearn.linear_model import LogisticRegression
# 准备数据
X_train = interviewData[:,[0,1]]
y_train = interviewData[:,2]
model = LogisticRegression()
model.fit(X_train, y_train)
# 给定 4 位应聘者 2 次对应的面试评分，并且对该 4 位应聘者进行预测
newInterview_score = np.array([[80, 67],[50, 58],[70, 92],[55, 43]])
print("4 位应聘者被录用情况:",model.predict(newInterview_score))
```

运行结果如下：

```
4 位应聘者被录用情况: [1. 0. 1. 0.]
```

以上可知，第 1 位和第 3 位应聘者通过，第 2 位和第 4 位应聘者被拒。

```
from sklearn.linear_model import LogisticRegression
# 准备数据
X_train = interviewData[:,[0,1]]
# 获取权重参数 w0、w1 和 w2
W = np.array([model.intercept_[0], model.coef_[0,0], model.coef_[0,1]])
plt = initPlot()
#给应聘者打标签，通过面试标注为绿色圆形，未通过面试标注为红色方形
score1Offered = interviewData[interviewData[:,2] == 1, 0]
score2Offered = interviewData[interviewData[:,2] == 1, 1]
score1NotOffered = interviewData[interviewData[:,2] == 0, 0]
score2NotOffered = interviewData[interviewData[:,2] == 0, 1]
plt.plot(score1Offered,score2Offered,'go')
plt.plot(score1NotOffered,score2NotOffered,'rs')
# 绘制决策边界线
boundaryX = np.array([30, 100])  # 给定任意两个样本点的横坐标
boundaryY = -(W[1] * boundaryX + W[0]) / W[2]    # 计算对应的纵坐标
```

```
plt.plot(boundaryX, boundaryY, 'b-')        # 连接边界线上的两个点
plt.show()
```

运行结果如图 4-4 所示。

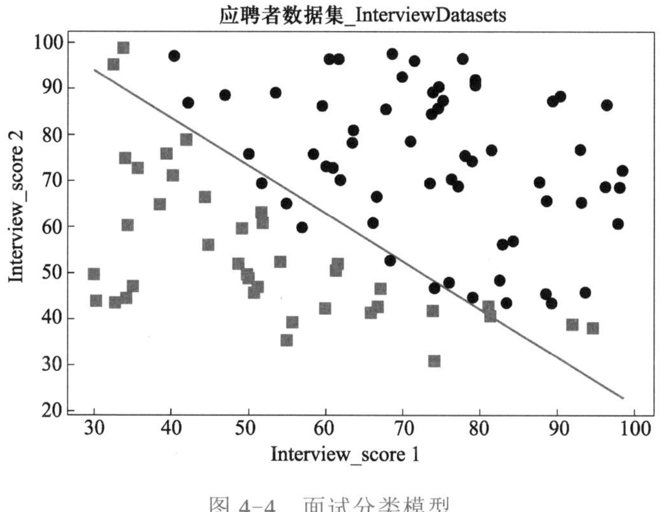

图 4-4　面试分类模型

本页彩图

以上图可知，蓝色决策边界线较好地将应聘者分开（注意不是完全的），蓝色边界线右上的应聘人员会被录用，而左下的应聘人员则不会被录用。

2. 线性可不分

➢ 步骤 1：装载训练数据并绘制其分布图。

```
import numpy as np
import pandas as pd
import matplotlib.pyplot as plt
path = './dataset/ICTest.txt'
data = pd.read_csv(path, header=None, names=['IC_test 1', 'IC_test 2', 'Accepted'])
data
```

运行结果如图 4-5 所示。

	IC_test1	IC_test2	Accepted
0	0.051267	0.699560	1
1	-0.092742	0.684940	1
2	-0.213710	0.692250	1
3	-0.375000	0.502190	1
4	-0.513250	0.465640	1
...	...	...	...
113	-0.720620	0.538740	0
114	-0.593890	0.494880	0
115	-0.484450	0.999270	0
116	-0.006336	0.999270	0
117	0.632650	-0.030612	0

118 rows × 3 columns

图 4-5　装载训练数据

```
#导入对应的库
import numpy as np
```

```
import matplotlib.pyplot as plt
%matplotlib inline
plt.rcParams['font.sans-serif'] = ['SimHei']    # 用来正常显示中文标签
plt.rcParams['axes.unicode_minus'] = False  # 用来正常显示负号

icData = np.loadtxt(open('./dataset/ICTest.txt', 'r'), delimiter=",", skiprows=0)
x1 = icData[:,0]            # 芯片第一次测试结果作为特征 1
x2 = icData[:,1]            # 芯片第二次测试结果作为特征 2
y = icData[:,2]             # 芯片是否会被舍弃作为标签

def initPlot():
    plt.figure()
    plt.title('集成电路测试数据 ICTest') #芯片测试数据
    plt.xlabel('IC_test 1') #芯片第一次测试结果
    plt.ylabel('IC_test 2') #芯片第二次测试结果
    return plt

plt = initPlot()
test1Accepted = icData[icData[:,2] == 1, 0]
test2Accepted = icData[icData[:,2] == 1, 1]
test1NotAccepted = icData[icData[:,2] == 0, 0]
test2NotAccepted = icData[icData[:,2] == 0, 1]
#被接受芯片标注为绿色圆形
plt.plot(test1Accepted,test2Accepted,'go')
#被舍弃的芯片标注为红色方形
plt.plot(test1NotAccepted,test2NotAccepted,'rs')
plt.show()
```

运行结果如图 4-6 所示。

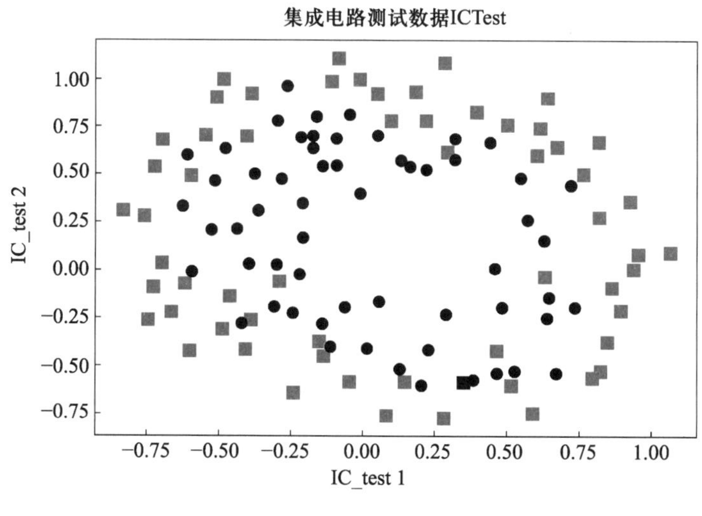

图 4-6　集成电路数据集分布

本页彩图

由上图可知，留下及舍弃哪些芯片，无法使用一条直线来进行分割。

➢ 步骤 2：生成高阶特征矩阵。

将原有二维的芯片样本特征矩阵（对应一阶线性函数），转换成 28 维的芯片样本特征矩阵（对应六阶函数）。

```
def mapFeatures(x1, x2):                # 生成六阶双变量的多项式拟合特征值矩阵
    rowCount = len(x1)
    colIndex = 1                        # 第 0 列为 Intercept Item，无须进行计算
    features = np.ones((rowCount, FEATURE_COUNT))
    for i in np.arange(1, DEGREE + 1):          # 1,2,3, …,DEGREE
        for j in np.arange(0, i + 1):           # 0,1,2, …,i
            features[:, colIndex] = (x1 ** (i - j)) * (x2 ** j)   # 每个循环计算 1 列 Feature
            colIndex = colIndex + 1
    return features
# 定义全局变量
DEGREE = 6                      # 最高为六阶
FEATURE_COUNT = 28              # 两个变量，六阶公式，共 28 个 Feature(含 Intercept Item)
ROW_COUNT = len(interviewData)  # 总行数
features = mapFeatures(x1, x2)  # 获得一个 ROW_COUNT*FEATURE_COUNT 维
                                # 度的特征值数组
```

```
print("芯片高阶特征矩阵的维度：", features.shape)      # 每个样本都拥有 28 个维度
```

运行结果如下：

```
高阶特征矩阵的维度： (118, 28)
```

以上可知，有 118 个测试芯片样本，每个样本有 28 个特征。

➢ 步骤 3：训练 LogisticRegression 模型，惩罚系数设为 0。

LogisticRegression 方法提供了参数 C 作为惩罚系数，但是其定义为 $C=\frac{1}{\lambda}$。另请需要注意，如果 C=0，则意味着不使用惩罚系统。

```
# C=0，相当于 lambda=0
X_train = features
y_train = icData[:,2]
model = LogisticRegression(penalty='none', max_iter=2000)      #设置不带惩罚项，各个
                                                               #权重参数的取值
model.fit(X_train, y_train)
print("Intercept Term Theta:", model.intercept_[0])
print("Other Thetas:", model.coef_[0])
```

运行结果如下：

```
Intercept Term Theta: 16.862308956111765
Other Thetas: [   16.86230895    49.94237217    48.76388327  -332.67065597
  -164.86485398  -167.97433497  -350.552216    -517.82002504
  -358.16714244  -176.93411177  1087.84094275  1096.35671844
  1524.54624032   669.2572893    326.50681582   574.95215732
  1167.87470207  1485.49641845  1249.97784812   573.73761251
   189.13661648 -1181.86226477 -1876.79395607 -3095.59256188
 -2632.01224458 -2244.8280466   -879.5349275   -264.03216762]
```

可见，此时的截距项 Intercept Term Theta 和权重参数 Other Thetas 的绝对值是比较大的。

```
plt = initPlot()
test1Accepted = icData[icData[:,2] == 1, 0]
```

```
test2Accepted = icData[icData[:,2] == 1, 1]
test1NotAccepted = icData[icData[:,2] == 0, 0]
test2NotAccepted = icData[icData[:,2] == 0, 1]
plt.plot(test1Accepted,test2Accepted,'go')
plt.plot(test1NotAccepted,test2NotAccepted,'rs')
# 决策边界线不是直线，需要生成一些样本点
plotX1 = np.linspace(-1, 1.5, 50)
plotX2 = np.linspace(-1, 1.5, 50)
#将样本点代入到高阶特征矩阵函数即判别式中，给出样本对应的分类结果（0 或 1）
Z = np.zeros((len(plotX1), len(plotX2)))
for i in np.arange(0, len(plotX1)):                    # 每次预测一列点
    a1 = [plotX1[i] for _ in np.arange(0, len(plotX2))]
    plotFeatures = mapFeatures(a1, plotX2)
    Z[i,:] = model.predict(plotFeatures)
plt.contour(plotX1, plotX2, Z, levels=[0.5])           # 决策阈值为0.5 的等高线，即取Z=0.5
                                                       # 作为决策边界
plt.show()
```

此时绘制出的决策边界线如图 4-7 所示。

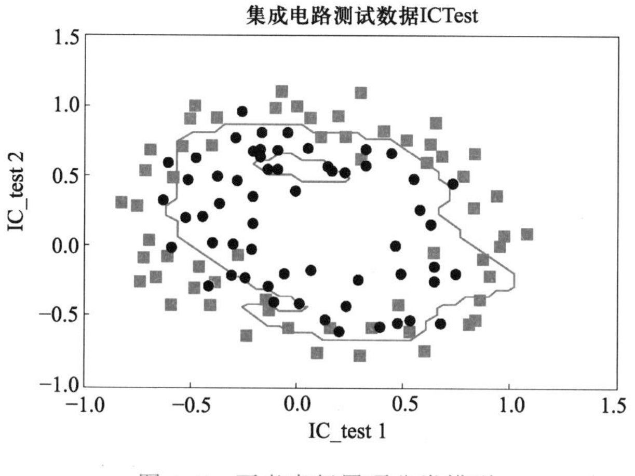

图 4-7　不考虑惩罚项分类模型

本页彩图

可见，如果不考虑惩罚项，那么 Intercept Term Theta 和 Other Thetas 的绝对值会很大。从决策边界线来看，它的形状将会异常复杂以便尽可能拟合所有训练样本点，但却不一定

能很好地拟合新的样本点，即产生了过拟合。

➢ 步骤4：调整惩罚系数。

在上面的代码中，将 C 的值分别调整为 0.1、10 和 1000（对应的λ值分别为 10、0.1 和 0.001，惩罚依次加大），并分别查看决策边界线的结果。

```
model = LogisticRegression(penalty='l2', solver='lbfgs',max_iter=2000,C=0.1)
                                          #使用L2 正则化，迭代次数 2000 次
model.fit(X_train, y_train)
print("Intercept Term Theta:", model.intercept_[0])
print("Other Thetas:", model.coef_[0])
```

运行结果如下：

```
Intercept Term Theta: 0.32617433481251906
Other Thetas: [ 4.80060874e-06 -8.15346950e-03  1.65795385e-01 -4.46717768e-01
 -1.11773868e-01 -2.78919687e-01 -7.14543762e-02 -5.78891579e-02
 -6.50971508e-02 -1.06370649e-01 -3.36728581e-01 -1.29717223e-02
 -1.16707334e-01 -2.80967442e-02 -2.86026426e-01 -1.16148883e-01
 -3.70447251e-02 -2.24215126e-02 -4.88657219e-02 -4.16295811e-02
 -1.86754269e-01 -2.53337925e-01 -2.91085963e-03 -5.79667693e-02
 -5.28007020e-04 -6.35287458e-02 -1.20640539e-02 -2.71483918e-01]
```

当设置 C=0.1 时，绘制出集成电路测试分类模型的决策边界线如图 4-8 所示。

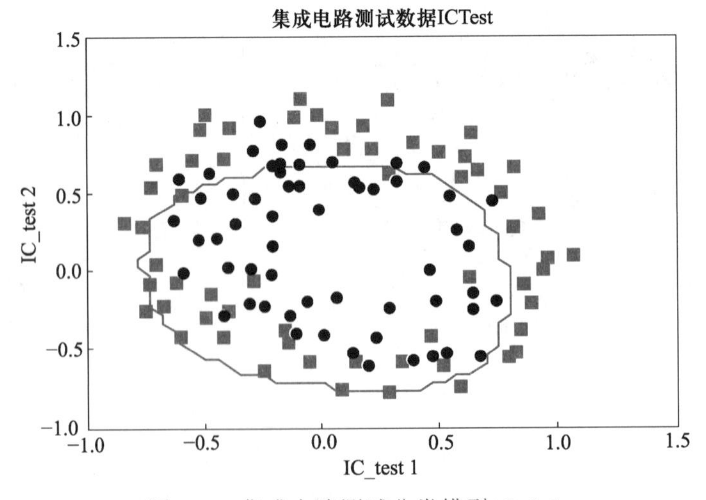

图 4-8 集成电路测试分类模型 C=0.1

本页彩图

可见，当 C=0.1 时，Intercept Term Theta 和 Other Thetas 的绝对值减小。从决策边界线来看，它的形状将会简单以至于存在大量的样本点错分，即模型比较简单，产生了欠拟合。

当设置 C=10 时，绘制出集成电路测试分类模型的决策边界线如图 4-9 所示。

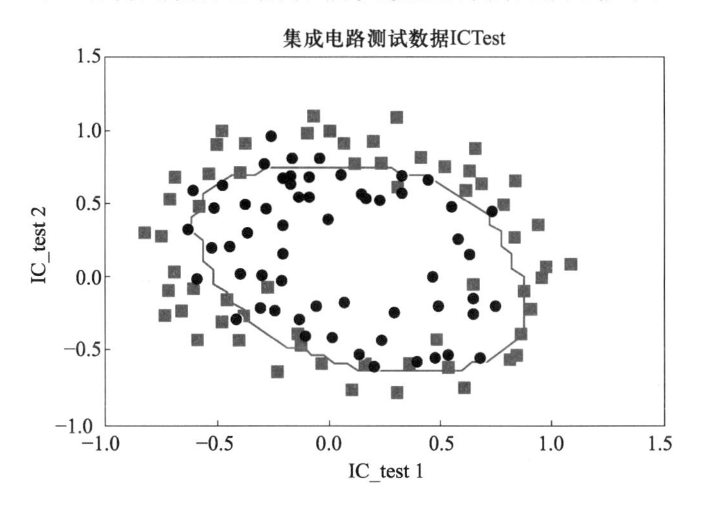

图 4-9　集成电路测试分类模型 C=10

当设置 C=1000 时，绘制出集成电路测试分类模型的决策边界线如图 4-10 所示。

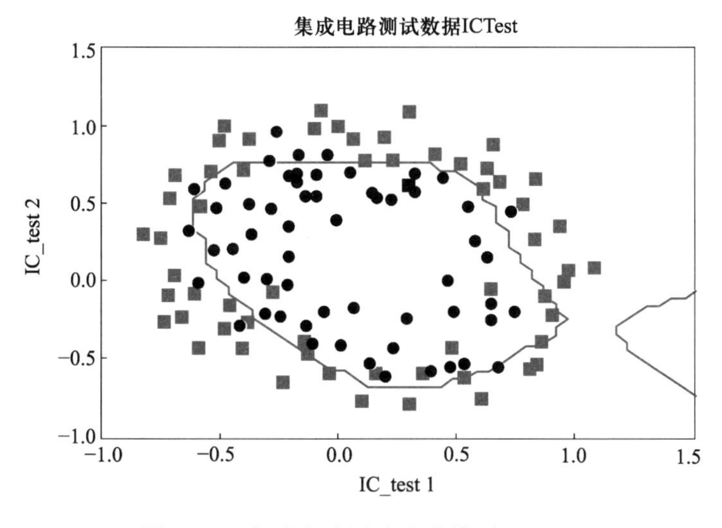

图 4-10　集成电路测试分类模型 C=1000

本页彩图

可见，随着 C 的增加（惩罚系数减小），对现有训练样本的拟合越来越好，但是决策边界线的形状越来越复杂，过拟合的可能性越来越大。对于本任务，C=10 时，认为能够达到较好的平衡。

【任务小结】

通过引入高阶函数，可以解决线性不可分问题；通过引入惩罚项，可以抑制高阶函数所带来的过拟合问题；通过选择合理的惩罚系数，可以达到模型的泛化效果。

任务 4.2 根据性能指标优选模型

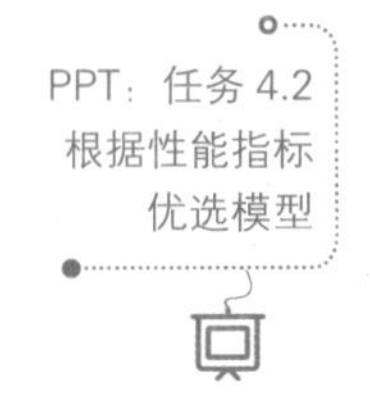
PPT：任务 4.2 根据性能指标优选模型

【任务目标】

① 理解 TPR、FPR、FNR 及 TNR 的含义，掌握 sklearn.metrics.auc 的使用方法。

② 理解 AUC 的定义，掌握如何使用 sklearn.metrics.roc_curve 方法绘制 ROC 曲线。

③ 掌握双类别逻辑分类 ROC 曲线及多类别 ROC 曲线的绘制方法。

【任务描述】

微课 4-2 根据性能指标优选模型

根据指定样本的实际分类结果及每个样本对应的预测得分，生成并计算每个阈值对应的 FPR 和 TPR，完成 ROC 曲线绘制。

【知识准备】

接受者操作特性曲线（Receiver Operating Characteristic Curve，ROC 曲线）又称为感受性曲线（Sensitivity Curve），得此名的原因在于曲线上各点反映着相同的感受性，它们都是对同一信号刺激的反应，只不过是在几种不同的判定标准下所得的结果。接受者操作特性曲线就是以虚惊概率为横轴、以击中概率为纵轴所组成的坐标图，和被试在特定刺激条件下由于采用不同的判断标准得出的不同结果画出的曲线。

1. TPR、FPR、FNR 和 TNR

① 真正率（True Positive Rate，TPR）：与 Recall 定义相同，又称为敏感度、查全率或者召回率，反映了模型预测为正且实际也为正的样本在所有正样本中所占的比例（仅考虑所有正样本）。

$$TPR=TP/(TP+FN)$$

② 假正率（False Positive Rate，FPR）：又称为误检率或虚警概率，反映了模型预测为正但实际为负的样本在所有负样本中所占的比例（仅考虑所有负样本）。

$$FPR=FP/(FP+TN)$$

③ 假负率（False Negative Rate，FNR）：反映了模型预测为负且实际也为正的样本在所有正样本中所占的比例（仅考虑所有正样本）。

$$FNR = FN/(TP+FN) = 1 - TPR$$

④ 真负率（True Negative Rate，TNR）：又称为特异度，反映了模型预测为负但实际为负的样本在所有负样本中所占的比例（仅考虑所有负样本）。

$$TNR = TN/(FP+TN)= 1 - FPR$$

TPR 和 FPR 分别是基于实际表现 1 和 0 出发的，它们分别在实际的正样本和负样本中来观察相关概率问题。一般希望 TPR 越高越好，FPR 越低越好。

2. 绘制 ROC 曲线

绘制 ROC 曲线的步骤如下：

① 以 FPR 为横坐标，以 TPR 为纵坐标。

② 对于每一个阈值 K，分别计算 FPR 和 TPR，将对应坐标点连线。

ROC 曲线图如图 4-11 所示。

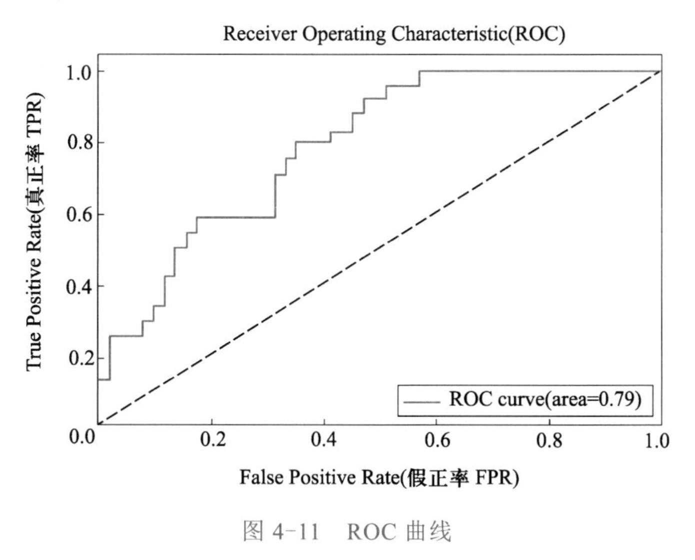

图 4-11　ROC 曲线

3. ROC 曲线的性能定性分析

对于给定的模型，通过 ROC 曲线可以看出其关于阈值 K 的性能对比图；如果有多个模型，则每个模型都能绘制一张 ROC 曲线图。

如前所述，一般希望模型的 TPR 越高越好，FPR 越低越好，也就是说，ROC 曲线越陡峭越好（随着 FPR 的增加，TPR 迅速升高，很快趋于 1.0）。

通过 ROC 曲线能够有效评估算法的性能，默认情况下适用于二分类任务。在多分类任务中则可以利用 one vs rest 方式计算各个类别的混淆矩阵。

① macro：宏平均方式。计算各个类别的混淆矩阵，再计算平均值。

② micro：微平均方式。求和所有类别的混淆矩阵，再计算 TPR/FPR。

③ weighted：加权累加每个类别。

④ samples：适用于样本不平衡的情况。

⑤ average：适用于多分类任务的平均方式。

图 4-12 是 3 个模型的 ROC 曲线，从图中可见紫色的效果最好。

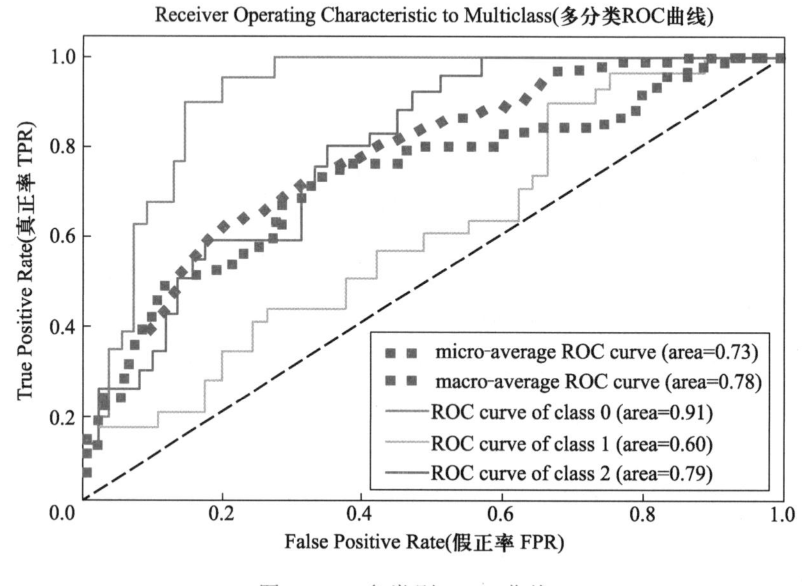

本页彩图

图 4-12 多类别 ROC 曲线

4. ROC 曲线性能定量分析

一般使用 AUC（Area Under Curve，曲线下面积）方法来计算 ROC 曲线的实际性能。如果直接连接对角线，它的面积正好是 0.5。其含义是：随机判断响应与不响应，正负样本覆盖率应该都是 50%，表示随机效果，这是最差的性能。

使用 sklearn 库函数计算 ROC 相关数据的步骤如下：

① 自动设置多个阈值点，并使用 sklearn.metrics.roc_curve 方法计算对应的 FPR 和 TPR。

② 根据多个 FPR 和 TPR，使用 sklearn.metrics.auc 方法计算 AUC。

```
sklearn.metrics.auc(x, y, reorder=False)
```

可以认为 AUC 是一种判断分类器性能优劣标准，即 AUC 值越大的分类器，模型正确率越高，提示该试验的诊断价值越高。

① AUC≈1.0：最理想的检查指标。

② AUC 为 0.7～0.9：试验准确性高。

③ AUC=0.5：试验无诊断价值，属于随机猜测。

④ AUC 为 0～0.5：试验无诊断价值，比随机猜测还差。

一般来说，AUC 超过 0.9 时才认为是一个准确性很高的诊断试验，此时的 cutoff 才有实际意义。

【任务实施】

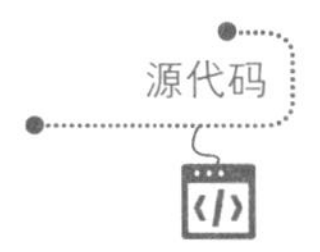

1. 使用 sklearn 库函数自动计算 ROC 曲线点

```
from sklearn import metrics
from sklearn.metrics import auc
import numpy as np
y = np.array([1, 1, 2, 2, 2, 1, 1, 2])        # 指定样本的实际分类结果
scores = np.array([0.1, 0.3, 0.48, 0.85, 0.7, 0.6, 0.2, 0.75])
# 指定每个样本对应的预测得分
# 自动生成多个阈值，并且计算每个阈值对应的 FPR 和 TPR
# 生成阈值数组：按照 scores 中的数值(去掉重复值)由大到小排列，且在最大元素前
# 插入一个新元素，其值为最大的 max(scores)+1
# 增加该元素，以便使得数据点从(FPR=0,TPR=0)开始
# pos_label=2 表示将 y==2 的样本视为正样本
# drop_intermediate=False 表示将使用 scores 所有的数据值，否则可能只会选择其中
# 的一部分值
fpr, tpr, thresholds = metrics.roc_curve(y, scores, pos_label=2, drop_intermediate=False)
print("K:", thresholds)
print("FPR:", fpr)
print("TPR:", tpr)
# 计算 AUC
print(metrics.auc(fpr, tpr))
```

```
# 绘制ROC 曲线图
%matplotlib inline
import matplotlib.pyplot as plt
plt.scatter(fpr, tpr)
plt.plot(fpr, tpr)
plt.show()
```

运行结果如下，绘制的 ROC 曲线如图 4-13 所示。

```
K: [1.85 0.85 0.75 0.7   0.6   0.48 0.3   0.2   0.1 ]
FPR: [0.    0.    0.    0.    0.25 0.25 0.5   0.75 1.   ]
TPR: [0.    0.25 0.5   0.75 0.75 1.    1.    1.    1.   ]
0.9375
```

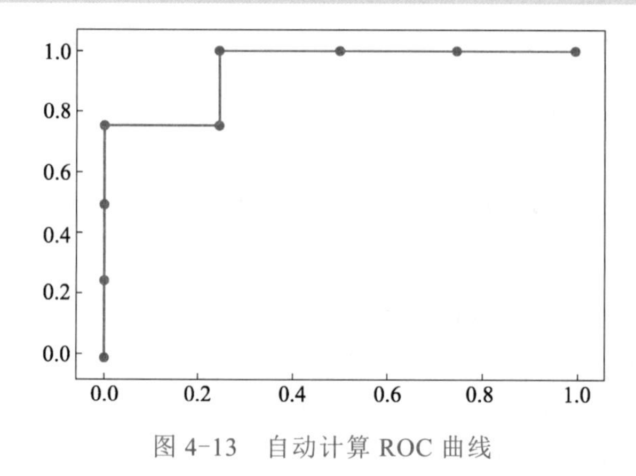

图 4-13 自动计算 ROC 曲线

分析上述计算结果如下。

本例共 8 个样本，假设分别编号为 S1～S8。

当 K=1.85 时：

① 意味着 scores≥1.85 的值才预测为正样本 P。

② 因为已经没有样本预测为 P，故 TP=0，FP=0，进而 TPR=0，FPR=0。

当 K=0.85 时：

① scores≥0.85 的值才预测为正样本 P。本例中仅有一个样本 S4 的 scores 值不小于 0.85，即 TP=1。

② 本例中，样本 S3、S5 和 S8 实际为正样本，但因为受 K=0.85 的限制，故其预测均为负样本，即 FN=3。

③ TPR = TP / (TP+FN) = 0.25。

④ 本例中，没有样本是 FP，即 FP=0；S1、S2、S6 和 S7 实际为负样本，预测为负样本，即 TN=4。

⑤ FPR = FP / (FP+TN) = 0 / (0+4) = 0。

2. 查看双类别逻辑分类的 ROC

```
import numpy as np
import matplotlib.pyplot as plt
from sklearn.linear_model import LogisticRegression
from sklearn import metrics
from sklearn.metrics import auc
%matplotlib inline
def sigmoid(x):
    return 1.0 / (1 + np.exp(-x))
trainData = np.loadtxt(open('./dataset/exam_score.csv', 'r'), delimiter=",",skiprows=1)
xTrain = trainData[:,[0,1]]
yTrain = trainData[:,2]
model = LogisticRegression(solver='lbfgs')
model.fit(xTrain, yTrain)
yPredicts = sigmoid(model.decision_function(xTrain))
fpr, tpr, thresholds = metrics.roc_curve(yTrain, yPredicts)
print(thresholds)
print(auc(fpr, tpr))
plt.scatter(fpr, tpr)
plt.plot(fpr, tpr)
plt.show()
```

运行结果如下，绘制的 ROC 曲线如图 4-14 所示。

```
[1.99999588e+00 9.99995883e-01 9.17524300e-01 9.08986368e-01
 8.84104100e-01 8.63832178e-01 8.55725890e-01 8.51255240e-01
 7.06898995e-01 6.93673351e-01 5.99747588e-01 5.97235829e-01
```

```
 5.76647664e-01 5.03635117e-01 3.89076005e-01 3.54651563e-01
 3.37232868e-01 2.06996849e-01 2.03063646e-01 4.52002172e-05]
0.9733333333333334
```

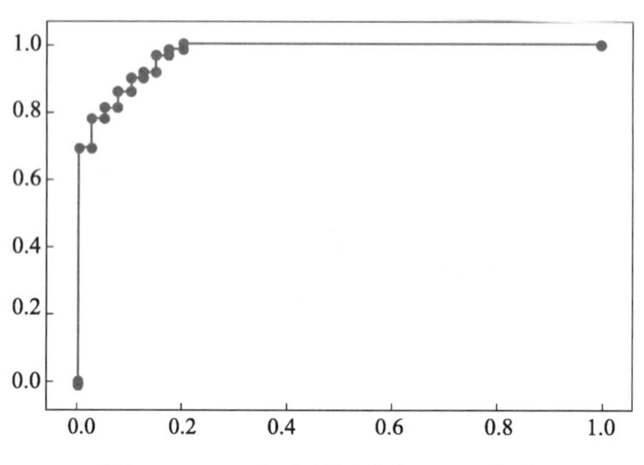

图 4-14 双类别逻辑分类 ROC 曲线

分析上述计算结果如下：AUC 达到 0.97，效果还是不错的；共有 100 个样本点，根据预测的概率结果，使用 roc_curve 方法生成了 20 个阈值点。

3. 查看多类别 SVM 分类的 ROC

```
import numpy as np
import matplotlib.pyplot as plt
from itertools import cycle
from sklearn import svm, datasets
from sklearn.metrics import roc_curve
from sklearn.model_selection import train_test_split
from sklearn.preprocessing import label_binarize
from sklearn.multiclass import OneVsRestClassifier
from scipy import interp
iris = datasets.load_iris()
X = iris.data
y = iris.target
#导入鸢尾花的数据集，并且设定 X 和 y，其中 X 指的是各种特征的数据，y 指的是
#分类结果，均是 np.array 形式
```

```
y = label_binarize(y, classes=[0, 1, 2])
n_classes = y.shape[1]
#n_classes 为有几种分类，这里的 n_classes 为 3
random_state = np.random.RandomState(0)
#设置随机数
n_samples, n_features = X.shape
X = np.c_[X, random_state.randn(n_samples, 200 * n_features)]
#这里设置样本以及特征，n_samples 为 150，n_features 为 4

X_train, X_test, y_train, y_test = train_test_split(X, y, test_size=0.5,   random_state=0)
#将数据集分为训练集和测试集，比例为 1∶1
classifier = OneVsRestClassifier(svm.SVC(kernel='linear', probability=True, random_state=
random_state))
#设置一个 svm 的分类器
y_score = classifier.fit(X_train,y_train).decision_function(X_test)
#在数据集上运行，通过 decision_function 方法计算得到 y_score 的值，并用在 roc_curve
#方法中
y_score = classifier.fit(X_train, y_train).decision_function(X_test)
# 计算 ROC 曲线，并且为每一个分类计算 AUC
fpr = dict()
tpr = dict()
roc_auc = dict()
for i in range(n_classes):   #计算取伪率和召回率
    fpr[i], tpr[i], _ = roc_curve(y_test[:, i], y_score[:, i])
roc_auc[i] = auc(fpr[i], tpr[i])   #计算 auc 的值
print ('第%i 种分类的 roc：%f'%(i,roc_auc[i]))
fpr["micro"], tpr["micro"], _ = roc_curve(y_test.ravel(), y_score.ravel())
roc_auc["micro"] = auc(fpr["micro"], tpr["micro"])
#显示到当前界面，保存为 svm.png
plt.figure()
lw = 2
```

```
plt.plot(fpr[2], tpr[2], color='red',
         lw=lw, label='ROC curve (area = %0.2f)' % roc_auc[2])
plt.plot([0, 1], [0, 1], color='Blue', lw=lw, linestyle='--')
plt.xlim([0.0, 1.0])
plt.ylim([0.0, 1.05])
plt.xlabel("False Positive Rate(假正率 FPR)")
plt.ylabel("True Positive Rate(真正率 TPR)")
plt.title('Receiver Operating Characteristic(ROC)')
plt.legend(loc="lower right")
plt.show()
plt.savefig('svm.png')
```

运行结果如图 4-15 所示。

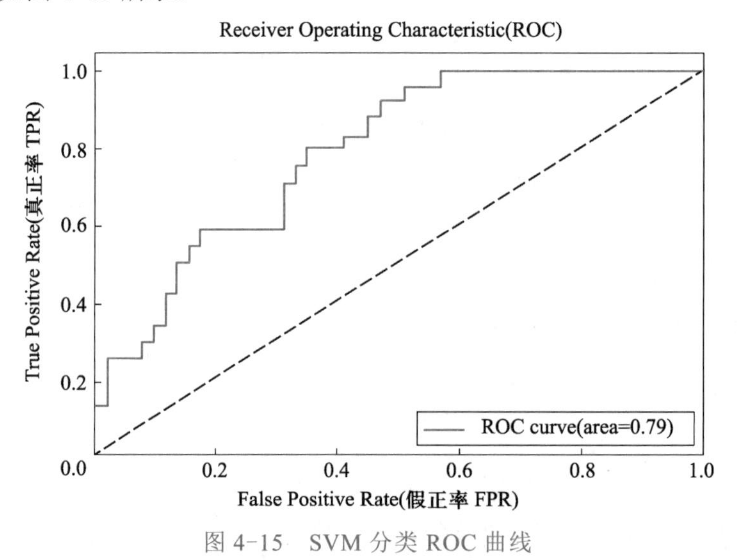

图 4-15 SVM 分类 ROC 曲线

分析上述计算结果如下：横轴为假正率，纵轴为真正率，越靠近左上方代表此种方法越准确。

需要特别注意的是，ROC 代表曲线，而 AUC 代表一条曲线与下方以及右侧轴形成的面积。如果某种方法的准确率为 100%，则 AUC=1×1=1，即 AUC 的区间为[0, 1]，越大越好。

代码 4.1

4. 查看多类别 ROC 及宏曲线

具体实现见代码 4.1（请扫描二维码查看），运行结果如图 4-16 所示。

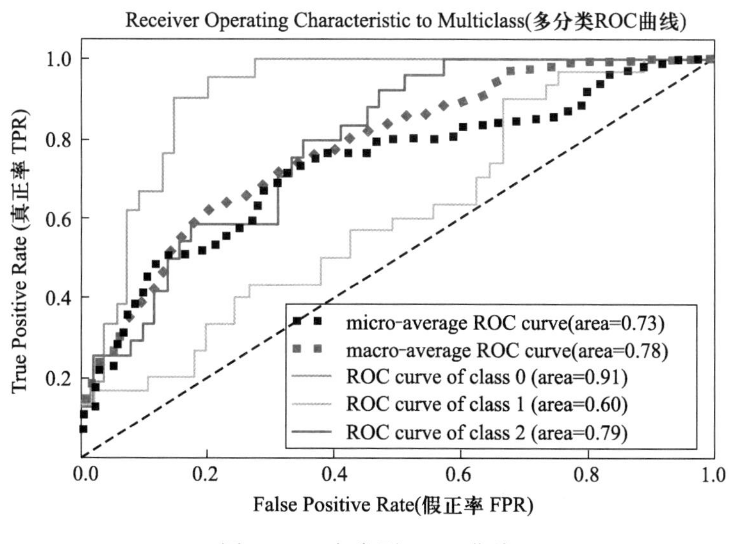

图 4-16　多类别 ROC 曲线

本页彩图

分析上述计算结果如下：ROC 曲线越靠近左上角，模型的准确性就越高；最靠近左上角的 ROC 曲线上的点是分类错误最少的最好阈值，其假正例和假反例总数最少。

从本例可以看出，ROC 曲线有助于选择最佳的阈值；将各个学习器的 ROC 曲线绘制到同一坐标中，即可直观地鉴别优劣，靠近左上角的 ROC 曲线所代表的学习器准确性最高。

【任务小结】

通过本任务的学习，应当掌握 ROC 和 AUC 的基本概念，能够使用 sklearn.metrics.auc 方法完成相关计算，能够使用 sklearn.metrics.roc_curve 方法绘制 ROC 曲线，并能够绘制双类别逻辑分类的 ROC、多类别 SVM 分类的 ROC 以及多类别 ROC 及宏曲线。

任务 4.3　使用 Bagging 方法构建集成学习模型

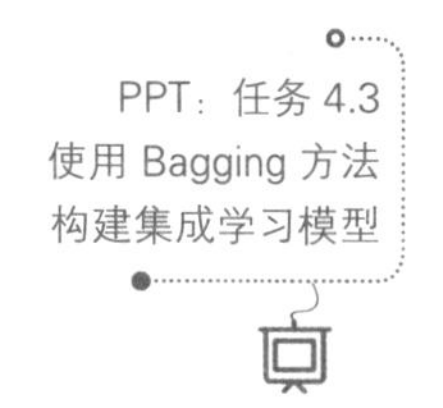

【任务目标】

能够使用 Bagging 方法构建集成学习模型（决策树）实现回归和分类。

【任务描述】

本任务分为两个子任务。子任务 1 要求针对任务 3.2 中的某城市房价数据集 dataset/boston_house.csv 进行建模和预测。将使用多种模型，包括装袋算法和随机森林算法。要求按照 8∶2 的比例拆分训练数据集和测试数据集。

子任务 2 要求针对某人口普查及收入数据集，根据人口普查数据预测个人收入是否超过每年 50000 元进行建模和预测。

该数据集由多组个人信息构成，其中信息包含年龄、工作、婚姻等属性，以及类别收入，希望根据这些已有数据推出未知收入群体的收入情况。将使用 XGBoost 建立收入分类模型并获取最佳超参数组合。数据集分为两部分，其中 dataset/adult.data 为已经过清洗和预处理的训练集，一共 22792 条数据，每条数据包括 15 个字段；dataset/adult.test 为已经过清洗和预处理的测试集，一共 9769 条数据，每条数据包括 15 个字段。其中，前 14 个字段作为特征字段，具体说明如下。

微课 4-3
使用 Bagging 方法构建集成学习模型

age：年龄

workclass：工作类别

fnlwgt：序号

education discrete：受教育程度

education-num：受教育时间

marital-status：婚姻状况

occupation：职业

relationship：社会角色

race：种族

sex：性别

capital-gain：资本收益

capital-loss：资本支出

hours-per-week：每周工作时间

native-country：国籍

第 15 个字段（income，即收入）作为结果字段。

【知识准备】

1. 集成学习

集成学习（Ensemble Learning）并不是一个单独的机器学习算法，而是将很多的机器学习算法结合在一起，一般把组成集成学习的算法叫作“个体学习器”。在集成学习器当中，个体学习器都相同，那么这些个体学习器可以叫作“基学习器”。

个体学习器组合在一起形成的集成学习，常常能够使得泛化性能提高，这对于“弱学习器”的提高尤为明显。弱学习器指的是比随机猜想要好一些的学习器。

在进行集成学习的时候，总是希望基学习器应该是好而不同，这个思想在后面经常体现。“好”就是说，基学习器不能太差，“不同”就是各个学习器尽量有差异。

集成学习有两个分类，一个是个体学习器存在强依赖关系、必须串行生成的序列化方法，以 Boosting 为代表；另外一个是个体学习器不存在强依赖关系、可同时生成的并行化方法，以 Bagging 和随机森林（Random Forest）为代表。

2. Bagging 的算法过程

① 从原始样本集中（有放回的）随机抽取 n 个训练样本，共进行 k 轮抽取，得到 k 个训练集（k 个训练集之间相互独立，元素可以有重复）。

② 对于 k 个训练集，训练 k 个模型（学习器）。

③ 对于分类问题：由投票表决产生的分类结果；对于回归问题，由 k 个学习器预测结果的均值作为最后预测的结果。

④ 所有学习器的重要性相同。

3. sklearn.ensemble.Bagging 方法

sklearn.ensemble.BaggingRegressor 方法提供了装袋回归模型的实现。

```
class sklearn.ensemble.BaggingRegressor(base_estimator=None, n_estimators=10, *, max_
samples=1.0, max_features=1.0, bootstrap=True, bootstrap_features=False, oob_score=False,
warm_start=False, n_jobs=None, random_state=None, verbose=0)
```

sklearn.ensemble.RanForestClassifier 方法提供了装袋分类模型的实现。

```
class sklearn.ensemble.BaggingClassifier(base_estimator=None, n_estimators=10, *, max_
samples=1.0, max_features=1.0, bootstrap=True, bootstrap_features=False, oob_score=False,
warm_start=False, n_jobs=None, random_state=None, verbose=0)
```

各参数说明如下。

base_estimator：基学习器，None 代表默认是 DecisionTree。

n_estimators：基学习器的数量，默认为 10。

max_samples：决定从 x_train 抽取去训练基估计器的样本数量。int 或 float 类型，其中 int 代表抽取数量，float 代表抽取比例，即每次训练基学习器时使用的样本比例。可选项，默认为 1.0。

max_features：决定从 x_train 抽取去训练基估计器的特征数量。int 或 float 类型，其中 int 代表抽取数量，float 代表抽取比例，即每次训练基学习器时使用的特征比例。可选项，默认为 1.0。

bootstrap：抽取样本后放回。

bootstrap_features：决定特征子集的抽样方式（有放回和不放回），抽取特征后放回。boolean 类型，可选项，默认为 False。

oob_score：使用带外样本做评估。

warm_start：简单地说，True 表示新建一个模型会利用上一个模型的“经验”；False 则是纯的全新模型。

n_jobs：int 类型，可选项，默认为 1。

random_state：控制随机状态，可以是 int、RandomState 或 None。如果是 int，表示是随机数生成器使用的种子；如果是 RandomState 实例，表示是随机数生成器；如果为 None，则表示是由 np.random 使用的 RandomState 实例。可选项，默认为 None。

4. RandomForest 的算法过程

① 在原始样本集 n'中使用 bootstrap （有放回的随机抽样）采样法选取 n 个样本。

② 从所有 n 个属性中随机选择 k 个属性（若 $k=n$ 则基决策树的构建与传统的决策树相同，若 $k=1$ 则是选择一个属性用于划分），一般令 k 的值为 $\log_2 n$。

③ 选择最佳分割属性（ID3、C4.5 或 CART 方法）作为节点创建决策树。

④ 每棵决策树都进行最大限度地生长，且不进行剪枝。

⑤ 重复以上 4 步 M 次，建立 M 棵决策树，即形成随机森林。

⑥ 对于分类问题，由投票表决产生的分类结果；对于回归问题，由所有 M 个决策树输出的平均值。

5. sklearn.ensemble.RandomForest 方法

sklearn.ensemble.RanForestRegressor 方法提供了随机森林回归模型的实现。

```
class sklearn.ensemble.RandomForestRegressor(n_estimators=100, criterion='mse', max_depth=None, min_samples_split=2, min_samples_leaf=1, min_weight_fraction_leaf=0.0,,max_features='auto',random_state=None,max_leaf_nodes=None, min_impurity_decrease,,min_impurity_split,bootstrap=True,oob_score=False,n_jobs=None)
```

sklearn.ensemble.RanForestClassifier 方法提供了随机森林分类模型的实现

```
class sklearn.ensemble.RandomForestRegressor(n_estimators=100, criterion='gini', max_depth=None, min_samples_split=2, min_samples_leaf=1, min_weight_fraction_leaf=0.0,, max_features='auto',random_state=None,max_leaf_nodes=None,min_impurity_decrease,,min_impurity_split,bootstrap=True,oob_score=False,n_jobs=None)
```

各参数说明如下。

n_estimators：指定决策树的数量，默认为 100。一般来说，n_estimators 太小，容易欠拟合；n_estimators 太大，计算量会太大，并且 n_estimators 达到一定的数量后，即使再增大，获得的模型提升也会很小，所以一般会选择一个适中的数值。

criterion：CART 树做划分时对特征的评价标准。这里需要注意的是，回归模型和分类模型的损失函数和是不一样的。

① 'mse'或'mae'：确定误差计算方法，回归 RF 对应的 CART 回归树，默认是均方差（mse），mae 表示平均绝对误差。

② 'gini'或'entropy'：分类 RF 对应的 CART 分类树，默认是基尼系数（gini），另一个可选择的标准是信息增益（entropy）。

max_depth：指定决策树的最大深度。

max_samples：float 类型，指定每棵决策树参与训练的样本占总训练样本的比例。

oob_score：是否采用袋外样本来评估模型的好坏，默认是 False。推荐设置为 True，因为袋外分数反映了一个模型拟合后的泛化能力。

min_samples_split：内部节点再划分所需最小样本数。

min_samples_leaf：叶子节点最少样本数。

min_weight_fraction_leaf：叶子节点最小的样本权重。

max_leaf_nodes：最大叶子节点数通过限制最大叶子节点数。

min_impurity_split：节点划分最小不纯度。

【任务实施】

1. 对某外国城市房价数据集进行建模和预测

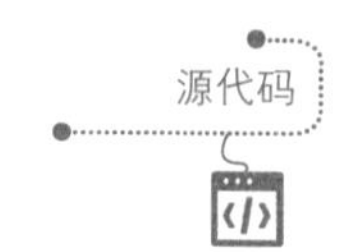

➢ 步骤 1：按照 8∶2 的比例拆分训练数据集和测试数据集。

```
import numpy as np
import pandas as pd
from sklearn.model_selection import train_test_split
```

```
data_path = './dataset/boston_house.csv'
data = pd.read_csv(data_path)
print(data.head())
X = data.iloc[:, :-1]        # 前13列作为特征数据集
y = data.iloc[:, -1]         # 最后1列作为结果列
# 按照8∶2拆分训练集和测试集
random_state = 100
test_ratio = 0.2
X_train, X_test, y_train, y_test = train_test_split(X, y, test_size=test_ratio, random_state=
random_state)
scaler = StandardScaler()
scaler.fit(X_train)
X_train_norm = scaler.transform(X_train)
X_test_norm = scaler.transform(X_test)        # 使用训练数据集的均值和标准差对测试
                                              # 数据集进行归一化
print("训练数据集维度：", X_train.shape)
print("测试数据集维度：", X_test.shape)
```

运行结果如图4-17所示。

```
      CRIM    ZN  INDUS  CHAS    NOX     RM   AGE     DIS  RAD  TAX  PTRATIO  \
0  0.00632  18.0   2.31     0  0.538  6.575  65.2  4.0900    1  296     15.3
1  0.02731   0.0   7.07     0  0.469  6.421  78.9  4.9671    2  242     17.8
2  0.02729   0.0   7.07     0  0.469  7.185  61.1  4.9671    2  242     17.8
3  0.03237   0.0   2.18     0  0.458  6.998  45.8  6.0622    3  222     18.7
4  0.06905   0.0   2.18     0  0.458  7.147  54.2  6.0622    3  222     18.7

        B  LSTAT  MEDV
0  396.90   4.98  24.0
1  396.90   9.14  21.6
2  392.83   4.03  34.7
3  394.63   2.94  33.4
4  396.90   5.33  36.2
训练数据集维度： (404, 13)
测试数据集维度： (102, 13)
```

图4-17 拆分训练数据集和测试数据集结果

➢ 步骤2：使用装袋算法计算测试数据集误差。

```
from sklearn.ensemble import BaggingRegressor
from sklearn.metrics import mean_squared_error
model = BaggingRegressor()
```

```
model.fit(X_train_norm, y_train)
y_pred = model.predict(X_test_norm)
error = mean_squared_error(y_true=y_test, y_pred=y_pred)
print("使用装袋模型测试数据集误差:",error)
print("测试数据集误差约为: %.2f" % error)
```

运行结果如下：

```
使用装袋模型测试数据集误差: 15.402259803921567
测试数据集误差约为: 15.40
```

➢ 步骤 3：使用随机森林计算测试数据集误差。

```
from sklearn.ensemble import RandomForestRegressor
from sklearn.metrics import mean_squared_error
model = RandomForestRegressor(random_state=random_state)
model.fit(X_train_norm, y_train)
y_pred = model.predict(X_test_norm)
error = mean_squared_error(y_true=y_test, y_pred=y_pred)
print("使用随机森林测试数据集误差:",error)
print("测试数据集误差约为: %.2f" % error)
```

运行结果如下：

```
使用随机森林测试数据集误差: 10.715637862745096
测试数据集误差约为: 10.72
```

由上述结果可知，随机森林回归模型预测方式误差约为 10.7，效果相对较好，与装袋回归相比，预测效果有所改进。

2. 对人口普查数据集进行建模和预测

➢ 步骤 1：读取收入分类数据。

adult.data 和 adult.test 都已经经过数据清洗和预处理，可以直接建模。

```
import numpy as np
import pandas as pd
```

```
train_data_path = 'dataset/adult.data'
test_data_path = 'dataset/adult.test'

train_data = pd.rcad_csv(train_data_path)
test_data = pd.read_csv(test_data_path)

X_train = train_data.iloc[:, :-1]
y_train = train_data['income']

X_test = test_data.iloc[:, :-1]
y_test = test_data['income']

print("训练集特征维度：", X_train.shape)
print("测试集特征维度：", X_test.shape)
print("前 5 行训练特征：")
print(X_train.head())
```

运行结果如图 4-18 所示。

```
训练集特征维度： (22792, 14)
测试集特征维度： (9769, 14)
前5行训练特征：
   age  workclass    fnlwgt  education  education-num  marital-status  \
0    3        4.0  0.895836        9.0             13             2.0
1    1        4.0 -0.742394       11.0              9             4.0
2    3        4.0 -0.179486       11.0              9             0.0
3    1        7.0  0.616514        7.0             12             4.0
4    3        6.0  0.316265       14.0             15             2.0

   occupation  relationship  race  sex  capital-gain  capital-loss  \
0         4.0           0.0   4.0  1.0     -0.145018     -0.220201
1         8.0           1.0   2.0  0.0     -0.145018     -0.220201
2         7.0           1.0   4.0  0.0     -0.145018     -0.220201
3        10.0           1.0   4.0  0.0     -0.145018     -0.220201
4        10.0           0.0   4.0  1.0     13.168285     -0.220201

   hours-per-week  native-country
0        0.769119            39.0
1       -0.035881            39.0
2       -0.196881            39.0
3       -2.048380            39.0
4        2.379118            39.0
```

图 4-18 训练集与测试集特征维度

决策树对于训练样本的拟合程度一般都很好（本例达到 100%），但正因如此，它比较容易产生过拟合。对于这两条测试数据，预测结果与真实结果一致。

➢ 步骤 2：使用装袋分类算法和随机森林分类算法。

```
#导入集成算法 BaggingClassifier 和 RandomForestClassifier
from sklearn.ensemble import BaggingClassifier,RandomForestClassifier
from sklearn.metrics import classification_report
# 构建 Bagging 模型
Bagging_model = BaggingClassifier( )
# 构建 RandomForest 模型
RandomForest_model = RandomForestClassifier( )
# 构建集成模型集合
clfs = [Bagging_model,RandomForest_model]
# 模型名称列表
names = ['Bagging', 'RandomForest']
# 各模型预测为 1 的概率
prbs_1 = []
for clf in clfs:
    # 训练数据
    clf.fit(X_train, y_train)
    # 输出预测测试集的概率
    y_prb_1 = clf.score(X_test,y_test)
    print(classification_report(y_test, clf.predict(X_test)))
    prbs_1.append(y_prb_1)
    score = dict(zip(names,prbs_1))
print(score)
```

运行结果如下：

```
              precision    recall  f1-score   support

         0.0       0.88      0.92      0.90      7428
         1.0       0.71      0.59      0.65      2341

    accuracy                           0.84      9769
```

```
    macro avg       0.79      0.76      0.77      9769
 weighted avg       0.84      0.84      0.84      9769

              precision    recall  f1-score   support

         0.0       0.89      0.92      0.90      7428
         1.0       0.71      0.63      0.67      2341

    accuracy                           0.85      9769
   macro avg       0.80      0.78      0.79      9769
weighted avg       0.85      0.85      0.85      9769

{'Bagging': 0.8445081379875116, 'RandomForest': 0.8503429214863343}
```

以上分别显示装袋分类算法和随机森林分类算法的混淆矩阵以及预测为 1 的概率。

【任务小结】

本任务通过对装袋算法理论的学习和理解，使用 Bagging 方法对波士顿房价数据集进行建模和预测，比较了装袋分类算法和随机森林分类算法的测试数据集误差，并使用装袋分类算法和随机森林分类算法对人口普查数据集进行建模和预测。

任务 4.4 使用 Boosting 方法构建集成学习模型

PPT：任务 4.4 使用 Boosting 方法构建集成学习模型

【任务目标】

能够使用 Boosting 方法构建集成学习模型（AdaBoost、GBDT 和 XGBoost）实现回归和分类。

【任务描述】

本任务分为两个子任务，将使用多种模型，包括线性回归、AdaBoost、GBDT 和 XGBoost，对任务 4.3 中的房价数据集 dataset/boston_house.csv 和人口普查数据集进行建模和预测。

【知识准备】

微课 4-4
使用 Boosting 方法构建集成学习模型

1. 数据权重的调整

AdaBoost 在每轮迭代中会在训练集上产生一个新的学习器，然后使用该学习器对所有样本进行预测，以评估每个样本的重要性（Informative）。

算法为每个样本赋予一个权重，每次用训练好的学习器标注/预测各个样本。如果某个样本点被预测得越正确，则将其权重降低；否则提高样本的权重。权重越高的样本在下一个迭代训练中所占的比重就越大，也就是说越难区分的样本在训练过程中会变得越重要。

整个迭代过程直到错误率足够小或者达到一定的迭代次数为止。

2. 学习器的权重调整

在训练了多个学习器后，AdaBoost 算法将学习器的线性组合作为强学习器，并给误差率较小的学习器以大的权值，给分类误差率较大的学习器以小的权重值。最终，将这些学习器集合起来，构成一个更强的最终学习器。

对于分类任务，学习器为分类器，如线性分类器、决策树分类器等；对于回归任务，学习器为回归判别式。本任务即为回归任务。

学习器有多种，此处分别使用线性 SVM 回归判别式和决策树回归判别式两种。

sklearn.ensemble.AdaBoostRegressor 方法提供了 AdaBoost 回归算法的实现，其中各参数说明如下。

base_estimator：指定学习器的类型。

n_estimators：指定弱学习器的个数，默认为 50 个。

loss：指定计算误差的方式，其中 square 表示采用均方误差据权重的调整。

sklearn.svm.LinearSVR 方法提供了线性 SVM 回归判别式的实现。

3. Bagging 和 Boosting 的主要区别

① 样本选择：Bagging 采取随机有放回的取样；Boosting 每一轮训练的样本是固定的，改变的是每个样本的权重。

② 样本权重：Bagging 采取的是均匀取样，每个样本的权重相同；Boosting 根据误差调整样本权重，误差越大的样本权重越大。

③ 预测函数：Bagging 所有的学习器权值相同；Boosting 中误差较小的学习器权值也

越大。

④ 并行计算：Bagging 的各个学习器可以并行生成；Boosting 的各个学习器必须按照顺序迭代生成。

⑤ Bagging 里每个分类模型都是强分类器，目的往往是减少模型的 Variance（方差），防止过拟合；Boosting 里每个分类模型都是弱分类器，目的是减少模型的 Bias（偏度），解决欠拟合问题。

4. 典型集成学习算法

Bagging+决策树=随机森林

AdaBoost+决策树=提升树

Gradient+决策树=GBDT(梯度提升决策树)

【任务实施】

1. 对房价数据集进行建模和预测

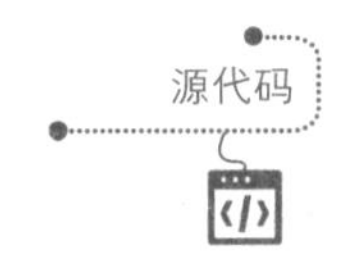

➢ 步骤 1：基于线性 SVM 学习器的实现。

```
#sklearn.svm.LinearSVR 方法提供了线性 SVM 回归判别式的实现
from sklearn.ensemble import AdaBoostRegressor
from sklearn.svm import LinearSVR
from sklearn.metrics import mean_squared_error
estimator = LinearSVR()
model = AdaBoostRegressor(base_estimator=estimator, loss='square', random_state=random_state)
model.fit(X_train_norm, y_train)
y_pred = model.predict(X_test_norm)
error = mean_squared_error(y_true=y_test, y_pred=y_pred)
print("使用线性 SVM 模型测试数据集误差: ",error)
print("测试数据集误差约为: %.2f" % error)
```

运行结果如下：

```
使用线性 SVM 模型测试数据集误差:   58.940458661224234
测试数据集误差约为: 58.94
```

由结果可以看出，此种方式的误差在 58.94 左右，效果很不好。

➢ 步骤 2：基于决策树学习器的实现（提升树）。

sklearn.tree.DecisionTreeRegressor 方法提供了决策树学习器的实现，每一次进行回归树生成时采用的新训练数据 y 值，是上次预测结果与训练数据值之间的残差。在使用平方误差损失函数和指数损失函数时，这个残差的计算比较简单；但如果使用一般损失函数，则不易求解残差。

```
from sklearn.tree import DecisionTreeRegressor
from sklearn.metrics import mean_squared_error
estimator = DecisionTreeRegressor( )
model = AdaBoostRegressor(base_estimator=estimator, loss='square', random_state=random_state)
model.fit(X_train_norm, y_train)
y_pred = model.predict(X_test_norm)
error = mean_squared_error(y_true=y_test, y_pred=y_pred)
print("基于决策树学习器的 AdaBoost 模型(提升树)测试数据集误差:" % error)
print("测试数据集误差约为: %.2f" % error)
```

运行结果如下。

```
基于决策树学习器的 AdaBoost 模型(提升树)测试数据集误差:
测试数据集误差约为: 9.22
```

由结果可知，此种方式的误差约 9.2，效果较好。

➢ 步骤 3：使用 GBDT（Gradient Boosting Decision Tree）算法。

GBDT 算法主要是为解决损失函数不是平方损失，导致不方便优化的问题。该算法利用损失函数的负梯度作为提升树算法中残差的近似值，这是与提升树的主要区别，但其要求弱学习器必须是基于 CART 模型的决策树。

```
from sklearn.ensemble import GradientBoostingRegressor
model = GradientBoostingRegressor(random_state=random_state)
model.fit(X_train_norm, y_train)
y_pred = model.predict(X_test_norm)
error = mean_squared_error(y_true=y_test, y_pred=y_pred)
```

```
print("使用 GBDT(Gradient Boosting Decision Tree)算法测试数据集误差:", error)
print("测试数据集误差约为: %.2f" % error)
```

运行结果如下。

```
使用 GBDT(Gradient Boosting Decision Tree)算法测试数据集误差: 8.864365198624778
测试数据集误差约为: 8.86
```

可以看出，此种方式误差约为8.9，效果非常好。

➢ 步骤4：使用XGBoost（eXtreme Gradient Boosting）算法。

与GBDT算法相比，XGBoost算法不仅支持CART决策树，也支持线性分类器。该算法在目标函数中引入正则项，便于降低模型方差，防止过拟合。该算法对缺失值不敏感，能自动学习其分裂方向，但需要预先安装xgboost包（使用pip3 install xgboost命令）。

```
from xgboost import XGBRegressor
model = XGBRegressor(random_state=random_state)
model.fit(X_train_norm, y_train)
y_pred = model.predict(X_test_norm)
error = mean_squared_error(y_true=y_test, y_pred=y_pred)
print("使用 XGBoost 模型测试数据集误差:",error)
print("测试数据集误差约为: %.2f" % error)
```

运行结果如下：

```
使用 XGBoost 模型测试数据集误差: 9.977708207245604
测试数据集误差约为: 9.98
```

从结果可以看出，此种模型的效果较好，但计算开销较大。

2. 对人口普查数据集进行建模和预测

➢ 步骤1：读取收入分类数据。

代码 4.2

adult.data和adult.test都已经经过数据清洗和预处理，可以直接建模。具体实现见代码4.2（请扫描二维码查看），训练集特征维度显示结果与前面图4-18相同。

决策树对于训练样本的拟合程度一般都很好（本例达到100%），但正因如此，它比较容易产生过拟合。对于这两条测试数据，预测结果与真实结果一致。

代码 4.3

➢ 步骤 2：使用 AdaBoostClassifier、GradientBoostingClassifier 及 XGBClassifier 算法。具体实现见代码 4.3（请扫描二维码查看），运行结果如下：

```
              precision    recall  f1-score   support

         0.0       0.88      0.94      0.91      7428
         1.0       0.77      0.59      0.67      2341

    accuracy                           0.86      9769
   macro avg       0.82      0.77      0.79      9769
weighted avg       0.85      0.86      0.85      9769

              precision    recall  f1-score   support

         0.0       0.88      0.95      0.92      7428
         1.0       0.79      0.60      0.68      2341

    accuracy                           0.87      9769
   macro avg       0.84      0.78      0.80      9769
weighted avg       0.86      0.87      0.86      9769

              precision    recall  f1-score   support

         0.0       0.90      0.94      0.92      7428
         1.0       0.77      0.66      0.71      2341

    accuracy                           0.87      9769
   macro avg       0.83      0.80      0.81      9769
weighted avg       0.87      0.87      0.87      9769
```

```
{'Adaboost': 0.8599651960282526, 'GBDT': 0.8667212611321528, 'Xgboost': 0.8719418568942573}
```

以上分别显示了 AdaBoostClassifier、GradientBoostingClassifier 及 XGBClassifier 算法的混淆矩阵以及每种算法预测为 1 的概率。

➢ 步骤 3：使用交叉验证获取第一组最优超参数。

（1）使用 XGBoost 模型进行训练

本任务为分类问题，因此使用 GradientBoostingClassifier 方法而不是 GradientBoosting-Regressor 方法。在构建 XGBClassifier 对象时，可以传入一些指定的初始设置值（包括超参数初始值）。

（2）常用的超参数

包括 learning_rate、n_estimators、learning_rate 和 subsample。

① 本任务项先固定 learning_rate 和 subsample，以便优选另外两个超参数 max_depth 和 n_estimators。

② 获得最优的 max_depth 和 n_estimators 组合后，再把 learning_rate 和 subsample 组合进行优选。这样做的好处是，能够减少 4 个超参数合在一起的组合爆炸。

（3）使用 GridSearchCV

① 需要指定模型训练器（也就是 GradientBoostingClassifier 方法）和计划用于交叉验证的超参数组合（cv_params）。

② 自动进行交叉验证（通过 cv 参数指定交叉验证的折数）。

③ 通过 scoring 参数指定性能的评价标准。本任务采用 accuracy，也就是验证数据集的正确率作为评价标准。

④ 通过 best_params_属性获取最优参数组合。

⑤ 通过 cv_results_属性获取交叉验证的性能结果。例如，mean_test_score 用于获取多折交叉验证的平均 score(accuracy)。

代码 4.4

因为要针对超参数组合分别进行建模和验证，因此需要较长时间才能完成计算。具体实现见代码 4.4（请扫描二维码查看），运行结果如下：

```
训练模型并选择最优参数...
Fitting 5 folds for each of 9 candidates, totalling 45 fits
[CV 1/5; 1/9] START max_depth=3, n_estimators=100..............................
```

```
[CV 1/5; 1/9] END max_depth=3, n_estimators=100;, score=0.866 total time=   1.6s
[CV 2/5; 1/9] START max_depth=3, n_estimators=100..............................
[CV 2/5; 1/9] END max_depth=3, n_estimators=100;, score=0.866 total time=   1.6s
......
[CV 1/5; 9/9] START max_depth=7, n_estimators=1000.............................
[CV 1/5; 9/9] END max_depth=7, n_estimators=1000;, score=0.855 total time=  40.7s
[CV 2/5; 9/9] START max_depth=7, n_estimators=1000.............................
[CV 2/5; 9/9] END max_depth=7, n_estimators=1000;, score=0.864 total time=  39.5s
[CV 3/5; 9/9] START max_depth=7, n_estimators=1000.............................
[CV 3/5; 9/9] END max_depth=7, n_estimators=1000;, score=0.859 total time=  39.8s
[CV 4/5; 9/9] START max_depth=7, n_estimators=1000.............................
[CV 4/5; 9/9] END max_depth=7, n_estimators=1000;, score=0.860 total time=  41.5s
[CV 5/5; 9/9] START max_depth=7, n_estimators=1000.............................
[CV 5/5; 9/9] END max_depth=7, n_estimators=1000;, score=0.855 total time=  42.1s
最佳参数：  {'max_depth': 3, 'n_estimators': 500}
超参数组合：{'max_depth': 3, 'n_estimators': 100}，正确率平均值：0.8637，标准差：0.0029
超参数组合：{'max_depth': 3, 'n_estimators': 500}，正确率平均值：0.8683，标准差：0.0047
超参数组合：{'max_depth': 3, 'n_estimators': 1000}，正确率平均值：0.8647，标准差：0.0048
超参数组合：{'max_depth': 5, 'n_estimators': 100}，正确率平均值：0.8672，标准差：0.0038
超参数组合：{'max_depth': 5, 'n_estimators': 500}，正确率平均值：0.8649，标准差：0.0041
超参数组合：{'max_depth': 5, 'n_estimators': 1000}，正确率平均值：0.8599，标准差：0.0052
超参数组合：{'max_depth': 7, 'n_estimators': 100}，正确率平均值：0.8664，标准差：0.0037
超参数组合：{'max_depth': 7, 'n_estimators': 500}，正确率平均值：0.8602，标准差：0.0054
```

```
超参数组合：{'max_depth': 7, 'n_estimators': 1000}，正确率平均值：0.8585，标准差：0.0033
```

结果中的[CV 1/5; 1/9]表示一共有 5 折，需要进行 5 次建模和验证，当前是第 1 次建模验证；一共有 9 组超参数（max_depth 和 n_estimators 各有 3 个取值），当前是第 1 组超参数得到的最佳超参数组合为{'max_depth':3, 'n_estimators': 500}，此时平均正确率为 0.8685。

➢ 步骤 4：获取第二组最优的超参数。

代码 4.5

在步骤 3 中，计算出来的{'max_depth': 3,'n_estimators': 500}最优超参数，针对 learning_rate 和 subsample 再次进行交叉验证，选出它们的最优组合。具体实现见代码 4.5（请扫描二维码查看），运行结果如下：

```
训练模型并选择最优参数...
Fitting 5 folds for each of 9 candidates, totalling 45 fits
[CV 1/5; 1/9] START learning_rate=0.1, subsample=0.7...........................
[CV 1/5; 1/9] END learning_rate=0.1, subsample=0.7;, score=0.865 total time=   8.6s
[CV 2/5; 1/9] START learning_rate=0.1, subsample=0.7...........................
[CV 2/5; 1/9] END learning_rate=0.1, subsample=0.7;, score=0.872 total time=   8.4s
[CV 3/5; 1/9] START learning_rate=0.1, subsample=0.7...........................
[CV 3/5; 1/9] END learning_rate=0.1, subsample=0.7;, score=0.871 total time=   8.5s
[CV 4/5; 1/9] START learning_rate=0.1, subsample=0.7...........................
[CV 4/5; 1/9] END learning_rate=0.1, subsample=0.7;, score=0.870 total time=   8.8s
……
[CV 4/5; 9/9] END learning_rate=0.01, subsample=0.9;, score=0.856 total time=   9.9s
[CV 5/5; 9/9] START learning_rate=0.01, subsample=0.9..........................
[CV 5/5; 9/9] END learning_rate=0.01, subsample=0.9;, score=0.852 total time=  10.3s
最佳参数： {'learning_rate': 0.1, 'subsample': 0.9}
超参数组合：{'learning_rate': 0.1, 'subsample': 0.7}，正确率平均值：0.8674，标准差：0.0049
超参数组合：{'learning_rate': 0.1, 'subsample': 0.8}，正确率平均值：0.8666，标准差：0.0048
超参数组合：{'learning_rate': 0.1, 'subsample': 0.9}，正确率平均值：0.8692，标准差：0.0048
```

```
超参数组合：{'learning_rate': 0.05, 'subsample': 0.7}，正确率平均值：0.8676，标准差：0.0050
超参数组合：{'learning_rate': 0.05, 'subsample': 0.8}，正确率平均值：0.8679，标准差：0.0042
超参数组合：{'learning_rate': 0.05, 'subsample': 0.9}，正确率平均值：0.8678，标准差：0.0042
超参数组合：{'learning_rate': 0.01, 'subsample': 0.7}，正确率平均值：0.8569，标准差：0.0021
超参数组合：{'learning_rate': 0.01, 'subsample': 0.8}，正确率平均值：0.8566，标准差：0.0018
超参数组合：{'learning_rate': 0.01, 'subsample': 0.9}，正确率平均值：0.8560，标准差：0.0022
```

从结果中可以看出，最佳的超参数组合为{'learning_rate': 0.1, 'subsample': 0.9}。

代码 4.6

➢ 步骤 5：使用最优超参数计算测试数据的性能。具体实现见代码 4.6（请扫描二维码查看），运行结果如下：

```
{'max_depth': 3, 'n_estimators': 500, 'learning_rate': 0.1, 'subsample': 0.9}
              precision    recall  f1-score   support

         0.0       0.90      0.94      0.92      7428
         1.0       0.78      0.66      0.72      2341

    accuracy                           0.87      9769
   macro avg       0.84      0.80      0.82      9769
weighted avg       0.87      0.87      0.87      9769
```

从结果可以看出，对于测试数据，正确率为 0.87。

【任务小结】

本任务使用线性 SVM、基于决策树的学习器（提升树）、GBDT 以及 XGBoost 算法对波士顿房价进行建模和预测；使用 AdaBoostClassifier、GradientBoostingClassifier 及 XGBClassifier 方法对人口普查数据集进行建模和预测并且获取最优参数，再使用最优超参数计算测试数据性能。

任务 4.5 使用 Filter 方法进行特征筛选

PPT：任务 4.5 使用 Filter 方法进行特征筛选

【任务目标】

① 能够使用 Filter 方法进行特征筛选，包括方差过滤法、卡方过滤法、F 检验法、互信息法。

② 了解相关性检验的常见规则。

③ 能够选择合适的相关性规则，构造最佳的特征子集。

④ 能够以交叉验证的方式评判特征子集的建模性能。

微课 4-5 使用 Filter 方法进行特征筛选

【任务描述】

以手写数字图片识别的数据集 data/digits_training.csv 作为基础数据，通过方差过滤法、卡方过滤法、F 检验法、互信息法等，结合多种特征与标签相关性检验规则，选取最优特征子集，通过交叉验证的平均性能衡量特征子集的效果。

【知识准备】

1. 特征选择的必要性

① 防止特征过多造成“维度灾难”。

② 去除不相关的特征，降低机器学习任务的难度，使得模型更容易被理解。

③ 减小模型过拟合的可能性。

2. 特征子集的搜索与构造

（1）前向搜索（从单个特征开始，逐渐增加特征）

① 先从单个特征中选择最重要的一个特征形成特征子集。

② 从剩下的特征中选择一个特征，与第一个特征形成新的特征子集（包含两个特征），使得该特征子集应具有最优的效果。

③ 再从剩下特征中选择一个特征，与前两个特征形成新的特征子集，使得该特征子集具有最优效果。

④ 依此类推，直到找不到更优的特征子集时停止。

（2）后向搜索（从完整的特征集合开始，逐渐去掉特征）

（3）双向搜索

（4）前向后向搜索结合

将前向搜索与后向搜索结合起来，每一轮逐渐增加选定相关特征（这些特征在后续轮中确定不会被去除），同时减少无关特征。

3. 特征子集的评价

① 通过衡量特征对最终结果的贡献程度/重要性来评价，如信息增益、相关性等。

② 通过验证模型预测性能来评价。针对每个特征子集，计算模型的性能（如正确率），取性能最高的为最优子集。一般采用交叉验证取模型的平均性能。

4. 特征选择的方法

（1）过滤法

计算每个特征与结果之间的相关性，选择相关性较大的一批特征，与模型无关。基本思想如下：制定一个准则，用来衡量每个特征对目标属性的重要性程度，以此来对所有特征/属性进行排序，或者进行优选操作，特征选择的过程和后续的学习器无关（区别另外两个方法）。

（2）包装法

首先（以遍历的方式）构造出一批特征子集，然后传递给模型进行性能评价，选择模型性能最优的特征子集。该方法与模型直接相关，基本思想如下：选择一个目标函数来一步步地筛选特征。常用的包装法是递归特征消除法，简称 RFE，即使用一个基模型来进行多轮训练，每轮训练后，移除若干权值系数的特征，再基于新的特征集进行下一轮训练。

（3）嵌入法

将特征选择过程与学习器训练过程融为一体，两者在同一个优化过程中完成。

① 通过 L1 范数和 L2 范数正则化，可以遴选出比较重要的特征（对于不那么重要的特征，其对应的权重系数非常小）。

② 通过决策树来计算每个特征的重要程度（如信息增益），从而筛选出重要程度较高的一批特征。

【任务实施】

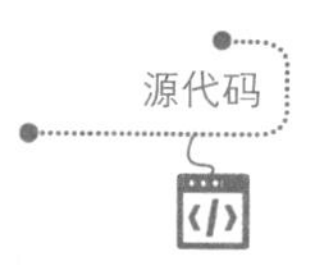

➢ 步骤 1：数据装载。

```
import numpy as np
```

```
import pandas as pd
data = pd.read_csv("data/digits_training.csv")
X_train = data.iloc[:, 1:]
y_train = data.iloc[:, 0]
print("原始特征维度：", X_train.shape)
```

运行结果如下：

```
原始特征维度： (5000, 784)
```

由结果可以知道，数据集有 5000 个样本，每个样本 784 个特征。

➢ 步骤 2：使用交叉验证的性能结果来衡量特征子集的效果。

注意，此处并不是通过交叉验证来选择特征子集，而是针对使用 Filter 方法选出的子集，使用交叉验证来衡量其效果。这里采用交叉验证（数据分为 5 个 Fold）的平均正确率作为衡量标准，该平均值越高，表明特征子集的效果越好。

使用 sklearn.model_selection.cross_val_score 方法自动进行交叉验证并给出每次验证的性能结果，默认情况下以正确率（Accuracy）作为性能尺度。使用 RandomForestClassifier 方法作为交叉验证的学习器。

```
from sklearn.ensemble import RandomForestClassifier as RFC
from sklearn.model_selection import cross_val_score
random_state = 100
estimator = RFC(n_estimators=10, random_state=random_state)        # 随机森林学习器
                                                                   # 采用 10 棵决策树
score = cross_val_score(estimator, X_train, y_train, cv=5)   # 进行 5 个 Fold 的交叉验证
print("交叉验证各次正确率：", score)
print("交叉验证平均正确率：", score.mean())
```

运行结果如下：

```
交叉验证各次正确率： [0.869 0.884 0.875 0.877 0.884]
交叉验证平均正确率： 0.8778
```

由结果可知，选取所有特征直接建模，并且使用 cross_val_score 方法获得模型的交叉验证平均正确率。

➢ 步骤 3：方差过滤。

方差过滤的任务是筛选掉方差过小的特征。当方差过小时，说明该特征中的每个值都比较接近，区分度很小。对最终结果影响也很小，因此可以删除。可以通过指定阈值，过滤掉方差小于阈值的那些特征。需要注意的是，作为基线，至少应去掉那些方差为 0 的阈值，并以此时的特征子集作为基准子集。后续进一步的特征选择，其效果应好于此基准子集。

使用 sklearn.feature_selection.VarianceThreshold 方法进行方差过滤。

① 可指定 threshold 参数来设定方差阈值。默认为 0。

② 通过 fit_transform 方法对原始特征集进行筛选，去掉方差小于阈值的特征，返回筛选后的特征子集。

```
from sklearn.feature_selection import VarianceThreshold
VTS = VarianceThreshold( )
X_train_variance = VTS.fit_transform(X_train)
print("方差过滤后的特征子集维度：", X_train_variance.shape)
score = cross_val_score(estimator, X_train_variance, y_train, cv=5)   # 进行 5 个 Fold
                                                                       # 的交叉验证
print("方差过滤特征子集对应的模型性能：", score.mean( ))
```

运行结果如下：

```
方差过滤后的特征子集维度： (5000, 661)
方差过滤特征子集对应的模型性能： 0.8814
```

由结果可知，方差过滤后特征从 784 个减小到 661 个，且对应的模型性能从 0.8778 提升到 0.8814，这说明去掉了一些噪声数据。如果过滤后的特征子集，其对应的性能相比基准性能降低了，则说明误删除了一些有效的特征。

➢ 步骤 4：卡方过滤。

卡方过滤是专门针对离散型标签（即分类问题）的相关性过滤。

使用 feature_selection.SelectKBest 方法选出前 *K* 个分数最高的特征。

① 需要指定分数的计算标准，例如，可以使用“卡方”作为其分数计算标准。

② 需要先设定 *K* 值。

③ 操作之前应先确保完成了方差过滤。

使用 feature_selection.chi2 方法计算每个非负特征和标签之间的卡方统计量。可将该类型作为计算标准传递给 SelectKBest。

```
from sklearn.feature_selection import SelectKBest #选取前 K 个重要特征
from sklearn.feature_selection import chi2 #卡方
K = 300      # 假设保留最重要的 300 个特征
X_train_kbest = SelectKBest(chi2, k=K).fit_transform(X_train_variance, y_train)
score = cross_val_score(estimator, X_train_kbest, y_train, cv=5)
print("卡方过滤特征子集对应的模型性能：", score.mean( ))
```

运行结果如下：

```
卡方过滤特征子集对应的模型性能：  0.8704000000000001
```

由结果可知，设置 K=300 时，卡方过滤后的特征子集对应性能为 0.8704，低于原始特征子集，也低于方差过滤特征子集，说明删除了一些有效特征。要选择合理的 K 值，可通过多次选择 K 值并逐渐逼近的方法。

➢ 步骤 5：通过多次尝试逼近最优的 K 值。

首先，将方差过滤后的特征数量作为 K 的最大候选值 K_{max}，在 1～K_{max} 之间设置若干候选 K 值。针对每个候选 K 值，再分别使用 chi2 和 SelectKBest 方法选取特征子集，计算卡方过滤特征子集的对应模型性能。然后，针对每个特征子集建模并计算交叉验证的平均正确率，选出最高性能对应的 K 值作为近似最优 K 值。可通过作图来查看最佳性能对应的 K 值（横坐标为候选 K 值，纵坐标为对应的性能）。

注意，此种方法选出的 K 值并不一定是最优，只是接近最优。如有需要，可以在近似最优 K 值附近选择一个合适区间，在该区间内再次进行精选。

```
%matplotlib inline
import matplotlib.pyplot as plt
K_candidates = np.linspace(1, X_train_variance.shape[1], 20).astype(int)
                                    # 设置 20 个候选 K 值点（将 K 值转换成整数）
print(K_candidates)
K_best = 0
max_score = 0.0
scores = []
for k in K_candidates:
    X_candidates = SelectKBest(chi2, k=k).fit_transform(X_train_variance, y_train)
```

```
                                                        # 根据卡方选取特征子集
    score = cross_val_score(estimator, X_candidates, y_train, cv=5).mean()
                                                        # 通过交叉验证计算该特征子集的平均性能得分
    if score > max_score:
        max_score = score
        K_best = k
    scores.append(score)
plt.plot(K_candidates,scores)    # 绘制学习曲线图
plt.show()
print("近似的最佳 K 值：", K_best)
print("近似最佳 K 值下的交叉验证正确率：", max_score)
```

运行结果如图 4-19 所示。

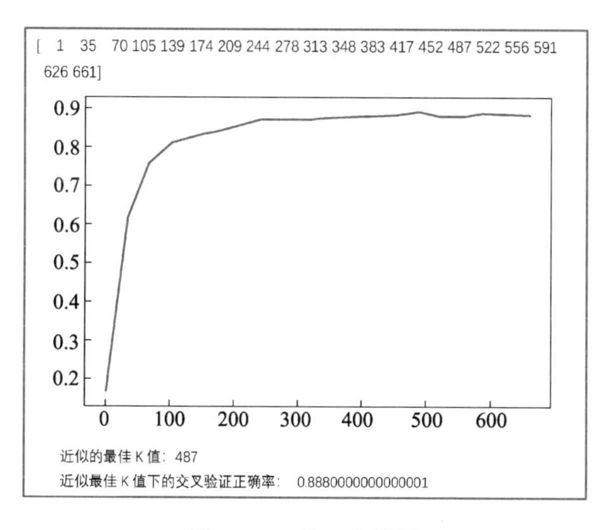

图 4-19　学习曲线图

经过上述尝试，可知在 *K*=487 时（即选择 487 个特征），能够获得最佳的交叉验证性能。

➢ 步骤 6：F 检验。

F 检验（又称 ANOVA、方差齐性检验）适用于连续型标签或离散型标签，用来捕捉特征和标签之间的线性关系的过滤方法，只能判断线性关系。

① 对于分类型标签，可使用 sklearn.feature_selection.f_classif 方法。

② 对于连续型标签，可使用 sklearn.feature_selection.f_regression 方法。

注意，F 检验仍然需要与 SelectKBest 方法联合使用，并且可通过公式计算最优的 *K* 值，

或者也可以采用逼近的方法。

```
from sklearn.feature_selection import f_classif
#使用f_classif 方法处理分类问题，使用f_regression 方法处理回归问题
# from sklearn.feature_selection import f_regression
#在 F 检验之前，应先使用方差过滤法去掉那些方差为 0 的特征。因此此处针对
#X_train_variance 子集进行 F 检验
#f_classif 方法返回每一列的 F 值和 P 值
f, p = f_classif(X_train_variance, y_train)    # 返回f 值和p 值
#p<0.05 的那些特征可以保留，而p>0.05 的特征可认为方差不具有齐性，可以去除
K = f.shape[0] - (p > 0.05).sum()     # 可通过该公式计算最优K 值
print("最佳 K 值：", K)
X_train_FCheck = SelectKBest(f_classif, k=K).fit_transform(X_train_variance, y_train)
score = cross_val_score(estimator,X_train_FCheck, y_train, cv=5)
print("最佳 K 值下的交叉验证正确率：", score.mean())
```

运行结果如下：

```
最佳 K 值：  604
最佳 K 值下的交叉验证正确率：  0.8828000000000001
```

➢ 步骤 7：互信息法。

互信息法是用来捕捉每个特征与标签之间的任意关系（包括线性和非线性关系）的过滤方法。

① 使用 sklearn.feature_selection.mutual_info_classif 方法处理分类问题。

② 使用 feature_selection.mutual_info_regression 方法处理回归问题。

③ 返回每个特征与目标之间的互信息量的估计，这个估计量在[0,1]之间取值，为 0 则表示两个变量独立，为 1 则表示两个变量完全相关。

注意，互信息法比 F 检验更加强大，F 检验只能够找出线性关系，而互信息法可以找出任意关系。另外，互信息法的计算量较大，运行速度较慢。

```
from sklearn.feature_selection import mutual_info_classif as MIC
result = MIC(X_train_variance,y_train)
K = result.shape[0] - sum(result <= 0)  # 去掉与目标结果完全独立的那些变
```

```
                                     # 量，剩下就是具有相关性的变量
print("最佳 K 值：", K)
X_train_mic = SelectKBest(MIC, k=K).fit_transform(X_train_variance, y_train)
score = cross_val_score(estimator, X_train_mic, y_train, cv=5)
print("最佳 K 值下的交叉验证正确率：", score.mean())
```

运行结果如下：

```
最佳 K 值：  597
最佳 K 值下的交叉验证正确率：  0.8803999999999998
```

【任务小结】

本任务分别使用方差过滤、卡方过滤、通过多次尝试逼近最优的 K 值、F 检验、互信息法等 Filter 方法对手写数字图片完成了特征筛选，并选取最优特征子集，通过交叉验证的平均性能衡量特征子集的效果。

任务 4.6　使用 Wrapper 方法进行特征筛选

PPT：任务 4.6 使用 Wrapper 方法进行特征筛选

【任务目标】

能够使用 Wrapper 方法对数据集进行特征选取。

【任务描述】

微课 4-6 使用 Wrapper 方法进行特征筛选

以手写数字图片识别的数据集 data/digits_training.csv 作为基础数据，使用包装法进行特征选择，通过交叉验证的平均性能衡量特征子集的效果。

【知识准备】

1. 包装法（Wrapper）

包装法是所有特征选择法中最利于提升模型表现的，它可以使用最少的特征达到优秀的效果，但计算速度会比较缓慢，也不适用于太大型的数据集。

2. 递归特征消除法（Recursive Feature Elimination，RFE）

RFE 是最常用的包装法技术，其基本思路如下：

① 首先使用一个基模型来进行多轮训练，每轮训练后，删除若干权值系数的特征，再基于新的特征集进行下一轮训练。

② 对特征含有权重的预测模型（如线性模型对应参数 coefficients），RFE 通过递归减少考查的特征集规模来选择特征。

③ 预测模型在原始特征上训练，每个特征指定一个权重，随后那些拥有最小绝对值权重的特征会被踢出特征集。

④ 如此往复递归，直至剩余的特征数量达到所需的特征数量。

RFE 的具体流程如下：

① 指定一个有 n 个特征的数据集。

② 选择一个算法模型来做 RFE 的基模型。

③ 指定保留的特征数量 k（$k<n$）。

④ 第一轮对所有特征进行训练，算法会根据基模型的目标函数给出每个特征的“得分”或排名，并将最小“得分”或排名的特征剔除，这时候特征减少为 $n-1$，对其进行第二轮训练，持续迭代，直到特征保留为 k 个，这 k 个特征就是选择的特征。

3. sklearn.feature_selection.RFE 方法

```
feature_selection.RFECV(estimator, step=1, n_features_to_select, cv='warn', scoring=None, verbose=0, n_jobs=None)
```

相关参数说明如下。

estimator：具有拟合方法的监督学习算法模型，如逻辑回归算法 LogisticRegression( ) 等，通过 coef_属性或通过 feature_importances_属性提供关于特征重要性的信息。

step：表示每次迭代中希望移除的特征个数，所以可以视为特征递归消除。int 或 float 类型，可选项，默认值为 1，如果大于或等于 1，则 step 对应于在每次迭代时要删除的（整数）个特征数；如果小于 1，则步骤对应于在每次迭代时要删除的要素的百分比（向下舍入）。

n_features_to_select：最终要选择的特征个数。

support_：返回所有的特征的是否最后被选中的布尔矩阵。

ranking_：返回特征的按数次迭代中综合重要性的排名。

verbose：控制输出的详细程度 int 类型，默认为 0。

注意，RFE 的稳定性在很大程度上取决于在迭代时底层所采用的模型：

① 如果采用的是 RFE 采用的普通的回归，没有经过正则化的回归是不稳定的，那么 RFE 就是不稳定的。

② 如果采用的是 Ridge，而用 Ridge 正则化的回归是稳定的，那么 RFE 就是稳定的。

【任务实施】

源代码

➢ 步骤 1：数据装载。具体实现见代码 4.7（请扫描二维码查看），运行结果如下：

```
原始特征维度： (5000, 784)
```

代码 4.7

由结果可以知道，数据集有 5000 个样本，每个样本有 784 个特征。

➢ 步骤 2：指定 *K* 值并形成特征子集。具体实现见代码 4.8（请扫描二维码查看），运行结果如下：

代码 4.8

```
特征子集维度： (5000, 300)
该特征子集下交叉验证正确率： 0.8859999999999999
[False False False False False False False False False False]
[50 49 48 47 46 45 44 43 42 41 40 39 38 37 36 35 34 33 32 31 30 29 28 27
 26 25 24 23 22 21 20 19 18 17 16 15 14 13 12 12 13 13 13 13 12 13 13 14
 14 14 14 14 14 14 16 17 17 17 17 18 19 19 19 20 21 19 20 21 21 21 18 20
 19 21 20 19 19 20 21 21 22 22 22 22 22 23 23 24 24 24 21 24 23 23 11 10
 12 10 18  6  9  2  8  1 12 25 25 25 24 24 25 25 26 26 26 26 27 27 27 25
 22  9 11  1  1  1  1  1  1  1 10  1 12 12 23 26 27 27 27 27 29 29 30 30
 31 30 12  9  4  1  1  1  1  1  1  1  1  1  1  1  1  4  7 22 16 31 31 31
 33 33 33 33 33 22 11  8  3  1  1  1  1  1  1  1  1  1  1  1  1  1  1  5
 25 32 34 34 34 34 34 35 34 25  5 10  5  1  1  1  1  1  1  1  1  1  1  1
  1  1  1  4  8 30 35 35 35 35 37 37 35 17  7  3  1  1  1  1  1  1  1  1
  1  1  1  1  1  1  1  2 10 35 37 37 37 38 38 38 39 38  4  3  1  1  1  1
......
```

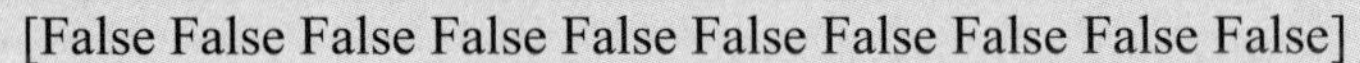

由结果可知，原始特征有 784 个，此处指定返回 300 个优选特征。

support_矩阵针对 784 个特征中的每一个，分别记录其是否被优选（True/False）。ranking_矩阵针对 784 个特征中的每一个进行排名，排名越靠前，越优先被选中。例如，排名为 1 的是最优先选中的特征。

➢ 步骤 3：确定最佳的 *K* 值。

先给定一批预设的 *K* 值，训练模型，然后使用交叉验证获取平均正确率；选取正确率

最高的模型对应的 *K* 值。

代码 4.9

注意，此过程运行比较耗时，可能需要数分钟时间。可以使用逼近方法来选择，但是计算速度较慢。具体实现见代码 4.9（请扫描二维码查看），运行结果如图 4-20 所示。

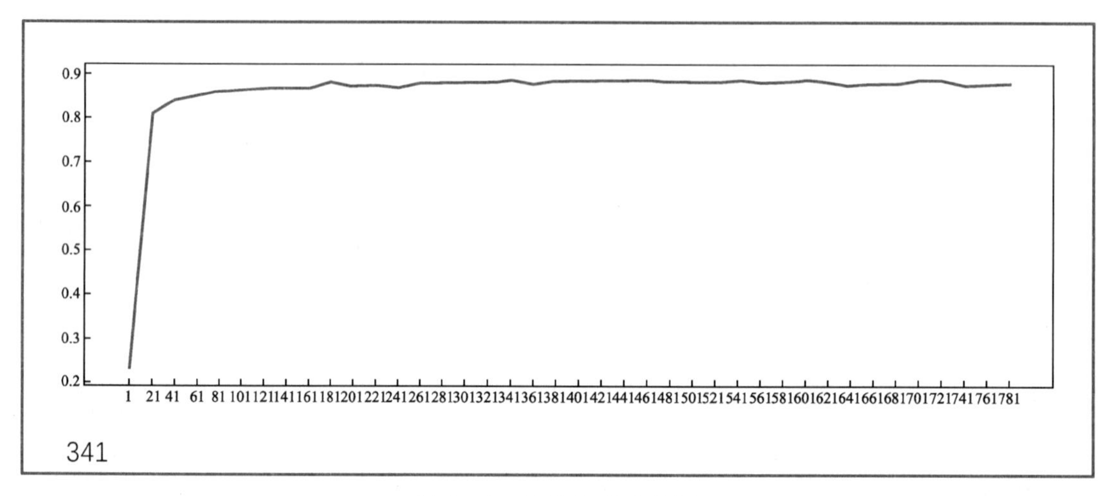

图 4-20 最佳 k 点曲线图

由图中可知，特征数量减少，而性能有略微上升。

➢ 步骤 4：应用最优 *K* 值生成特征子集。具体实现见代码 4.10（请扫描二维码查看），运行结果如下：

```
特征子集维度： (5000, 341)
交叉验证性能： 0.8888
```

代码 4.10

【任务小结】

本任务使用指定 *K* 值并形成特征子集、确定最佳的 *K* 值、应用最优 *K* 值生成特征子集等 Wrapper 方法对手写图片数据集进行特征选择，并通过交叉验证的平均性能衡量特征子集的效果。

任务 4.7 使用 Embedded 方法进行特征筛选

PPT：任务 4.7 使用 Embedded 方法进行特征筛选

【任务目标】

能够使用 Embedded 方法对数据集进行特征选取。

【任务描述】

以手写数字图片识别的数据集 data/digits_training.csv 作为基础数据，分别使用嵌入法进行特征选择，通过交叉验证的平均性能来衡量特征子集的效果。

【知识准备】

微课 4-7
使用 Embedded 方法进行特征筛选

1. Embedded 方法

Embedded 方法即嵌入法，利用机器学习算法和模型进行训练，得到各个特征的权值系数，根据权值系数从大到小来选择特征。该方法通过机器学习训练来确定特征的优劣，而不是直接从特征的统计学指标来确定特征的优劣。

嵌入式特征选择方法是将特征选择过程与学习器训练过程融为一体，两者在同一个优化过程中完成，即在学习器训练过程中自动完成了特征选择。

在 sklearn 库中，使用 SelectFromModel 方法来选择特征。

2. 常用嵌入法技术

（1）线性模型和正则化（Embedded 方式）

① 基于线性回归模型方法（理解）。

② 基于 L1 的正则化方法（掌握使用方法、应用场景和优缺点）。

（2）基于树模型的特征选择（Embedded 方式）

常用基于随机森林的嵌入方法。

3. sklearn.feature_selection.SelectFromModel 方法

```
sklearn.feature_selection.SelectFromModel(estimator, threshold=None, prefit=False, norm_order=1, max_features=None)[source]
```

相关参数说明如下。

estimator：使用的模型学习器，可以是拟合（若设置 prefit 为 True），也可以是不拟合的（若设置 prefit 为 False）。拟合后，学习器必须具有 feature_importances_或 coef_属性。只要是带 feature_importances_（如随机森林）或者 coef_属性，或带有 L1（如 Lasso 回归）和 L2（如 Ridge 回归）惩罚项的模型都可以使用。

threshold：指定特征重要性阈值，保留重要性超过该阈值的特征，重要性低于这个阈值的特征都将被删除，str 或 float 类型，可选项，默认为 None。如果为“中位数”（分别为“平均值”），则该值为要素重要性的中位数（分别为平均值）。

也可以使用缩放因子（如“1.25 *平均值”）。如果为 None 且估计器的参数惩罚显式或隐式设置为 l1（如 Lasso），则使用的阈值为 1e-5。 否则，默认使用“均值”。

prefit：预设模型是否期望直接传递给构造函数，bool 类型，默认为 False。如果为 True，则必须直接调用 transform 并且 SelectFromModel 不能与 cross_val_score、GridSearchCV 以及克隆估算器的类似实用程序一起使用。否则，使用 fit 训练模型，然后使用 transform 进行特征选择。

norm_order：在估算器 threshold 的 coef_属性为维度 2 的情况下，用于过滤以下系数向量的范数的顺序，非零 int、inf 或-inf 类型，默认为 1。

max_features：要选择的最大功能数，int 类型或 None，可选项。若要仅基于选择 max_features，需设置 threshold=-np.inf。

estimator_：一个估算器，用来建立变压器的基本估计器。只有当一个不适合的估计器传递给 SelectFromModel 时，才会存储这个值，即当 prefit 为 False 时。

threshold_：float 用于特征选择的阈值。

【任务实施】

源代码

➢ 步骤 1：装载数据集。

```
import random
import numpy as np
import pandas as pd
from sklearn.preprocessing import StandardScaler
random_state = 100
random.seed(random_state)
np.random.seed(random_state)
data = pd.read_csv("dataset/digits_training.csv")
X_train = data.iloc[:, 1:]
y_train = data.iloc[:, 0]
print("原始特征维度：", X_train.shape)
```

运行结果如下：

```
原始特征维度：原始特征维度：  (5000, 784)
```

➢ 步骤 2：直接指定重要性阈值并形成特征子集。

```
# 使用嵌入法进行特征选择—直接指定重要性阈值并形成特征子集
from sklearn.feature_selection import SelectFromModel
from sklearn.ensemble import RandomForestClassifier as RFC
from sklearn.model_selection import cross_val_score
random_state = 100
estimator = RFC(n_estimators=10,random_state=random_state)
threshold = 0.001
X_embedded=SelectFromModel(estimator,threshold=threshold).fit_transform(X_train,y_train)
print(X_embedded.shape)
score = cross_val_score(estimator, X_embedded, y_train, cv=5).mean()
print("交叉验证性能：", score)
```

运行结果如下：

```
(5000, 280)
交叉验证性能：  0.8802
```

➢ 步骤 3：寻求最佳的阈值。

首先，设置若干候选阈值，最小值为 0，最大值可以使用随机森林模型来计算（feature_importances_中的最大值）。然后，针对每个候选阈值，分别建模并计算交叉验证平均正确率，取最高者。

```
%matplotlib inline
import matplotlib.pyplot as plt
max_importance = estimator.fit(X_train,y_train).feature_importances_.max()
                                        # 原始特征子集的所有特征重要性中的最大值
#横坐标 thresholds
#设置若干候选阈值，最小值为 0，最大值可以使用随机森林模型来计算(feature
#_importances_中的最大值)
thresholds = np.linspace(0, max_importance, 20)    # 产生 20 个候选的阈值
best_threshold = 0.0
```

```
max_score = 0.0
scores = []
#针对每个候选阈值，分别建模并计算交叉验证平均正确率，取最高者
for t in thresholds:
    X_embedded = SelectFromModel(estimator, threshold=t).fit_transform(X_train,y_train)
    score = cross_val_score(estimator, X_embedded, y_train, cv=5).mean( )
    if score > max_score:
        max_score = score
        best_threshold = t
    scores.append(score)
plt.plot(thresholds,scores)
plt.show( )
print("最佳阈值：", best_threshold)
print("交叉验证最佳正确率：",  max_score)
```

运行结果如图 4-21 所示。

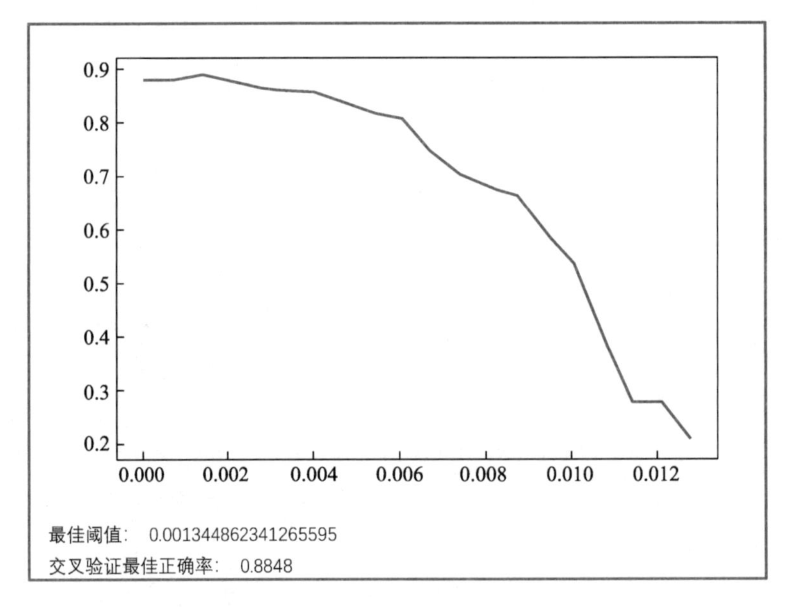

图 4-21 最佳阈值计算显示结果

➢ 步骤 4：应用最佳阈值。

```
# 使用最佳阈值获取特征子集，训练模型，并查看性能指标
```

```
X_embedded = SelectFromModel(estimator, threshold=best_threshold).fit_transform(X_train, y_train)
score = cross_val_score(estimator, X_embedded, y_train, cv=5).mean( )
print("特征子集维度：", X_embedded.shape)
print("交叉验证性能：", score)
```

运行结果如下：

```
特征子集维度： (5000, 247)
交叉验证性能： 0.8848
```

从结果可知，一共使用了 247 个特征，也达到了较好的效果。

【任务小结】

本任务使用直接指定重要性阈值并形成特征子集、寻求最佳的阈值、应用最佳阈值等嵌入法对手写图片数据集进行特征选择，并通过交叉验证的平均性能来衡量特征子集的效果。

任务 4.8 对数据进行特征降维

PPT：任务 4.8 对数据进行特征降维

【任务目标】

① 了解对数据进行特征降维的含义。

② 理解主成分分析法（PCA）和线性判别分析法（LDA）的工作原理。

③ 能够使用 PCA 降维并可视化展现降维效果。

④ 能够使用 LDA 降维并可视化展现降维效果。

⑤ 能够评估降维前后的建模效果。

⑥ 能够使用 PCA 手动编程实现降维。

微课 4-8 对数据进行特征降维

【任务描述】

本任务分为两个子任务。子任务 1 对葡萄酒数据 dataset/wine.data 进行降维。该数据集文件中包含了一批葡萄酒分类数据，其中，第 1 个字段是分类标签，共分为 3 类。类别 1、2、3 的样本数分别为 59、71、48 个，后面 13 个字段是特征，所有特征都已经转换成数值类型。

子任务 2 要手动编程实现 PCA 降维。

【知识准备】

1. 维度灾难

在经典机器学习中，为了得到更好的模型效果，可以增加更多特征。但是，当特征数量超过一定值时，模型效果反而下降，如图 4-22 所示，造成所谓的“维度灾难”。

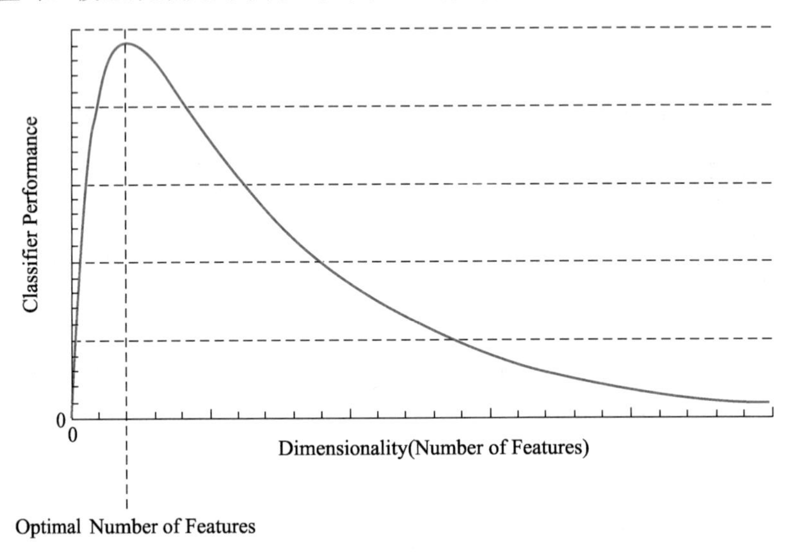

图 4-22 维度灾难图

过多的特征数量（维度）还会产生以下一系列问题：

① 计算量大幅增加。

② 更容易使得模型出现过拟合。

③ 模型更难理解，可解释性变差。

因此，必要时需要通过特征选择或者特征降维来减少特征的数量。

2. 特征降维

（1）特征降维的原因

假设训练样本共 N 个，每个样本包含 M 个特征，这些特征可能存在如下问题：

① M 个特征中的两个或更多个互相可替代。例如，一个特征是以公里为单位，另一个特征使用英里为单位。显然，这两个特征中有一个是多余的，徒增计算量。

② 某个特征与训练的结果没有关联。例如，学生努力程度（特征）与学生成绩（结果）之间有一定的关联，而学生姓名（特征）与学生的成绩（结果）应该没有关联。那么“学生姓名”这个特征，对于学生成绩这个结果来说就是完全无用的；该特征的存在反而模糊

了其他真正有用的特征。

③ 某个特征的值，在各个样本中基本相同。例如，在 N 个样本中，某特征的值都是 10，或者在 10 附近很小的区间。这就意味着，通过该特征根本不能很好地区分各个样本，这样的特征价值很小，在一定程度上也是多余的。

④ 过拟合。当 M 很大而 N 又比较小时，容易造成过拟合。

（2）特征降维的作用

在进行机器学习前，有必要对样本数据进行一些处理，使之：

① 去掉多余的或者没有贡献的特征。

② 提取出最具辨识度（或最有价值贡献）的特征。

③ 减少特征的数量。

但是，如何找到最具/最不具辨识度的特征，以便精简特征数量（从而达到特征降维）呢？

（3）特征降维方法

① 主成分分析（Principal Component Analysis，PCA）。

② 线性判别分析（Linear Discriminant Analysis，LDA）。

③ 局部线性嵌入（Locally Linear Embedding，LLE）。

④ 多维缩放（Multidimensional Scaling，MDS）。

3. PCA 原理与实现

（1）PCA 算法原理

要实现降维，可以视为空间变换，把训练矩阵从 M 维特征空间映射到 K 维特征空间($K<M$)。但是，并不能简单地删除某些特征维度来达到降维的目的，而是要通过设定新的坐标系（新坐标系的坐标轴少于原始坐标系的坐标轴数量），使得原始数据在新坐标系下，沿着坐标轴的方向具有最大的价值。

所谓数据具有最大的“价值”，是指数据的辨识度很高，或者说，坐标系中的数据点能够清楚地区分彼此。这就要求这些数据点比较分散试想一下，如果所有点都集中在一起，它们之间就很难区分了。用定量的方法来描述，就是这些数据点的方差越大（越离散）越好。因此，PCA 需要找到若干关键坐标轴，使得原始数据点映射到由这些关键坐标轴组成的空间后，在每个坐标轴方向上都具有较大的方差。这些坐标轴也并不是同等效果的。一般选择前 K 个最大方差的坐标轴构成新坐标系，将原始数据映射到新的坐标系中，此时特征数量从 M 降为 K。

（2）PCA 实现步骤

PCA 提供了一种常用的方法，即给定 N 个训练样本，每个样本包含 M 个特征，形成 $\boldsymbol{A}(N,M)$矩阵，具体实现步骤如下。

① 样本中心化：对 $\boldsymbol{A}$ 中的每个元素，减去其列的平均值，得到矩阵 $\boldsymbol{B}$。

② 获得 $\boldsymbol{B}$ 的各列协方差矩阵 $\boldsymbol{B}_{\text{cov}}(M,M)$。

③ 对协方差矩阵进行特征值分解，选取最大的 K 个特征值所对应的特征向量 $(\lambda_1,\lambda_2,\cdots,\lambda_K)$，形成投影矩阵 $\boldsymbol{T}(M,K)$。

④ 如何确定 K 的值？可以选择使得下式成立的最小 K 值：

$$\frac{\sum_{i=1}^{K}\lambda_i}{\sum_{i=1}^{M}\lambda_i} \geqslant 0.9$$

⑤ 使用投影矩阵对样本矩阵 $\boldsymbol{B}$ 进行投影，得到降维的训练样本矩阵 $\boldsymbol{C}=\boldsymbol{AT}$，维度为$(N,K)$。

⑥ 对于测试数据、验证数据矩阵，先中心化，然后与 $\boldsymbol{T}$ 进行矩阵运算，得到降维后的测试数据和验证数据矩阵。

（3）PCA 的优缺点

PCA 的优点如下：

① 以方差衡量信息的无监督学习，不受样本标签限制。

② 各主成分之间正交，可消除原始数据成分间的相互影响。

③ 计算方法简单，主要运算是奇异值分解，易于在计算机上实现。

④ 可减少指标选择的工作量。

PCA 的缺点如下：

① 主成分解释其含义往往具有一定的模糊性，不如原始样本特征的解释性强。

② 方差小的非主成分也可能含有对样本差异的重要信息，因降维丢弃可能对后续数据处理有影响。

4. LDA

（1）LDA 算法思想

LDA 是模式识别中的经典算法，它的数据集的每个样本是有类别输出的。

所谓线性判别，是指将高维的特征投影到低维的最优向量空间，以达到抽取分类信息和压缩特征空间维数的效果，投影后保证原特征样本在新的子空间有最大的类间距离和最小的类内距离，即该方法能使得投影后模式样本的类间散布矩阵最大，同时类内散布矩阵最小。

LDA 是一种监督学习的降维技术，其基本思想是“投影后类内方差最小，类间方差最大”。也就是说，将数据在低维度上进行投影，投影后每一种类别数据的投影点尽可能地接近，而不同类别数据的类别中心之间的距离尽可能地大。

（2）LDA 与 PCA 区别

图 4-23 显示了二分类标签的样本数据（特征维度也只有两个），可以看到，图 4-23（b）的投影效果比图 4-23（a）更好。

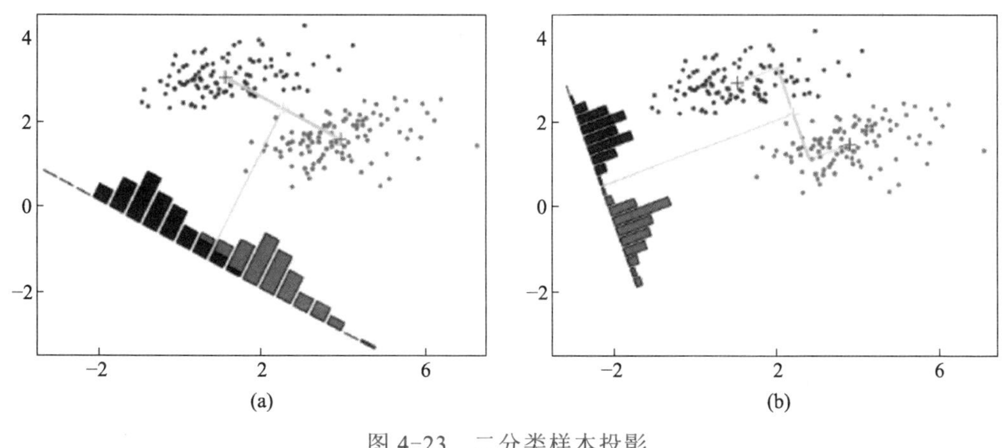

图 4-23　二分类样本投影

因此，关键就是要找到合适的投影直线，使得样本点在该直线上的投影效果最佳。

如果特征维度超过 2，则投影后的一般也不是直线，而是一个平面或者超平面。LDA 降维保留个数与其对应类别的个数有关，与数据本身的维度无关。例如，原始数据是 n 维的，有 c 个类别，降维后一般是到 c−1 维。

归纳而言，LDA 和 PCA 的主要区别如下：

① LDA 是一种有监督降维技术，也就是说，它的数据集的每个样本都是有分类标签的；而 PCA 则是一种无监督降维技术，不考虑样本类别输出的。

② LDA 选择分类性能最好的投影方向，而 PCA 选择样本点投影具有最大方差的方向。

③ LDA 在样本分类信息依赖均值而不是方差的时候，比 PCA 之类的算法较优。

④ LDA 除了可以用于降维，还可以用于分类（本任务中仅演示其降维应用）。

【任务实施】

1. 对红酒数据集进行降维

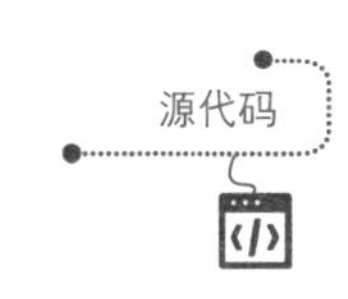

➢ 步骤 1：装载数据集及数据可视化展示。

预设随机数种子以使结果可重现。本任务中设置各随机数的种子为固定值（100），以便产生的随机序列可以重现。注意，后续代码中如果涉及随机种子的设置，应统一设置为 random_state。

```
import random
import numpy as np
import pandas as pd
from sklearn.preprocessing import StandardScaler
random_state = 100
random.seed(random_state)
np.random.seed(random_state)
data_file = 'dataset/wine.data'
df = pd.read_csv(data_file)
df
```

运行结果如图 4-24 所示。

	Target	Alcohol(酒精)	Malic_acid(苹果酸)	Ash(灰分)	Alcalinity_of_ash(灰分的碱度)	Magnesium(镁)	Total_phenols(总酚)	Flavanoids(类黄酮)	Nonflavanoid_phenols(非黄烷类酚)
0	1	13.20	1.78	2.14	11.2	100	2.65	2.76	0.26
1	1	13.16	2.36	2.67	18.6	101	2.80	3.24	0.30
2	1	14.37	1.95	2.50	16.8	113	3.85	3.49	0.24
3	1	13.24	2.59	2.87	21.0	118	2.80	2.69	0.39
4	1	14.20	1.76	2.45	15.2	112	3.27	3.39	0.34
...	...	...	...	...	...	...	...	...	...
172	3	13.71	5.65	2.45	20.5	95	1.68	0.61	0.52
173	3	13.40	3.91	2.48	23.0	102	1.80	0.75	0.43
174	3	13.27	4.28	2.26	20.0	120	1.59	0.69	0.43
175	3	13.17	2.59	2.37	20.0	120	1.65	0.68	0.53
176	3	14.13	4.10	2.74	24.5	96	2.05	0.76	0.56

177 rows × 14 columns

图 4-24 装载数据集显示结果

```
#数据可视化展示
import matplotlib.pyplot as plt
from mpl_toolkits.mplot3d import Axes3D
plt.rcParams['font.sans-serif'] = ['SimHei']   # 用来正常显示中文标签
plt.rcParams['axes.unicode_minus'] = False   # 用来正常显示负号
ax = Axes3D(plt.figure( ))
for c,m,i,l in zip('rbg','sox',np.unique(y),['第一类_Target_1','第二类_Target_2','第三类_Target_3']):
    ax.scatter(X[y==i ,0], X[y==i, 1], X[y==i,2], c=c,marker=m, label=l)
```

```
ax.set_xlabel(df.columns[2])
ax.set_ylabel(df.columns[7])
ax.set_zlabel(df.columns[13])
ax.set_title("数据集可视化显示")
plt.legend(loc='uper left')
plt.show( )
```

运行结果如图 4-25 所示。

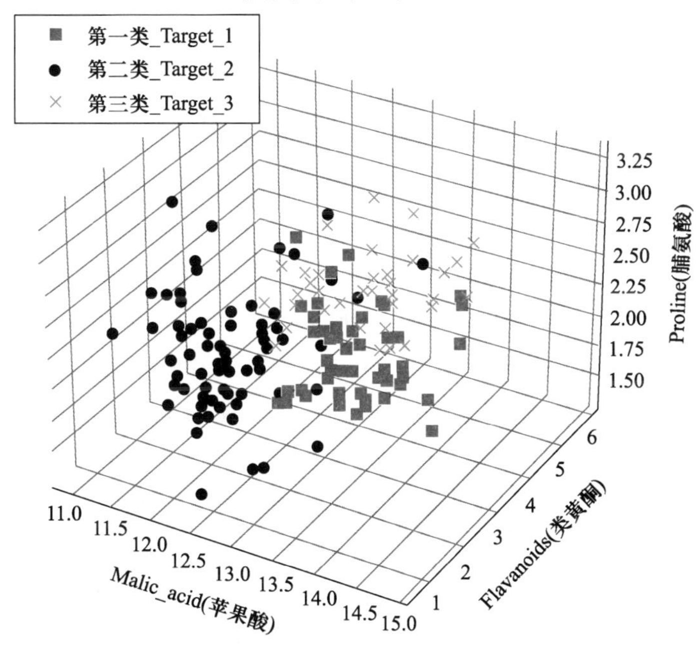

图 4-25 数据可视化显示

本页彩图

➢ 步骤 2：数据预处理。

```
# 将特征提取到X 中，标签提取到y 中
X, y = df.iloc[:, 1:].values, df.iloc[:, 0].values
# 标准化处理
scaler = StandardScaler( )
X_std = scaler.fit_transform(X)

print("原始特征集维度：", X_std.shape)
print("第 1 个样本特征：")
```

```
print(X_std[0])
```

运行结果如下：

```
原始特征集维度： (177, 13)
第 1 个样本特征：
[ 0.2558245  -0.50162433 -0.8244853  -2.50010962  0.02918011  0.57266556
  0.73963607 -0.82313862 -0.53857541 -0.29113022  0.40709978  1.13169801
  0.97105248]
```

➢ 步骤 3：使用 PCA 降维。

首先构造 PCA 对象，通过 n_components 参数指定希望保留的成分个数；如果不指定，则默认与原始特征数量相同。然后，使用 fit 方法计算原始特征集的协方差矩阵，并作 SVD 分解。再然后，使用 transform 方法根据指定的 n_components 值，将原有的若干特征映射到新的 n_components 个特征。

使用 explained_variance_ratio_属性可以获得每个成分的方差占比（贡献值），按由大到小排列。一般可以指定一个阈值，从最大贡献的成分开始累加，达到阈值时，此时纳入的成分数量就是最终需要的成分数 K。得到了 K 值后，可重新构造 PCA 对象，设置 n_components=K，然后执行 fit_transform 方法来完成降维，获得降维后的特征矩阵。

```
from sklearn.decomposition import PCA
# 构造特征集的协方差矩阵，并且计算协方差矩阵的特征值和特征向量（成分）
pca = PCA()
pca.fit(X_std)

# 设定阈值，以便选择贡献率累计超过 base_line 的前 K 个成分
base_line = 0.9
total_ratio = 0.0

# explained_variance_ratio_返回每个成分各自的方差百分比，也就是其贡献率
for i in range(len(pca.explained_variance_ratio_)):
    total_ratio += pca.explained_variance_ratio_[i]     # 针对每个成分，累加贡献率
    if total_ratio >= base_line:
        break
K = i + 1
```

```
print("选取%d 个主成分，其贡献率可达总量的%.2f" % (K, base_line))

# 根据K 值，对原始数据进行转换，真正将其降维到K 个特征维度
pca = PCA(n_components=K)
X_reduced = pca.fit_transform(X_std)
print("训练数据维度：", X_reduced.shape)
print("降维后的特征矩阵(前 5 行)：\n", X_reduced[:5])
print("降维转换矩阵：")
print(pca.components_)
```

运行结果如下：

```
选取 8 个主成分，其贡献率可达总量的 0.90
训练数据维度： (177, 8)
降维后的特征矩阵(前 5 行)：
 [[ 2.23024297  0.30231277 -2.03292031 -0.28190605 -0.25953969 -0.9276148
    0.07972433  1.02647007]
 [ 2.53192196 -1.06225676  0.97672434  0.73572697 -0.1986023   0.55725164
    0.4323497  -0.33561119]
 [ 3.75467731 -2.80530871 -0.18037013  0.57712484 -0.25787121  0.10010865
   -0.36492449  0.64684738]
 [ 1.0201307  -0.88838036  2.02386977 -0.4327925   0.27523473 -0.40313858
    0.45472072  0.4120334 ]
 [ 3.04919938 -2.1700067  -0.63874711 -0.4876277  -0.63135799  0.13081657
    0.42129665  0.39873101]]
降维转换矩阵：
[[ 0.13788809 -0.24638109 -0.0043183  -0.23737955  0.1350017   0.39586939
    0.42439422 -0.29913568  0.31280321 -0.09328558  0.29956536  0.37720252
    0.28428101]
 [-0.48583464 -0.22157478 -0.31528188  0.01214349 -0.30028828 -0.07054905
```

经过 PCA，原始的 13 个特征被映射到新的 8 个特征。需要注意的是，这 8 个特征并不是从原始特征中选了 8 个，而是经过矩阵变换计算后生成的“新”特征。在某种程度上可以认为：这 8 个特征合起来能代表所有特征信息的 90%。

➢ 步骤 4：PCA 降维效果展现。

直接指定 n_components=2（即两个特征，以便于在平面上可视化展示），将原始 13 个

特征映射为两个。

然后，用不同的颜色标识不同分类的样本点，以两个特征为 X 轴和 Y 轴坐标，查看降维后的样本点分布情况，并观察这两个坐标是否能较好地区分不同分类的样本。如果区分度好，则可以认为这个降维的效果较好。

```
import matplotlib.pyplot as plt
%matplotlib inline
K = 2
pca = PCA(K)
X_reduced = pca.fit_transform(X_std)

color = ['r', 'g', 'b']
marker = ['s', 'x', 'o']
for l, c, m in zip(np.unique(y), color, marker):
    plt.scatter(X_reduced[y == l, 0], X_reduced[y == l, 1], c=c, label=l, marker=m)
plt.xlabel('Component 1')
plt.ylabel('Component 2')
plt.title("PCA 降维保留 K 个主成分(K=2)")
plt.show( )
```

运行结果如图 4-26 所示。

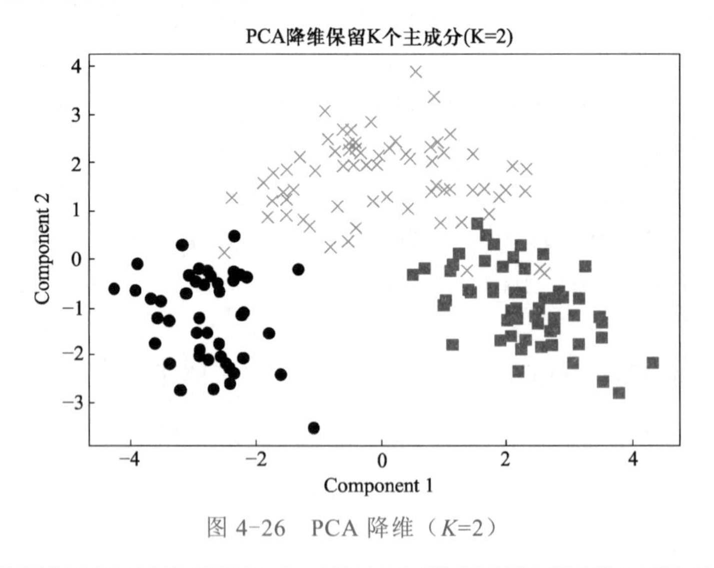

图 4-26 PCA 降维（K=2）

本页彩图

```
#直接指定n_components=3（3 个特征，以便于在平面上可视化展示）
#将原始13 个特征映射为3 个
```

```
import matplotlib.pyplot as plt
%matplotlib inline

K = 3
pca = PCA(K)
X_reduced = pca.fit_transform(X_std)

ax = Axes3D(plt.figure( ))
for c,m,i,l in zip('rbg','sox',np.unique(y),['第一类_Target_1','第二类_Target_2','第三类
_Target_3']):
    ax.scatter(X[y==i ,0], X[y==i, 1], X[y==i,2], c=c,marker=m, label=l)
ax.set_xlabel('Component 1')
ax.set_ylabel('Component 2')
ax.set_zlabel('Component 3')
ax.set_title("PCA 降维保留 K 个主成分(K=3)")
plt.legend(loc='uper left')
plt.show( )
```

运行结果如图 4-27 所示。

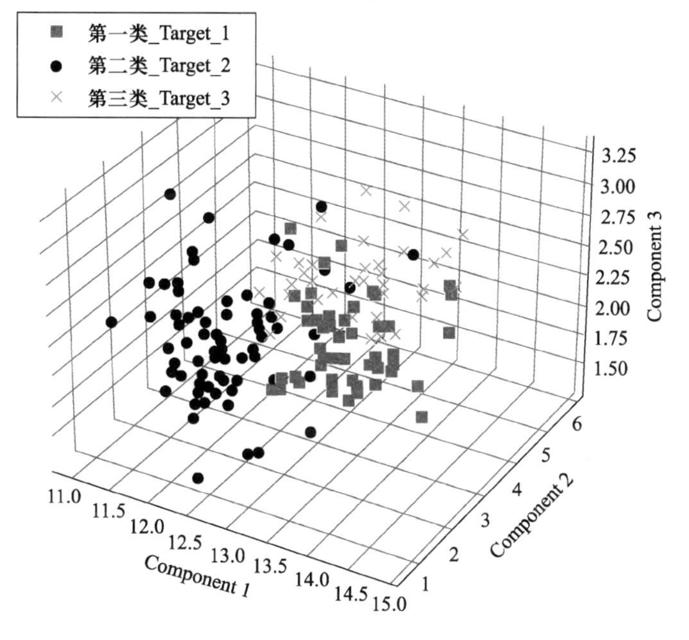

本页彩图

图 4-27　PCA 降维（K=3）

可见，3 种分类的样本点，在两个特征坐标下，也是分别比较集中的（有少量绿色样本点与其他分类混杂）。这就说明，PCA 降维后的两个特征对于样本点的区分度较好。

➢ 步骤 5：使用 LDA 降维并查看效果。

LDA 需要使用分类结果信息，因此在使用 fit 方法时，需要指定标签数组，其余使用方法与 PCA 类似。

```
#此处与PCA 方法不同，不必对原始数据进行标准化就能有较好的降维效果
from sklearn.discriminant_analysis import LinearDiscriminantAnalysis as LDA
lda = LDA(n_components=2)
X_lda =lda.fit(X,y).transform(X)
#绘制LDA 降维后不同簇与y 的散点图，通过两种降维后的散点图对比不同方法的效果
colors = ['r', 'b', 'g']
markers = ['s', 'o', 'x']
for c,l,m in zip(colors, np.unique(y), markers):
    plt.scatter(X_lda[y == l, 0], X_lda[y == l, 1], c=c, label=l, marker=m)
plt.xlabel('Component 1')
plt.ylabel('Component 2')
plt.title("LDA 降维")
plt.legend(loc='lower left')
plt.show( )
```

运行结果如图 4-28 所示。

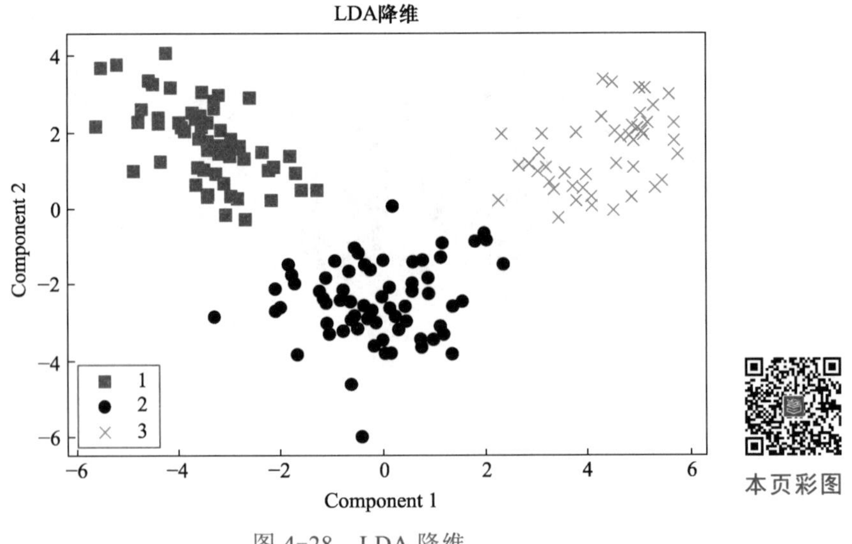

图 4-28 LDA 降维

```
#此处与PCA方法不同，不必对原始数据进行标准化就能有较好的降维效果
from sklearn.discriminant_analysis import LinearDiscriminantAnalysis
K=2
lda = LinearDiscriminantAnalysis(n_components=K)
lda.fit(X_std, y)
X_reduced = lda.transform(X_std)
plt.scatter(X_reduced[:, 0], X_reduced[:, 1], marker='o',c=y)
plt.show()
```

运行结果如图 4-29 所示。

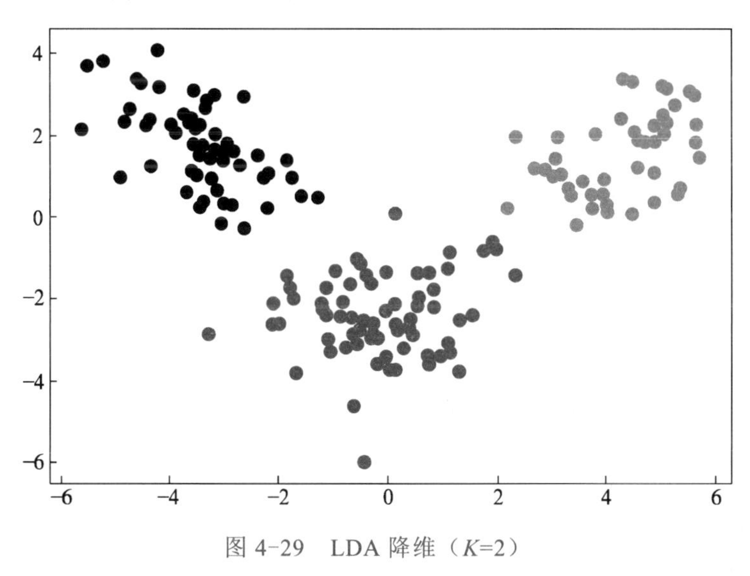

图 4-29　LDA 降维（K=2）

本页彩图

经过 PCA，原始的 13 个特征被映射到新的 8 个特征。注意这 8 个特征并不是从原始特征中选了 8 个，而是经过矩阵变换计算后生成的“新”特征。在某种程度上可以认为：这 8 个特征合起来能代表所有特征信息的 90%。

2. PCA 降维手动实现

➢ 步骤 1：通过特征分解矩阵实现 PCA 降维。

首先，通过矩阵运算或者 numpy.cov 方法获得协方差矩阵。注意，因为本任务中的 X_std 是标准化处理结果，所有数据已经做了中心化，所以在使用矩阵运算计算协方差矩阵时，可以不再减去列均值。

然后，通过 numpy.linalg.eig 方法求协方差矩阵的特征值和特征向量，特征值按绝对值

从大到小排列，特征向量也相应调整顺序。计算每个特征值在特征值总和中的比重，并选取前 K 个特征值比重之和，使之大于或等于阈值，从而确定 K 值。

代码 4.11

最后，取前 K 个特征向量，作为投影矩阵。再将原始特征矩阵与投影矩阵进行矩阵运算，得到降维后的新特征矩阵。具体实现见代码 4.11（请扫描二维码查看），运行结果如图 4-30 所示。

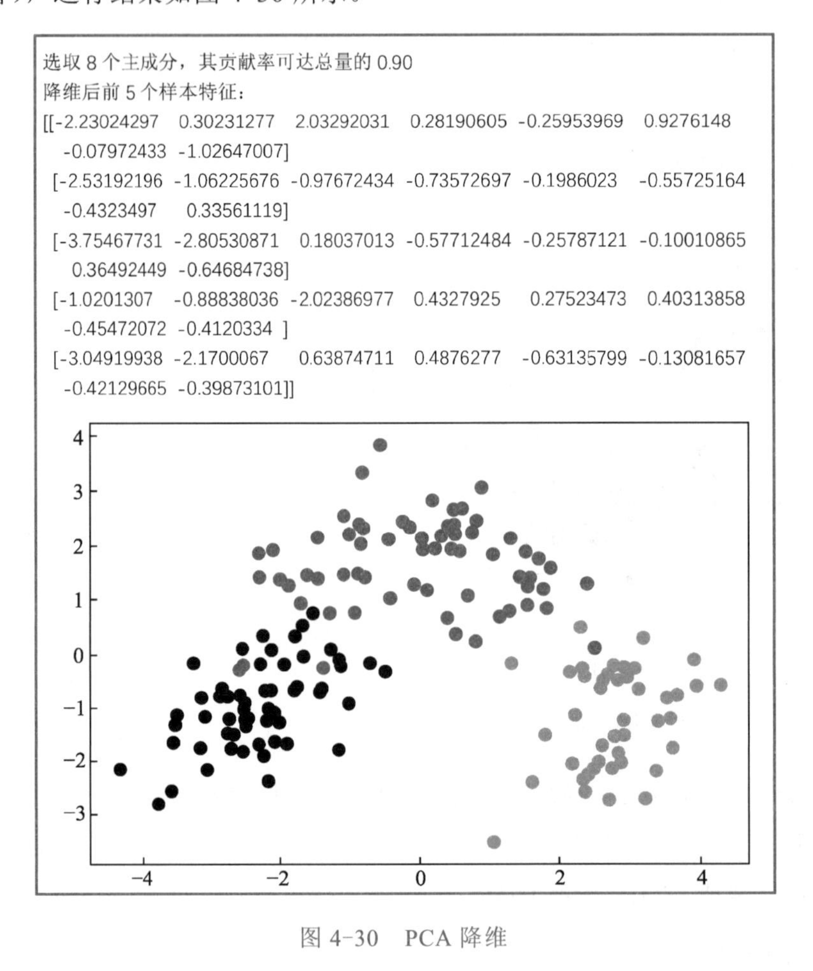

本页彩图

图 4-30 PCA 降维

➢ 步骤 2：通过 SVD 分解实现 PCA 降维。

代码 4.12

SVD 相比于特征分解，一般计算起来要更容易，因此采用 SVD 分解是更常用的 PCA 处理方法。SVD 分解后，将矩阵与投影矩阵相乘，即可得到降维后的特征矩阵。具体实现见代码 4.12（请扫描二维码查看），运行结果如图 4-31 所示。

由上可知，与 sklearn 库中的 PCA 运算结果相比，虽然降维后的特征值绝对值相同，但是有些特征出现了正负号的差异。

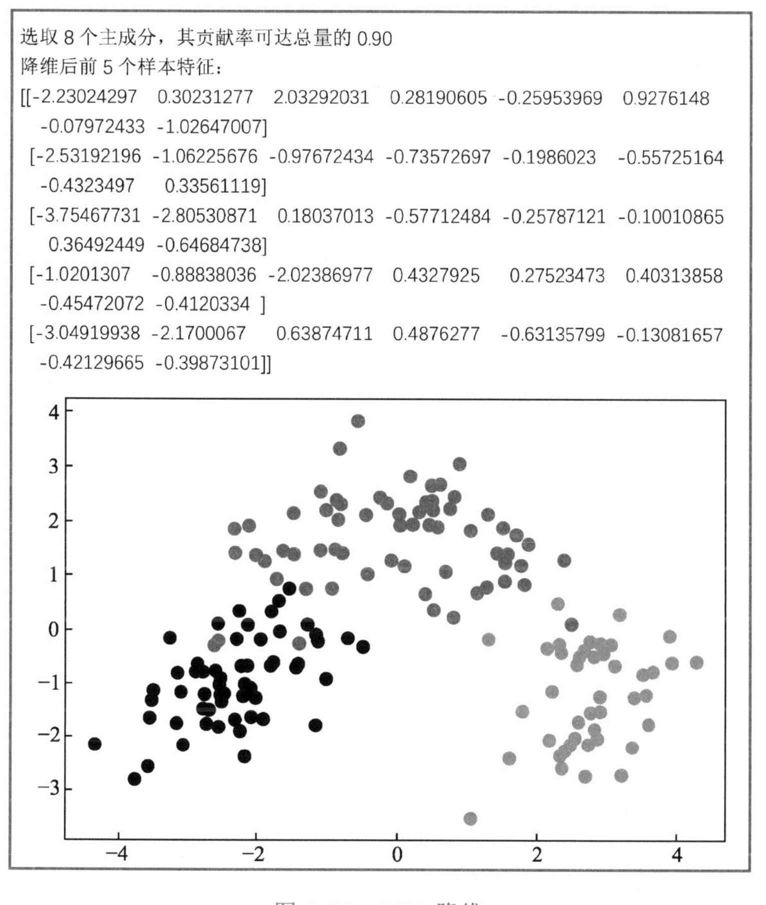

```
选取 8 个主成分，其贡献率可达总量的 0.90
降维后前 5 个样本特征：
[[-2.23024297  0.30231277  2.03292031  0.28190605 -0.25953969  0.9276148
  -0.07972433 -1.02647007]
 [-2.53192196 -1.06225676 -0.97672434 -0.73572697 -0.1986023  -0.55725164
  -0.4323497   0.33561119]
 [-3.75467731 -2.80530871  0.18037013 -0.57712484 -0.25787121 -0.10010865
   0.36492449 -0.64684738]
 [-1.0201307  -0.88838036 -2.02386977  0.4327925   0.27523473  0.40313858
  -0.45472072 -0.4120334 ]
 [-3.04919938 -2.1700067   0.63874711  0.4876277  -0.63135799 -0.13081657
  -0.42129665 -0.39873101]]
```

本页彩图

图 4-31 PCA 降维

这是因为 sklearn 库中的 PCA 在进行 SVD 分解时，针对投影矩阵中的每一行，找到最大的绝对值；如果该最大绝对值对应的元素值小于 0，则会自动将其转变符号，同时在样本矩阵中也转变符号（从而保证最终结果 USigmaVT 不变）。但这个结果一般不会影响特征降维后的效果。

【任务小结】

数据降维是将原始高维特征空间里的点向一个低维空间投影，新的空间维度低于原特征空间，所以维数减少了。本任务采用 PCA 和 LDA 两种降维方法对红酒数据集进行特征降维，并给出保留主成分为 2 或者 3 时，PCA 降维效果的展现图。此外，通过特征分解矩阵、SVD 分解的等手动方式实现了 PCA 降维。

任务 4.9 使用关联规则推荐模型

PPT：任务 4.9 使用关联规则推荐模型

【任务目标】

① 了解 Aprior 算法。

② 掌握 Aprior 算法中的关键术语如项集、频繁项集、支持度和置信度等。

③ 掌握使用 Aprior 进行强关联规则挖掘的方法。

④ 了解 FP-Growth 算法流程。

⑤ 掌握 FP-Growth 中进行 FP 树构建、条件模式基的挖掘及关联规则的查找等方法。

微课 4-9 使用关联规则推荐模型

【任务描述】

本任务分为两个子任务。子任务 1 要求使用 Aprior 算法统计哪些商品的组合最可能被用户购买。已知用户购买的商品数据见表 4-1。

表 4-1 使用 Aprior 算法统计用户购买商品数据表

TID	Items
User1	牛奶 洋葱 豆角 芸豆 鸡蛋 酸牛奶
User2	茴香 洋葱 豆角 芸豆 鸡蛋 酸牛奶
User3	牛奶 苹果 芸豆 鸡蛋
User4	牛奶 香蕉 玉米 芸豆 酸牛奶
User5	玉米 洋葱 芸豆 冰淇淋 鸡蛋

上述每一行代表了一个用户采购的商品名称。

子任务 2 要求使用 FP-Growth 算法统计哪些商品的组合最可能被用户购买。已知用户购买的商品数据见表 4-2。

表 4-2 使用 FP-Growth 算法统计用户购买商品数据表

ID	Items
001	A B C E F O
002	A C G

续表

ID	Items
003	E I
004	A C D G E
005	A C E G L
006	E J
007	A B C E F P
008	A C D
009	A C E G M
010	A C E G N

上述每一行代表了一个用户采购的商品名称。

【知识准备】

1. 关联分析

关联分析是“基于知识的推荐”方法的一种，即从大量数据中发现项集之间有趣的关联和相关联系。关联分析的一个典型例子是购物篮分析，通过发现顾客放入其购物篮中的不同商品之间的联系，可分析顾客的购买习惯；通过了解哪些商品频繁地被顾客同时购买，可以帮助零售商制定营销策略；其他的应用还包括价目表设计、商品促销、商品的排放和基于购买模式的顾客划分等。例如，如果有关联结果表示“67%的顾客在购买啤酒的同时也会购买尿布”，则通过合理的啤酒和尿布的货架摆放或捆绑销售可提高超市的服务质量和效益。

2. Aprior 算法关键术语

表 4-3 是某超市的几名顾客的交易信息，其中，TID 代表交易号，Items 代表一次交易的商品。

表 4-3 顾客交易信息表

TID	Items
001	Cola, Egg, Ham
002	Cola, Diaper, Beer
003	Cola, Diaper, Beer, Ham
004	Diaper, Beer

关联分析常用的一些基本属性及说明见表 4-4。

表 4-4 关联分析基本属性表

属　性	说　明
事务	每一条交易数据称为一个事务，例如，表 4-3 中包含了 4 个事务
项	交易的每一个物品称为一个项，如 Diaper、Beer 等
项集	包含零个或多个项的集合叫作项集，如 {Beer,Diaper}、{Beer,Cola,Ham}
k 项集	包含 *k* 个项的项集叫作 *k* 项集，例如，{Cola,Beer,Ham} 叫作 3 项集
支持度计数	一个项集出现在几个事务当中，它的支持度计数就是几。例如，{Diaper,Beer} 出现在事务 002、003 和 004 中，所以它的支持度计数是 3
支持度	支持度计数除于总的事务数。例如，上例中总的事务数为 4，{Diaper,Beer} 的支持度计数为 3，所以对 {Diaper,Beer} 的支持度为 75%，这说明有 75% 的人同时买了 Diaper 和 Beer
频繁项集	支持度大于或等于某个阈值的项集就叫作频繁项集。例如，阈值设为 50% 时，因为 {Diaper,Beer} 的支持度是 75%，所以它是频繁项集
置信度	对于规则 {A} → {B}，它的置信度为 {A,B} 的支持度计数除以 {A} 的支持度计数。例如，规则 {Diaper} → {Beer} 的置信度为 3/3，即 100%，这说明买了 Diaper 的人 100% 也买了 Beer

3. Aprior 算法思想

Aprior 算法是一种挖掘关联规则的频繁项集算法，其核心思想是通过频繁项集生成和关联规则生成两个阶段来挖掘频繁项集，其主要任务就是设法发现事物之间的内在联系。

关联规则挖掘步骤如下：

① 生成频繁项集和生成规则。计算每个项的支持度，在项集中去除不满足最小支持度阈值的项，生成频繁项集。

② 找出强关联规则。由频繁项集产生强关联规则，在频繁项集中找出既满足最小支持度又满足最小置信度的项。

③ 找到所有满足强关联规则的项集。使用步骤 1 找到的频集产生期望的规则，产生只包含集合的项的所有规则，其中每一条规则的右部只有一项，这里采用的是中规则的定义。

上例的关联规则挖掘步骤如图 4-32 所示。

4. Aprior 算法的特点

（1）Aprior 算法的优点

① 使用先验原理，大大提高了频繁项集逐层产生的效率。

② 简单易理解，数据集要求低。

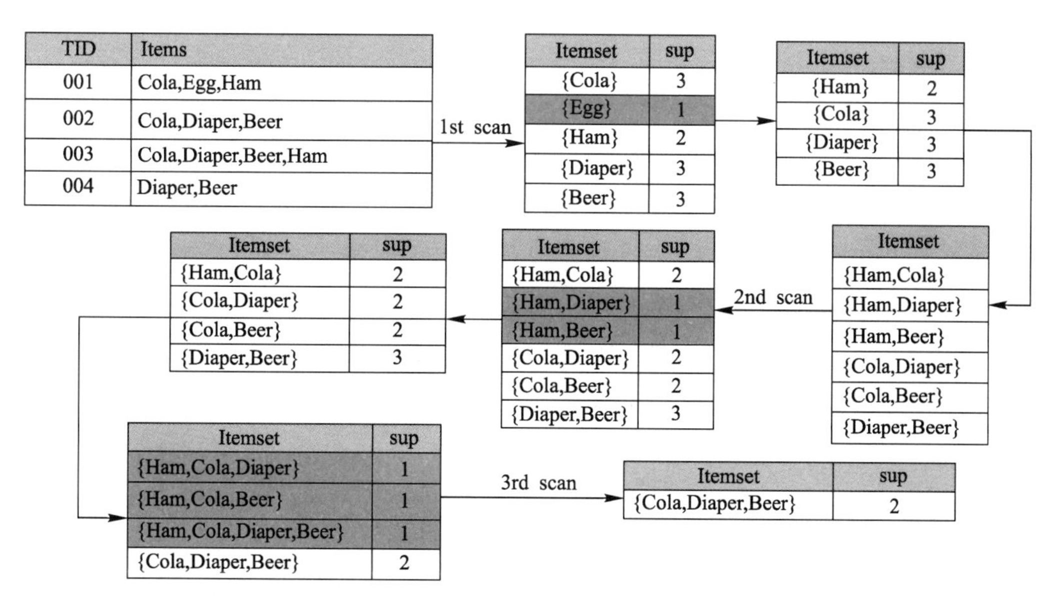

图 4-32　关联规则图

（2）Aprior 算法的缺点

① 每一步骤产生候选项目集时循环产生的组合过多，没有排除不应该参与组合的元素。

② 每次计算项集的支持度时，都对数据库 D 中的全部记录进行一遍扫描比较，如果是一个大型的数据库，这种扫描比较会大大增加计算机系统的 I/O 开销，且这种代价会随着数据库记录的增加呈现出几何级数的增加。因此，人们开始寻求更好性能的算法。

5. FP-Growth 算法关键术语

在 FP-Growth 算法中，只需要通过两次扫描事务数据库，把每个事务所包含的频繁项目按其支持度降序压缩存储到 FP-Tree 中。在以后发现频繁模式的过程中，就不需要再扫描事务数据库，而仅在 FP-Tree 中进行查找即可，并通过递归调用 FP-Growth 的方法来直接产生频繁模式，因此在整个发现过程中也不需产生候选模式。该算法克服了 Aprior 算法中存在的问题，在执行效率上也明显好于 Aprior 算法。FP-Growth 算法关键术语见表 4-5。

表 4-5　FP-Growth 算法关键术语表

名　称	说　　明
项头表	一个项头表里面记录了所有的 1 项频繁集出现的次数，按照次数降序排列
FP 树	FP-Tree 将原始数据集映射到了内存中的一棵 FP 树
节点链表	节点链表所有项头表里的 1 项频繁集都是一个节点链表的头，它依次指向 FP 树中该 1 项频繁集出现的位置

6. FP-Growth 算法流程

已知用户购买的商品数据如表 4-2 所示。

用户购买的商品数据支持度及项头表计算步骤如下：

① 第一次扫描数据库计算出每个用户购买的商品的支持度。

② 第二次扫描数据，对于每条数据剔除非频繁 1 项集，并按照支持度降序排列。例如数据项 ABCEFO，里面 O 是非频繁 1 项集，因此被剔除，只剩下了 ABCEF。按照支持度的顺序排序，它变成了 ACEBF。其他的数据项以此类推。

③ 将原始数据集里的频繁 1 项数据项进行排序，是为了后面的 FP 树建立时，可以尽可能地共用祖先节点。

上述操作步骤流程见表 4-6。

表 4-6 用户购买的商品数据支持度及项头表计算

ID	Items	支持度	项头表中数据	频繁项集
001	A B C E F O	8 2 8 8 2 2	A:8	A C E B F
002	A C G	8 8 5	C:8	A C G
003	E I	8 1	E:8	E
004	A C D G E	8 8 2 5 8	G:5	A C E G D
005	A C E G L	8 8 8 5 1	B:2	A C E G
006	E J	8 1	D:2	E
007	A B C E F P	8 2 8 8 2 1	F:2	A C E B F
008	A C D	8 8 2	A:8	A C D
009	A C E G M	8 8 8 5 1	C:8	A C E G
010	A C E G N	8 8 8 5 1	E:8	A C E G
011	A B C E F O	8 2 8 8 2 2	G:5	A C E B F
备注	原始数据集	原始数据集支持度	设定支持度>20%	去除项集中支持度低于 20%的项

由上述案例，可以归纳出 FP-Growth 算法的流程如下：

① 扫描数据，得到所有频繁 1 项集的计数。然后删除支持度低于阈值的项，将频繁 1 项集放入项头表，并按照支持度降序排列。

② 扫描数据，将读到的原始数据剔除非频繁 1 项集，并将每一条再按照支持度降序排列。

③ 读入排序后的数据集，逐条插入 FP 树中。插入时按照排序后的顺序，排序靠前的节点是祖先节点，而靠后的是子孙节点。如果有共用的祖先，则对应的公用祖先节点计数加 1。插入后，如果有新节点出现，则项头表对应的节点会通过节点链表链接上新节点。

直到所有的数据都插入到 FP 树中后，完成 FP 树的建立。

④ 从项头表的底部项依次向上找到项头表项对应的条件模式基，再从条件模式基递归挖掘得到项头表项的频繁项集。

⑤ 如果不限制频繁项集的项数，则返回步骤 4 得到的所有频繁项集，否则只返回满足项数要求的频繁项集。

7. FP 树的建立过程

通过两次扫描，项头表已经建立，排序后的数据集也已经得到了。FP 树的整个建立过程如图 4-33～图 4-43 所示。

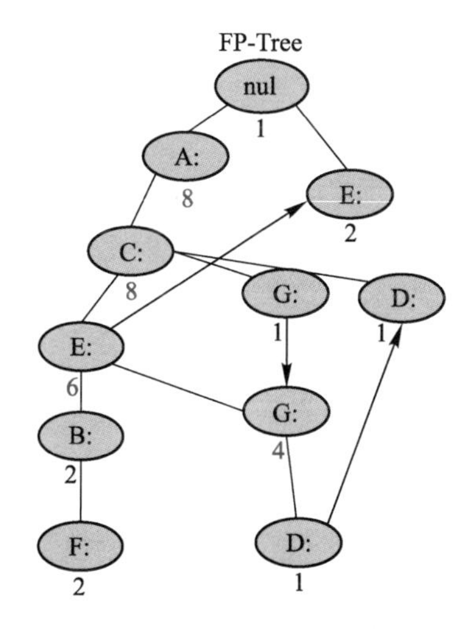

图 4-33　用 FP-Growth 算法构建 FP 树

ID	原始数据集	频繁项集
001	A B C E F O	A C E B F
002	A C G	A C G
003	E I	E
004	A C D G E	A C E G D
005	A C E G L	A C E G
006	E J	E
007	A B C E F P	A C E B F
008	A C D	A C D
009	A C E G M	A C E G
010	A C E G N	A C E G

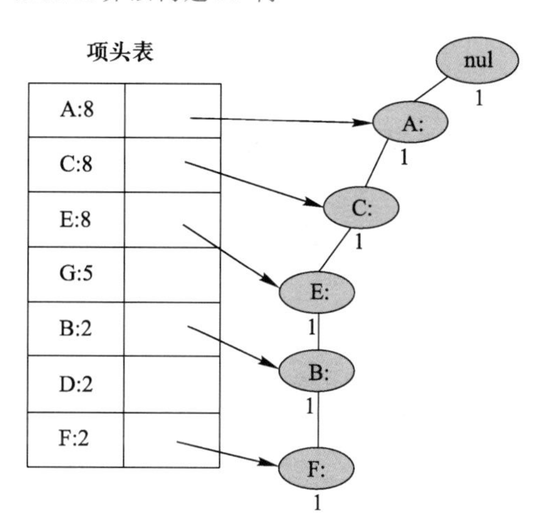

图 4-34　FP 树构建（1）

ID	原始数据集	频繁项集
001	ABCEFO	ACEBF
002	ACG	ACG
003	EI	E
004	ACDGE	ACEGD
005	ACEGL	ACEG
006	EJ	E
007	ABCEFP	ACE BF
008	ACD	ACD
009	ACEGM	ACEG
010	ACEGN	ACEG

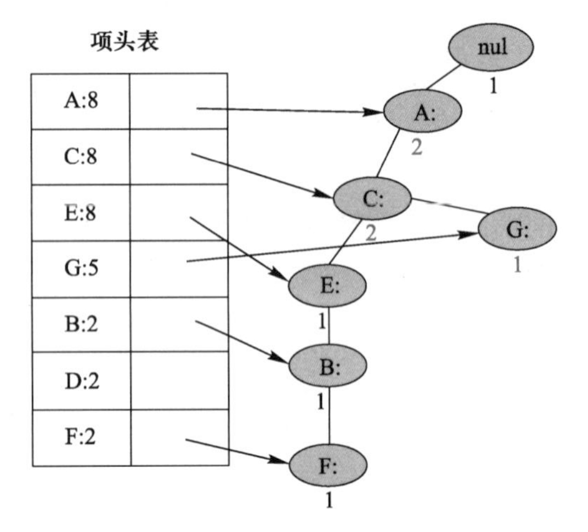

图 4-35 FP 树构建（2）

ID	原始数据集	频繁项集
001	ABCEFO	ACEBF
002	ACG	ACG
003	EI	E
004	ACDGE	ACEGD
005	ACEGL	ACEG
006	EJ	E
007	ABCEFP	ACE BF
008	ACD	ACD
009	ACEGM	ACEG
010	ACEGN	ACEG

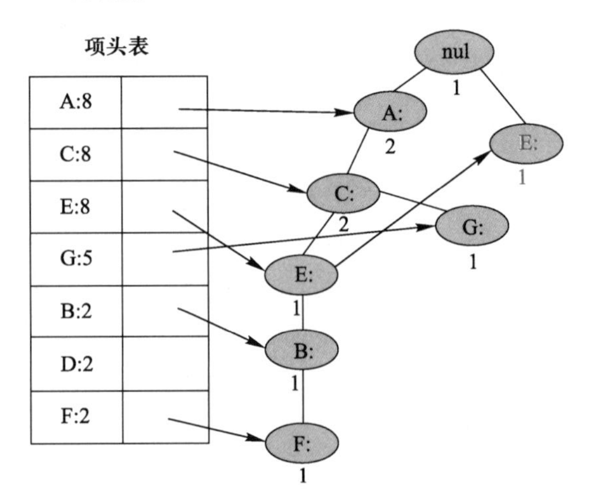

图 4-36 FP 树构建（3）

ID	原始数据集	频繁项集
001	ABCEFO	ACEBF
002	ACG	ACG
003	EI	E
004	ACDGE	ACEGD
005	ACEGL	ACEG
006	EJ	E
007	ABCEFP	ACE BF
008	ACD	ACD
009	ACEGM	ACEG
010	ACEGN	ACEG

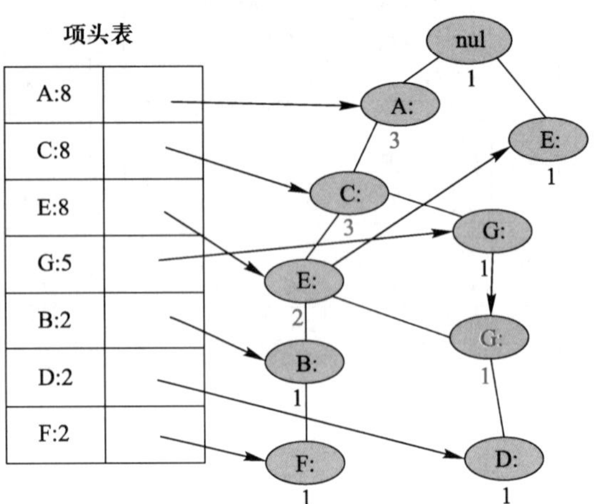

图 4-37 FP 树构建（4）

ID	原始数据集	频繁项集
001	ABCEFO	ACEBF
002	ACG	ACG
003	EI	E
004	ACDGE	ACEGD
005	ACEGL	ACEG
006	EJ	E
007	ABCEFP	ACE BF
008	ACD	ACD
009	ACEGM	ACEG
010	ACEGN	ACEG

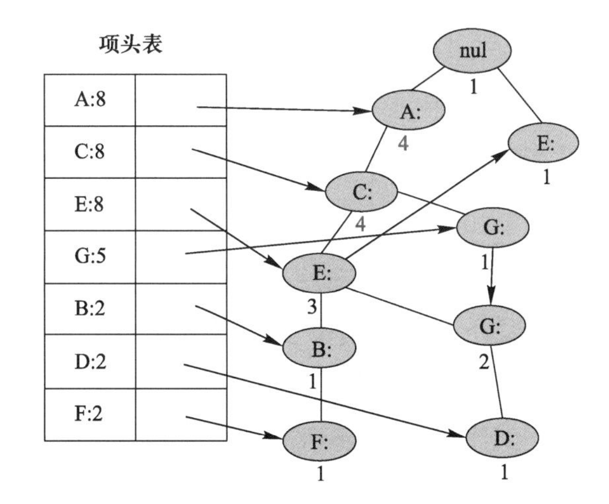

图 4-38 FP 树构建（5）

ID	原始数据集	频繁项集
001	ABCEFO	ACEBF
002	ACG	ACG
003	EI	E
004	ACDGE	ACEGD
005	ACEGL	ACEG
006	EJ	E
007	ABCEFP	ACE BF
008	ACD	ACD
009	ACEGM	ACEG
010	ACEGN	ACEG

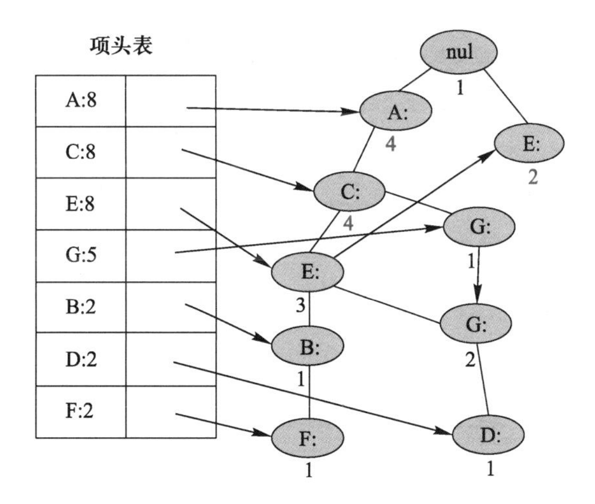

图 4-39 FP 树构建（6）

ID	原始数据集	频繁项集
001	ABCEFO	ACEBF
002	ACG	ACG
003	EI	E
004	ACDGE	ACEGD
005	ACEGL	ACEG
006	EJ	E
007	ABCEFP	ACE BF
008	ACD	ACD
009	ACEGM	ACEG
010	ACEGN	ACEG

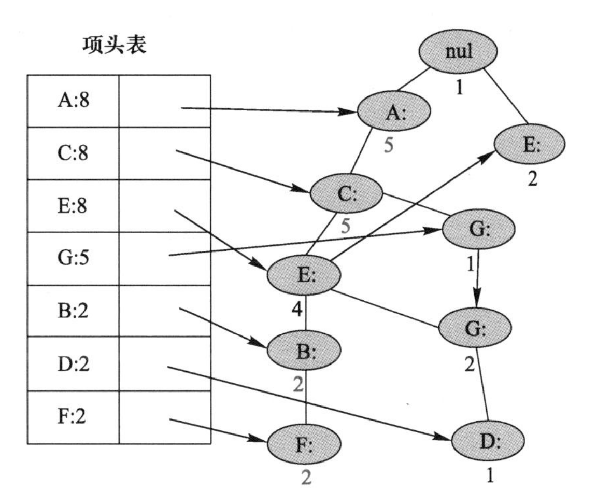

图 4-40 FP 树构建（7）

ID	原始数据集	频繁项集
001	ABCEFO	ACEBF
002	ACG	ACG
003	EI	E
004	ACDGE	ACEGD
005	ACEGL	ACEG
006	EJ	E
007	ABCEFP	ACE BF
008	ACD	ACD
009	ACEGM	ACEG
010	ACEGN	ACEG

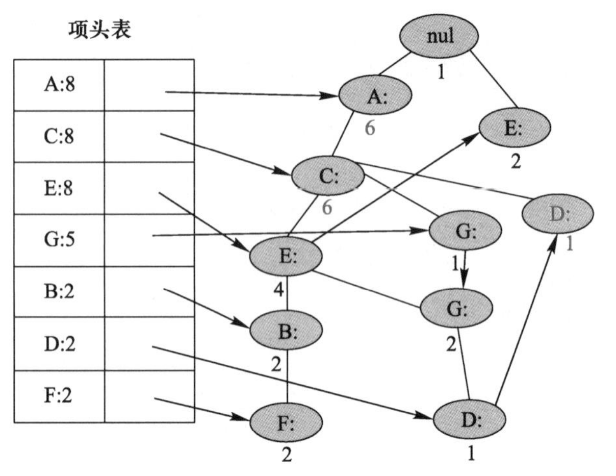

图 4-41 FP 树构建（8）

ID	原始数据集	频繁项集
001	ABCEFO	ACEBF
002	ACG	ACG
003	EI	E
004	ACDGE	ACEGD
005	ACEGL	ACEG
006	EJ	E
007	ABCEFP	ACE BF
008	ACD	ACD
009	ACEGM	ACEG
010	ACEGN	ACEG

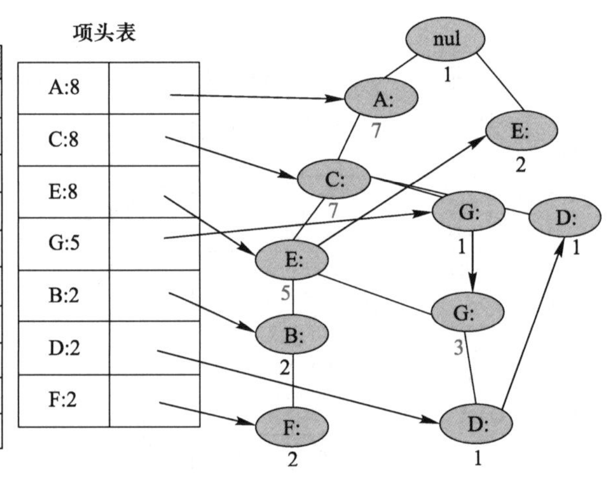

图 4-42 FP 树构建（9）

ID	原始数据集	频繁项集
001	ABCEFO	ACEBF
002	ACG	ACG
003	EI	E
004	ACDGE	ACEGD
005	ACEGL	ACEG
006	EJ	E
007	ABCEFP	ACE BF
008	ACD	ACD
009	ACEGM	ACEG
010	ACEGN	ACEG

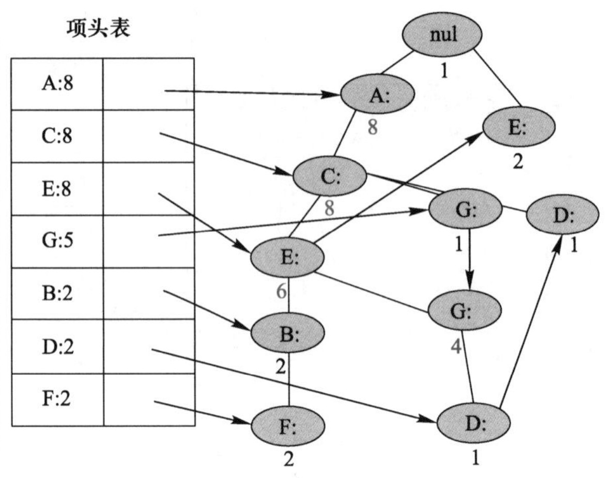

图 4-43 FP 树构建（10）

8. FP 树的挖掘流程

有了 FP 树和项头表以及节点链表后，挖掘频繁项集的流程如下

① 从项头表的底部项依次向上挖掘。

② 找到每一项条件模式基。以要挖掘的节点作为叶子节点所对应的 FP 子树，将得到的子树中每个节点的计数设置为叶子节点的计数，并删除计数低于支持度的节点。

③ 从条件模式基就可以递归挖掘得到频繁项集。

条件模式基的挖掘流程如下：

① 先从最底下的 F 节点开始，先寻找 F 节点的条件模式基。由于 F 在 FP 树中只有一个节点，因此候选就只有如图 4-44（a）所示的一条路径，对应{A:8，C:8，E:6，B:2，F:2}。接着将所有的祖先节点计数设置为叶子节点的计数，即 FP 子树变成{A:2，C:2，E:2，B:2，F:2}。一般的条件模式基可以不写叶子节点，因此最终 F 的条件模式基如图 4-44（b）所示。很容易得到 F 的频繁 2 项集为{A:2,F:2},{C:2,F:2},{E:2,F:2},{B:2,F:2}。递归合并 2 项集，得到频繁 3 项集为{A:2,C:2,F:2}，{A:2,E:2,F:2},…一直递归下去，最大的频繁项集为频繁 5 项集{A:2,C:2,E:2,B:2,F:2}。

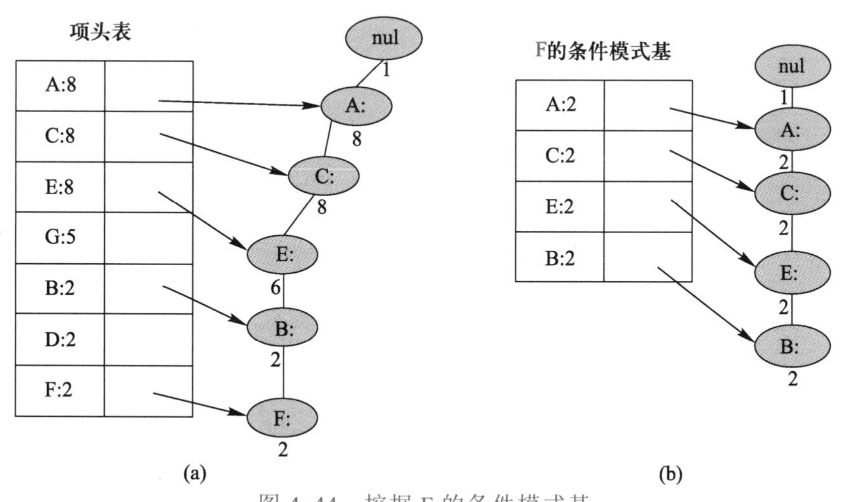

图 4-44 挖掘 F 的条件模式基

② 挖掘 D 节点。D 节点比 F 节点复杂一些，因为它有两个叶子节点，因此首先得到的 FP 子树如图 4-45（a）所示。接着将所有的祖先节点计数设置为叶子节点的计数，即变成{A:2, C:2,E:1 G:1,D:1, D:1}，此时 E 节点和 G 节点由于在条件模式基里面的支持度低于阈值，将其删除，最终在去除低支持度节点并不包括叶子节点后 D 的条件模式基为{A:2, C:2}，如图 4-45（b）所示。通过它，很容易得到 D 的频繁 2 项集为{A:2,D:2},{C:2,D:2}。

递归合并 2 项集，得到频繁 3 项集为{A:2,C:2,D:2}。D 对应的最大的频繁项集为频繁 3 项集。

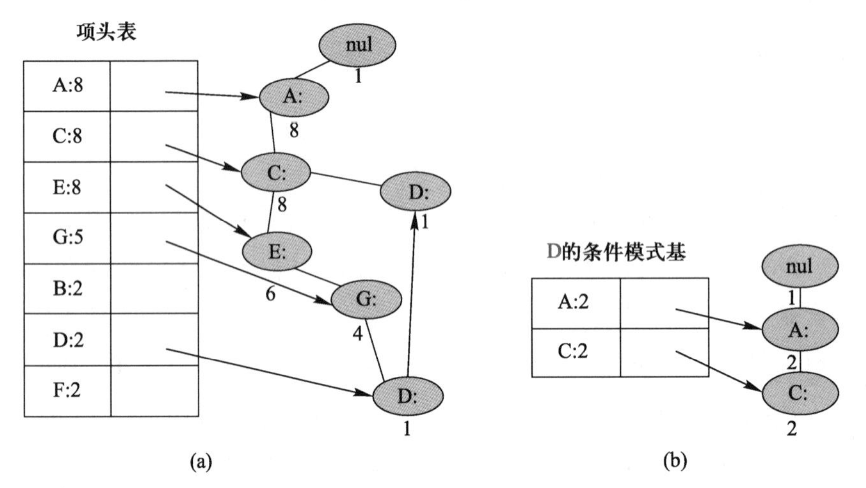

图 4-45 挖掘 D 的条件模式基

③ 同样的方法可以得到 B 的条件模式基，如图 4-46（b）所示，递归挖掘到 B 的最大频繁项集为频繁 4 项集{A:2, C:2, E:2,B:2}。

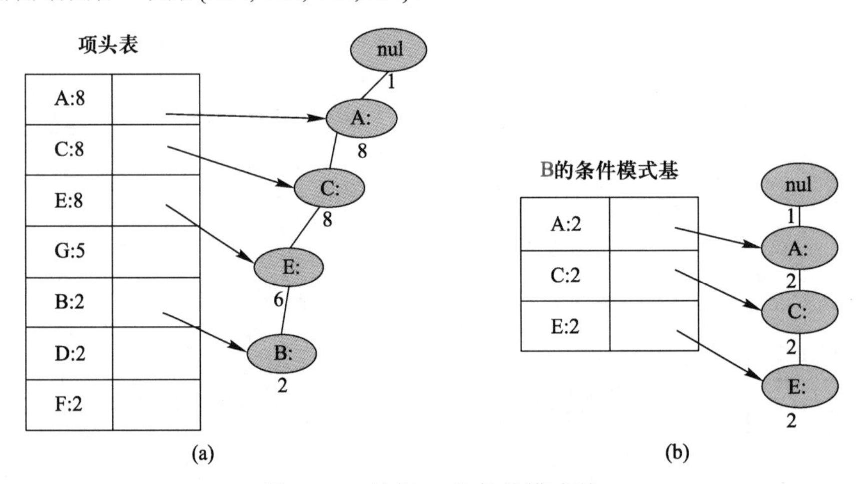

图 4-46 挖掘 B 的条件模式基

④ 挖掘到的 G 的条件模式基如图 4-47（b）所示，递归挖掘到 G 的最大频繁项集为频繁 4 项集{A:5, C:5, E:4,G:4}。

⑤ E 的条件模式基如图 4-48（b）所示，递归挖掘到 E 的最大频繁项集为频繁 3 项集{A:6, C:6, E:6}。

⑥ C 的条件模式基如图 4-49（b）所示，递归挖掘到 C 的最大频繁项集为频繁 2 项集{A:8, C:8}。

⑦ 至此，得到了所有的频繁项集，如果只是要最大的频繁 k 项集，从上面的分析可以

看到，最大的频繁项集为 5 项集，包括{A:2，C:2，E:2，B:2，F:2}。

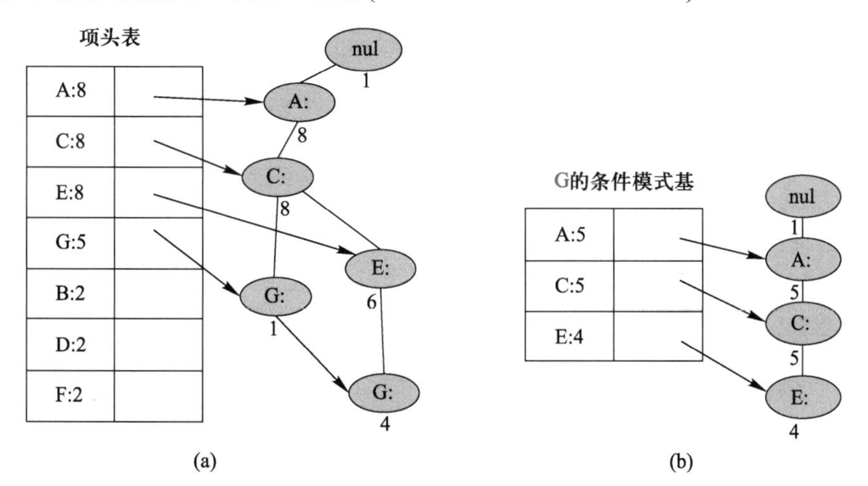

图 4-47　挖掘 G 的条件模式基

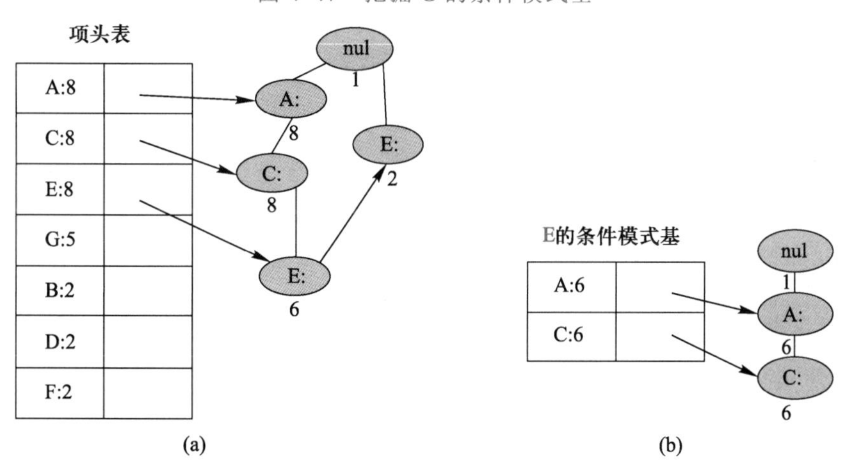

图 4-48　挖掘 E 的条件模式基

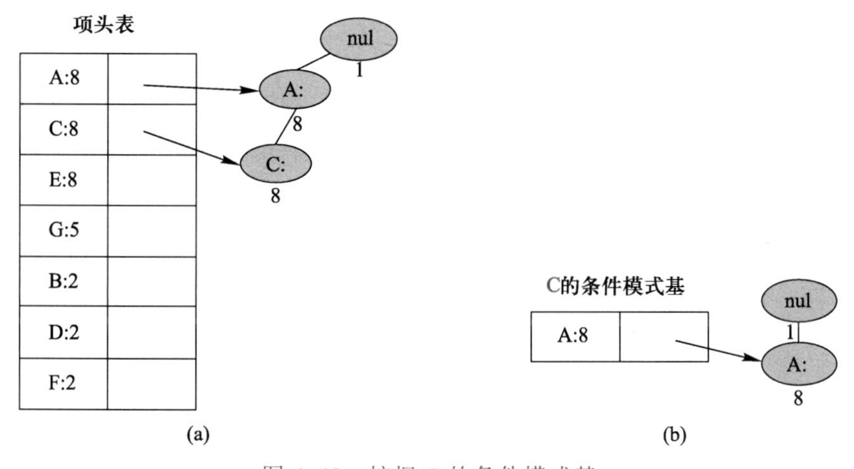

图 4-49　挖掘 C 的条件模式基

9. FP-Growth 算法的优缺点

FP-Growth 算法的优点是其一般要快于 Aprior。

FP-Growth 算法的缺点如下：

① 实现比较困难，在某些数据集上性能会下降。

② 适用数据类型为离散型数据。

微课 4-10 使用 Aprior 算法统计哪些商品最有可能被用户购买

【任务实施】

1. 使用 Aprior 算法统计哪些商品最有可能被用户购买

➢ 步骤 1：准备环境及数据。

准备工作包括：

① 安装 mlxtend 软件包，命令如下：

源代码

```
pip install mlxtend
```

② 预设随机数种子以使结果可重现。设置各随机数的种子为固定值(100)，以便产生的随机序列可以重现。注意后续代码中如果涉及随机种子的设置，应统一设置为 random_state。

③ 构建数据集，即构建好用户—商品的列表。

```
import random
import numpy as np
import pandas as pd
random_state = 100
random.seed(random_state)
np.random.seed(random_state)

original_data = [['牛奶', '洋葱', '豆角', '芸豆', '鸡蛋', '酸牛奶'],
                ['茴香', '洋葱', '豆角', '芸豆', '鸡蛋', '酸牛奶'],
                ['牛奶', '苹果', '芸豆', '鸡蛋'],
                ['牛奶', '香蕉', '玉米', '芸豆', '酸牛奶'],
                ['玉米', '洋葱', '芸豆', '冰淇淋', '鸡蛋']]
```

➢ 步骤 2：生成用户—物品标识矩阵。

```
from mlxtend.preprocessing import TransactionEncoder
encoder = TransactionEncoder( )
identity_array = encoder.fit_transform(original_data)
df = pd.DataFrame(identity_array, columns=encoder.columns_)
print(df)
```

运行结果如下：

```
  冰淇淋  洋葱   牛奶  玉米  芸豆  苹果  茴香  豆角  酸牛奶  香蕉  鸡蛋
0 False  True  True False  True False False  True  True  False  True
1 False  True False False  True False  True  True  True  False  True
2 False False  True False  True  True False False False False  True
3 False False  True  True  True False False False  True  True False
4  True  True False  True  True False False False False False  True
  冰淇淋  洋葱  牛奶  玉米  芸豆  苹果  茴香  豆角  酸牛奶  香蕉  鸡蛋
0 False  True  True False  True False False  True  True False  True
1 False  True False False  True False  True  True  True False  True
2 False False  True False  True  True False False False False  True
3 False False  True  True  True False False False  True  True False
4  True  True False  True  True False False False False False  True
```

以上结果说明如下：

① 标识矩阵中，每一列代表一种物品，列的数量就是物品种类数量。

② 标识矩阵中，每一行代表一个用户，如果该用户购买了某种物品，则该行中对应列的值设置为 True，否则设置为 False。

③ mlxtend.preprocessing.TransactionEncoder 类能够直接将原始数据列表转换成为用户—物品标识矩阵。

④ 以第 1 行结果为例，第 1 个用户购买了'牛奶'、'洋葱'、'豆角'、'芸豆'、'鸡蛋'以及'酸牛奶'6 类商品，所以，其对应的字段值设为 True；而其他字段设置为 False。

➢ 步骤 3：获取支持度大于 60%的频繁项集。

针对所有用户，统计以下数据信息：

① 如果用户购买了某种商品，称为用户支持了该商品。

② 每种商品被用户购买的频率比例。例如，如果某种商品被 5 个用户中 4 个购买过，则该商品的频率比例为 4/5=0.8，或者说支持度为 80%。

③ 不同商品组合被用户购买的频率比例。例如，商品 A 和 B 同时被 5 个用户中的 3 个购买过，则该商品的频率比例为 3/5=0.6，或者说支持度为 60%。

通过 mlxtend 子模块 frequent_patterns 调用 Aprior 方法，计算每个商品及商品组合的支持度。

```
Aprior(df, min_support=0.5, use_colnames=False, max_len=None, n_jobs=1)
```

相关参数说明如下。

df：数据框数据集。

min_support：指定的最小支持度，只返回支持度大于该值的那些商品和商品组合（频繁项）。

use_colnames：使用元素名字，默认为 False，表示使用列名代表元素。

max_len：生成的项目集的最大长度。如果为 None，则评估所有可能的项集长度。

```
from mlxtend.frequent_patterns import Aprior
frequency_set = Aprior(df, min_support=0.6)   # 只返回支持度不低于60%的频繁项
print(frequency_set)
```

运行结果如下：

```
      support    itemsets
0       0.6        (1)
1       0.6        (2)
2       1.0        (4)
3       0.6        (8)
4       0.8       (10)
5       0.6       (1, 4)
6       0.6       (1, 10)
7       0.6       (2, 4)
8       0.6       (8, 4)
9       0.8       (10, 4)
```

```
10        0.6        (1, 10, 4)
```

以上结果说明如下：

① 索引第 0 行，support 值为 0.6，itemsets 值为(1)，表示商品集中索引为 1 的列(洋葱)的支持度为 0.6。查看 df 的数据可知，索引为 0、2、3 的用户购买了洋葱。

② 索引第 5 行，support 值为 0.6，itemsets 值为 (1,4)，表示商品集中索引为 1 和 4 的列(洋葱、芸豆)的支持度为 0.6。查看 df 的数据可知，索引为 0、2、3 的用户同时购买了洋葱和芸豆。

➢ 步骤 4：使用商品名称表示频繁项集。

只需要在 Aprior 方法中设置参数 use_colnames=True，就能够用商品名称而不是列索引号表示频繁项集，这样可读性更好。

```
frequency_set = Aprior(df, min_support=0.6, use_colnames=True)
print(frequency_set)
```

运行结果如下：

```
        support      itemsets
0        0.6          (洋葱)
1        0.6          (牛奶)
2        1.0          (芸豆)
3        0.6         (酸牛奶)
4        0.8          (鸡蛋)
5        0.6       (芸豆, 洋葱)
6        0.6       (鸡蛋, 洋葱)
7        0.6       (牛奶, 芸豆)
8        0.6       (芸豆, 酸牛奶)
9        0.8       (鸡蛋, 芸豆)
10       0.6       (鸡蛋, 芸豆, 洋葱)
```

通过此种方式，可以计算出指定支持度的商品和商品组合，从而判断出哪些商品放在一起，是用户最可能同时购买的。

➢ 步骤 5：获取由两种商品组成并且支持度为 80%以上的频繁项集。

首先获得支持度不低于 0.8 的所有频繁项集；然后计算每个频繁项的商品数量。最后选出商品数据量为 2 的项作为结果返回。

```
frequency_set = Aprior(df, min_support=0.8, use_colnames=True)
                                                    # 储存 Aprior 算法结果
frequency_set['length'] = frequency_set['itemsets'].aply(lambda x: len(x))
                                                    # 添加频繁项集数量列
print(frequency_set)
print("=" * 100)

results = frequency_set[(frequency_set['length'] == 2)]
print(results)
```

运行结果如下。

```
        support    itemsets      length
0        1.0        (芸豆)         1
1        0.8        (鸡蛋)         1
2        0.8   (鸡蛋, 芸豆)         2
====================================================================================================
        support       itemsets         length
2        0.8       (鸡蛋, 芸豆)         2
```

微课 4-11
Apriori 算法代码实现

由结果可见，鸡蛋和芸豆的组合，被 80%的用户所选择。因此可以将它们搭配销售。

2. 使用 FP-Growth 算法统计哪些商品最有可能被用户购买

代码 4.13

- 步骤 1：构建 FP-Growth 树类，见代码 4.13（请扫描二维码查看）。
- 步骤 2：构建项头表及更新 FP 树见代码 4.14（请扫描二维码查看）。
- 步骤 3：构建 FP 树见代码 4.15（请扫描二维码查看）。
- 步骤 4：挖掘条件模式基见代码 4.16（请扫描二维码查看）。

代码 4.14

代码 4.15

代码 4.16

- 步骤 5：查找频繁项集见代码 4.17（请扫描二维码查看）。

➢ 步骤 6：生成数据集，见代码 4.18（请扫描二维码查看）。

➢ 步骤 7：输出 FP 树及频繁项集，见代码 4.19（请扫描二维码查看），运行结果如下。

代码 4.17

代码 4.18

代码 4.19

```
*****************形成FP树并打印显示******************
  Null Set    1
   E    8
    C    6
     A    6
      G    4
   A    2
    C    2
     G    1
conditional tree for: {'G'}
  Null Set    1
   A    5
    C    5
     E    4
conditional tree for: {'G', 'E'}
  Null Set    1
   A    4
    C    4
conditional tree for: {'G', 'E', 'C'}
  Null Set    1
   A    4
conditional tree for: {'G', 'C'}
  Null Set    1
   A    5
conditional tree for: {'C'}
```

```
    Null Set    1
     E    6
  conditional tree for: {'A'}
    Null Set    1
     E    6
      C    6
  conditional tree for: {'A', 'C'}
    Null Set    1
     E    6
  ******************显示频繁项集******************
  [{'G'}, {'G', 'E'}, {'G', 'A', 'E'}, {'G', 'E', 'C'}, {'G', 'A', 'E', 'C'}, {'G', 'A'}, {'G', 'C'}, {'G', 'A',
'C'}, {'E'}, {'C'}, {'E', 'C'}, {'A'}, {'A', 'E'}, {'A', 'C'}, {'A', 'E', 'C'}]
```

由结果可见，获得了条件模式基以及所有的频繁项集。

【任务小结】

本任务分别使用 Aprior 算法统计最有可能被用户购买的商品，使用 FP-Growth 算法构建 FP 树、挖掘条件模式基、查找频繁项集及输出 FP 树及频繁项集等。FP-Growth 算法建立在 Aprior 算法的概念之上，它采用了更高级的数据结构 FP-Tree 减少扫描数据次数，只需要两次扫描数据库，相比于 Aprior 算法减少了 I/O 操作，克服了后者需要多次扫描数据库的问题。

任务 4.10 使用协同过滤模型

【任务目标】

① 了解协同过滤的基本概念及类型。
② 掌握相似度的计算方法。
③ 了解基于用户的协同过滤算法。
④ 掌握基于商品的协同过滤算法。
⑤ 掌握算法性能评估。

⑥ 编写基于用户的协同过滤算法以实现商品推荐。

⑦ 编写基于物品的协同过滤算法以实现商品推荐。

【任务描述】

本任务要求分别基于用户和物品的协同过滤算法以实现商品推荐。

已知用户（User）对于物品（Item）的偏好数据关系见表 4-7。

表 4-7 用户对物品偏好数据关系表 2

User	Item1	Item2	Item3	Item4	Item5
User1	3	1	2	3	3
User2	4	3	4	3	5
User3	3	3	1	5	4
User4	1	5	5	2	1
Jerry	5	3	4	4	?

分别使用基于用户及物品的协同过滤算法，预测用户 Jerry 对于 Item5 的偏好度评分。

【知识准备】

1. 推荐系统

搜索引擎和推荐系统是解决现代社会信息过载的代表性技术。传统的搜索引擎可帮助用户过滤和筛选信息，但它需要用户主动发出关键字和搜索动作；推荐系统则可以根据用户的喜好、习惯、个性化需求以及商品的特性等来预测用户对商品的喜好，帮助用户快速地做出决策，而无须用户明确提供其所想要的内容。推荐系统在电子商务、社交网络、视频音乐推荐等领域都有广泛应用。常用的推荐算法如下。

（1）基于内容推荐

喜欢某一类物品的用户，往往也喜欢具有相似属性的其他物品。因此可以挖掘物品之间的属性共性，再结合用户已知的属性偏好进行分析。基于内容的推荐需要提取物品的类别、关键字等特征信息，但是特征的选择一般较为主观和困难。此外，用户的偏好会随着时间推移发生变化，而基于内容的推荐不容易追踪，它也很难挖掘用户的潜在兴趣。

（2）协同过滤推荐

“人以类聚”，有着相似行为的用户，其需求和偏好也比较接近。因此，可以通过用户对物品的购买、喜好、评价、收藏等数据进行分析。协同过滤推荐无须输入并维护附加信息，如商品属性等。但是，如果用户的评分数据少（如系统“冷启动”，数据很少），或者活动频次极低（如购买房屋的频次就极低），此时的推荐效果会很差。

（3）基于知识推荐

基于知识的推荐需要收集用户需求，根据用户需求与产品之间相似度形式给出推荐。用户必须指定需求，然后系统设法给出解决方案。如果找不到解决方案，用户必须修改需求。此外，系统还需给出推荐物品的解释。根据如何使用所提供的知识，又可细分为基于约束的推荐（明确定义推荐规则集合）和基于实例的推荐（根据不同的相似度衡量方法检索相似物品）。

（4）混合推荐

混合推荐的目标是构建一种混合系统，即能结合不同算法和模型的优点，又能克服其中的缺陷。输入数据类型可能包含用户记录和上下文参数、群体数据、产品特征以及知识模型。

2. 协同过滤

协同过滤（Collaborative Filtering Recommendation）的基本思想是根据用户之前的喜好以及其他兴趣相近的用户的选择来给用户推荐物品（基于对用户历史行为数据的挖掘发现用户的喜好偏向，并预测用户可能喜好的产品进行推荐），一般是仅仅基于用户的行为数据（如评价、购买、下载等），而不依赖于项的任何附加信息（物品自身特征）或者用户的任何附加信息（如年龄、性别等）。

协同过滤的模型一般为 M 个物品，N 个用户的数据，只有部分物品和部分用户之间是有评分数据的，其他部分评分是空白，此时需要用已有的部分稀疏数据来预测那些空白的物品和用户之间的评分关系，找到最高评分的物品推荐给用户。

协同过滤有以下 3 种类型。

① 基于用户（User-Based）的协同过滤：给用户推荐与其兴趣相似的其他用户喜欢的产品。该方式主要考虑的是用户和用户之间的相似度，只要找出相似用户喜欢的物品，并预测目标用户对对应物品的评分，就可以找到评分最高的若干个物品推荐给用户。

② 基于物品（Item-Based）的协同过滤：给用户推荐与其之前喜欢的物品相似的物品。该方式先计算物品和物品之间的相似度，然后找到目标用户对某些物品的评分，之后就可以对相似度高的类似物品进行预测，将评分最高的若干个相似物品推荐给目标用户。

③ 基于模型（Model-Based）的协同过滤：基于样本的用户喜好信息，训练一个机器学习推荐模型，然后根据实时的用户喜好的信息进行预测推荐，具体又可分为关联算法（如 Apriori、FP-Tree）、聚类算法（如 K-Means、DBSCAN 等）、分类算法（如逻辑回归、朴素贝叶斯等）、回归算法（如线性回归、岭回归、决策树回归等）、矩阵分解、神经网络、图模型等。这种方式是当前最主流的协同过滤类型。

基于用户和基于物品的协同过滤算法的基本流程如下。

① 收集用户偏好：针对每个用户，分别采集整理其对每个物品的偏好度（如评分值、购买量、是否收藏等）。

② 计算相似度：计算用户之间或者物品之间的相似度。

③ 寻找相似邻居：找到相似度最高的若干（直接设定或者通过阈值判断）用户或物品。

④ 预测评分并推荐：将相似邻居及对应的评分累计汇总，得出对于目标用户未评分物品的预测评分数。

3. 相似度计算方法

在构建协同过滤推荐模型时，一个重要的环节就是如何计算用户或物品之间的相似度。

将单个用户或物品视为向量：对于用户而言，该向量中存放了该用户对于每个物品的偏好值；对于物品而言，该向量中存放了每个用户对于该物品的偏好值。

常用的相似度计算规则如下：

（1）皮尔逊相关系数（Pearson Correlation Coefficient）

一般用于计算两个定距变量间联系的紧密程度，它的取值为[-1，+1]区间。

$$(X,Y)=\frac{\sum_{i\in I}(r_{xi}-\overline{r}_x)(r_{yi}-\overline{r}_y)}{\sqrt{\sum_{i\in I}(r_{xi}-\overline{r}_x)^2}\sqrt{\sum_{i\in I}(r_{yi}-\overline{r}_y)^2}}$$

其中，I 表示所有物品，i 分别代表每一项物品，r_{xi} 表示向量 X 中的每一个元素值，$\overline{r}_x$ 表示向量 X 的元素平均值。

皮尔森相关系数也可视为两个变量的协方差除于两个变量的标准差（实际上就是两个向量的线性相关性）。

$$s(X,Y)=\frac{\mathrm{Cov}(X,Y)}{\sigma_X\sigma_Y}$$

（2）欧几里得距离的相似度

欧几里得距离是两个向量之间的对应元素之差的平方和再开方。

计算出来的欧几里得距离是一个大于 0 的数，为了使其更能体现用户之间的相似度，可以把它规约到(0,1]区间。

$$s(X,Y)=\frac{1}{1+\Sigma\sqrt{(x_i-y_i)^2}}$$

（3）余弦相似度（Cosine-based Similarity）

余弦相似度用向量空间中两个向量夹角的余弦值作为衡量两个个体间差异的大小。余弦相似度更加注重两个向量在方向上的差异，而不是距离。

$$s(X,Y)=\cos\theta=\frac{XY}{|X||Y|}=\frac{\sum_{i=1}^{n}X_iY_i}{\sqrt{\sum_{i=1}^{n}(X_i)^2}\sqrt{\sum_{i=1}^{n}(Y_i)^2}}$$

（4）杰卡德系数（Jaccard Similarity Coefficient）

杰卡德系数用于比较有限样本集之间的相似性与差异性，系数越大，样本相似度越大。适合仅统计出现或不出现，而不统计出现次数的情形。

$$s(X,Y)=\frac{\{|X\cap Y|\}}{\{|X\cup Y|\}}$$

其中，$|X\cap Y|$是指 X 集合和 Y 集合中都出现了的元素个数（交集），$|X\cup Y|$是指 X 集合或 Y 集合中出现过的元素个数（并集）。

例如，X={a,b,c,d}，Y={a,c,e}，则$|X\cap Y|=2$，$|X\cup Y|=5$，$s(X,Y)=2/5$。

若将 X 和 Y 视为物品，则上述公式可以理解为：喜欢物品 X 的用户中，有多少比例的用户也喜欢 Y，比例越高，说明 X 与 Y 的相似度越高。

若将 X 和 Y 视为用户，则上述公式可以理解为：用户 X 喜欢的物品中，有多少比例的物品也被用户 Y 喜欢，比例越高，说明 X 与 Y 的相似度越高。

此种规则计算的相似度，对于热门物品而言，其他物品与它的相似度都会接近 1；同样对于活跃用户而言，其他用户与它的相似度也会接近 1。这是不合理的，因此往往需要对热门物品或活跃用户进行“惩罚”，以降低其相似度。

4. 基于用户协同过滤

针对目标用户 u，基于其对各个物品的偏好找到邻居（相似）用户，然后将邻居用户喜欢的物品推荐给 u。算法步骤如下：

① 计算 u 与其他用户之间的相似度。首先，找到 u 与其他用户的共有的物品偏好评分，分别构建一个向量。然后，选择合适的相似度计算方法计算 u 与其他每个用户的相似度。

② 圈定邻居用户集合。设定相似度阈值 T，与 u 的相似度超过阈值 T 的其他用户纳入到邻居用户集合中；或者指定最近邻数量 N，所有用户中与 u 相似度最高的 N 个用户纳入到邻居用户集合中。

③ 预测 u 对单个物品 p（u 未对 p 有过偏好评分）的评分值。

基本公式：

$$R_{u,p}=\frac{\sum_{k=1}^{N}(w_{u,k}R_{k,p})}{\sum_{k=1}^{N}w_{u,k}}$$

该公式直接利用用户相似度和相似用户的评价加权平均获得用户的评价预测。主要参数说明如下。

$R_{u,p}$：用户 u 对物品 p 的预测评分值。

N：选定的最近邻居的数量。

$w_{u,k}$：目标用户 u 与邻居用户 k 之间的相似度。

$R_{k,p}$：邻居用户 k 对物品 p 的偏好评分。

改进公式：

$$R_{u,p}=\overline{R_u}+\frac{\sum_{k=1}^{N}\{(w_{u,k})(R_{k,p}-\overline{R_k})\}}{\sum_{k=1}^{2}w_{u,k}}$$

该公式采用物品的评分与此用户的所有评分的差值进行加权平均，从而兼顾用户内心的评分标准不一的情况，即有的用户喜欢打高分，有的用户喜欢打低分的情况。主要参数说明如下。

$\overline{R_u}$：目标用户 u 对其所有已偏好物品的平均评分。

$\overline{R_k}$：邻居用户 k 对其所有已偏好物品的平均评分。

上述两个公式中，如果某个邻居用户 s 或 k 对某个 p 没有评分，则该用户不计入分子部分，也不计入分母部分。

④ 预测 u 对所有其未有过偏好评分的物品的评分值。

⑤ 按照上述评分值由高到低排序，选择前若干物品推荐给 u。

5. 基于物品协同过滤

给目标用户 u 推荐那些与其之前喜欢的物品相似的物品。也就是说，根据 u 曾经偏好过的物品，计算该用户对其他物品的偏好评分。算法步骤如下：

① 计算 u 的未偏好物品 p 与偏好物品之间的相似度。首先，列出 u 有过偏好评分的物品集合。然后，找到 p 与偏好物品集合中每个物品的共有的用户评分，分别构建一个向量。再选择合适的相似度计算方法计算 p 与其他每个物品的相似度。

② 圈定邻居物品集合。设定相似度阈值 T，与 p 的相似度超过阈值 T 的其他物品纳入到邻居物品集合中；或者指定最近邻数量 N，所有物品中与 p 相似度最高的 N 个物品纳入

到邻居物品集合中。

③ 计算用户 u 对物品 p 的偏好度直接使用改进公式：

$$R(u,p)=\overline{R_p}+\frac{\sum_{k=1}^{N}\left(w_{p,k}(R_{u,k}-\overline{R_k})\right)}{\sum_{k=1}^{N}w_{k,p}}$$

各参数说明如下。

$\overline{R_p}$：物品 p 在所有已评分用户中的偏好平均分。

$R_{u,k}$：用户 u 对已评分邻近物品 k 的偏好分。

$\overline{R_k}$：邻近物品 k 在所有已评分用户中的偏好平均分。

$w_{k,p}$：物品 k 和邻近物品 p 之间的相似度。

④ 针对 u 未评分的每个物品，分别预测其偏好度评分。

⑤ 按照上述评分值由高到低排序，选择前若干物品推荐给 u。

⑥ 基于物品的协同过滤与基于用户的协同过滤比较，见表 4-8。

表 4-8 基于物品与基于用户协同过滤比较

项目	UserCF	ItemCF
计算量	适用于用户较少的场合，如果用户过多，计算用户相似度矩阵的代价较大	适用于物品数明显小于用户数的场合，如果物品很多，计算物品相似度矩阵的代价较大
实用性	在新用户对很少的物品产生行为后，不能立即对其进行个性化推荐，因为用户相似度表是每隔一段时间离线计算的	新用户只要对一个物品产生行为，就可以为其推荐和该物品相关的其他物品
适合场景	时效性较强，用户个性化兴趣不太明显的领域	时效性较强，用户个性化兴趣不太明显的领域
应用举例	针对新闻类的应用，时效性较高，物品变化很快，而用户有相对稳定的场景。此时往往会选择基于用户的协同过滤算法	

6. 算法性能评估

针对给定的测试数据，先通过协同过滤算法预测给用户推荐的物品集合，然后与测试数据中用户真实偏好的物品集合进行对比。

（1）精度

$$Precision=\frac{\sum_{u}|R(u)\cap T(u)|}{\sum_{u}|R(u)|}$$

各参数说明如下。

$R(u)$：为用户 u 推荐的物品集合。

$T(u)$：用户 u 在测试数据集上真正偏好的物品集合。

$R(u)$和 $T(u)$取交集，是指算法给用户推荐的物品集合，与用户真实喜欢的物品集合中，有多少个物品是重合（匹配）的。精度实际上考查了正确推荐的物品总数占所有推荐的物品总数的比重，即体现了推荐的“准确性”。

（2）召回率

$$Recall = \frac{\sum_u |R(u) \cap T(u)|}{\sum_u |T(u)|}$$

召回率实际上考查了正确推荐的物品总数占用户真正喜欢的物品总数的比重，即体现了推荐的“全面性”。

（3）覆盖率

$$Coverage = \frac{|U_{u \in U} R(u)|}{|I|}$$

各参数说明如下。

$|U_{u \in U} R(u)|$：为所有用户推荐的物品总集中的物品总个数（重复的物品只取 1 次）。

$|I|$：整个推荐系统中的物品总个数（重复的物品只取 1 次）。

覆盖率实际上考查了最终推荐列表中的物品总数占所有物品总数的比重。如果每一个物品都曾经推荐过至少一个用户，则覆盖率为 100%。它反映了推荐算法发掘“长尾”的能力，覆盖率越高，说明推荐算法越能将“长尾”中的物品推荐给用户。

（4）新颖度

用推荐列表中物品的平均流行度度量推荐结果的新颖度。如果推荐出的物品都很热门，说明推荐的新颖度较低。

【任务实施】

微课 4-12
基于用户协同过滤算法实现商品推荐

1. 基于用户协同过滤算法实现商品推荐

➢ 步骤 1：准备工作。

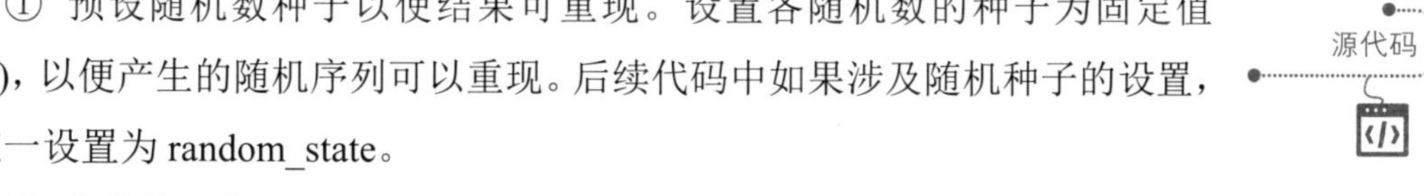

① 预设随机数种子以使结果可重现。设置各随机数的种子为固定值(100)，以便产生的随机序列可以重现。后续代码中如果涉及随机种子的设置，应统一设置为 random_state。

② 装载数据集并获取必要的统计信息，构建用户—物品评分矩阵，见代码 4.20（请扫

描二维码查看），运行结果如下：

代码 4.20

```
用户总数：5，商品总数：5
```

➢ 步骤 2：计算用户相似度矩阵，见代码 4.21（请扫描二维码查看），运行结果如下：

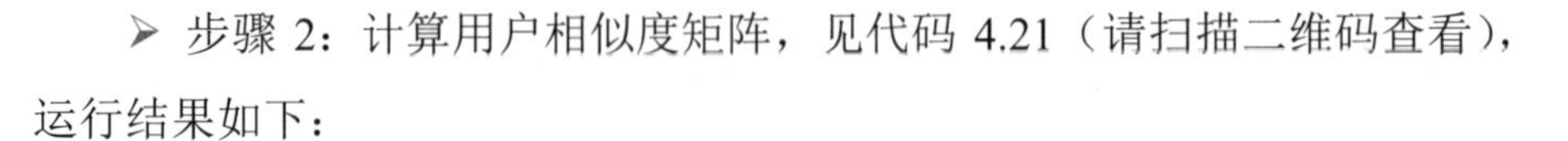

代码 4.21

```
用户相似度矩阵：
 [[0.         0.95938348 0.9356927  0.63781505 0.9753213 ]
 [0.95938348 0.         0.89442719 0.77151675 0.99224264]
 [0.9356927  0.89442719 0.         0.63831064 0.89072354]
 [0.63781505 0.77151675 0.63831064 0.         0.79668736]
 [0.9753213  0.99224264 0.89072354 0.79668736 0.        ]]
```

➢ 步骤 3：计算邻居用户矩阵，见代码 4.22（请扫描二维码查看），运行结果如下：

代码 4.22

```
邻居用户索引号：
 [1 0]
邻居用户相似度：
 [0.99224264 0.9753213 ]
邻居用户矩阵：
 [[4 3 4 3 5]
 [3 1 2 3 3]]
```

➢ 步骤 4：预测目标用户对未评分商品的评分值，见代码 4.23（请扫描二维码查看），运行结果如下：

代码 4.23

```
对目标物品的预测评分：4.90
```

2. 基于物品的协同过滤算法以实现商品推荐

➢ 步骤 1：准备工作。

① 预设随机数种子以使结果可重现。设置各随机数的种子为固定值(100)，以便产生的随机序列可以重现。后续代码中如果涉及随机种子的设置，应统一设置为 random_state。

② 装载数据集并获取必要的统计信息，构建用户—物品评分矩阵，见代码 4.24（请扫

描二维码查看），运行结果如下：

代码 4.24

```
用户总数：5，商品总数：5
```

➢ 步骤 2：建立物品与用户之间的评分矩阵。

将用户—物品评分矩阵转置，就变成了物品—用户评分矩阵。

```
data = np.array([
    [3,1,2,3,3],
    [4,3,4,3,5],
    [3,3,1,5,4],
    [1,5,5,2,1],
    [5,3,4,4,0]]).T
```

➢ 步骤 3：使用皮尔逊系数计算物品相似度矩阵，见代码 4.25（请扫描二维码查看），运行结果如下：

代码 4.25

```
物品相似度矩阵：
 [[ 0.          -0.47673129  -0.12309149   0.53218116   0.96945842]
 [-0.47673129   0.           0.64549722  -0.31008684  -0.47809144]
 [-0.12309149   0.64549722   0.          -0.72057669  -0.42761799]
[ 0.53218116   -0.31008684  -0.72057669   0.           0.58167505]
[ 0.96945842   -0.47809144  -0.42761799   0.58167505   0.        ]]
```

➢ 步骤 4：构建邻居物品矩阵。

针对数据集中的最后一个物品（索引为 4），计算其邻居物品矩阵，并取前 2 个最近邻物品。具体实现见代码 4.26（请扫描二维码查看），运行结果如下：

代码 4.26

```
邻居物品索引号：
 [0 3]
邻居物品相似度：
 [0.96945842 0.58167505]
邻居物品矩阵：
 [[3 4 3 1 5]
 [3 3 5 2 4]]
```

➢ 步骤 5：预测目标用户对未评分商品的评分值见代码 4.27（请扫描二维码查看），运行结果如下：

代码 4.27

```
对目标物品的预测评分：4.60
```

【任务小结】

本任务主要学习协同过滤算法，通过计算用户相似度矩阵、计算邻居用户矩阵、预测目标用户对未评分商品的评分值等完成基于用户的商品推荐；通过建立物品与用户之间的评分矩阵、计算物品相似度矩阵、构建邻居物品矩阵、预测目标用户对未评分商品的评分值等完成基于物品的协同过滤对用户的商品推荐。

任务 4.11 使用时间序列模型

【任务目标】

① 掌握时间序列建模的基本编程过程。

② 能够以可视化的方式查看时间序列的数据分布情况及预测发展趋势。

③ 能够使用第三方包执行建模和预测。

【任务描述】

数据文件 dataset/airline_passengers.csv 中存放了某航班 1949 年—1960 年每个月的乘坐人数信息，使用时间序列模型分析该信息，并预测 1960 年以后的若干时段内，每个月可能的乘客人数。

【知识准备】

1. 时间序列与时间序列分析

生产和科学研究中，对某一个或者一组变量 $x(t)$进行观察测量，将在一系列时刻 $t_1,t_2,\cdots,t_n$ 所得到的离散数字组成的序列集合称为时间序列。

时间序列分析是根据系统观察得到的时间序列数据，通过曲线拟合和参数估计来建立数学模型的理论和方法，常用于国民宏观经济控制、市场潜力预测、气象预测、农作物害虫灾害预报等各个方面。

2. ARIMA 时间序列建模基本步骤

ARIMA(p,d,q)称为差分自回归移动平均模型，其是时间序列预测分析的主要方法之一。其中各参数说明如下。

p：自回归（AR）项阶数（或 AR 模型阶数），可通过偏自相关图（PACF）来估计。

q：移动平均（MA）阶数（或 MA 模型阶数），可以通过自相关图（ACF）来估计。

d：时间序列成为平稳时所做的差分次数。

ARIMA 时间序列建模过程如下：

① 获取被观测系统时间序列数据。

② 对数据绘图，观测是否为平稳时间序列；对于非平稳时间序列要先进行 d 阶差分运算，化为平稳时间序列。

③ 对平稳时间序列，通过对偏自相关图和自相关图的分析，得到最佳的 p 和 q。

④ 由以上得到的 d、p、q 得到 ARIMA 模型，然后开始对得到的模型进行模型检验。

3. 检验序列的平稳性

平稳序列才能较好地进行建模，因此首先需要检验数据的平稳性。

在最简单的情况下可以通过绘制原始数据散点图，并观察其均值和方差的变化来判断。如图 4-50 所示的数据，横坐标是数据点在序列中的编号（也就是时间），纵坐标是数据值。

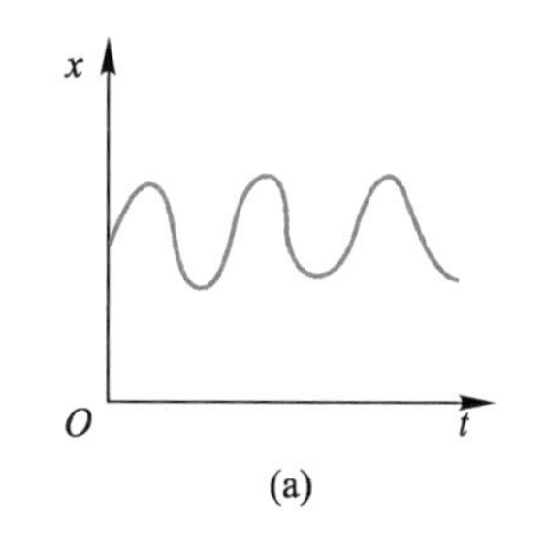

(a)

x
O
t

(b)

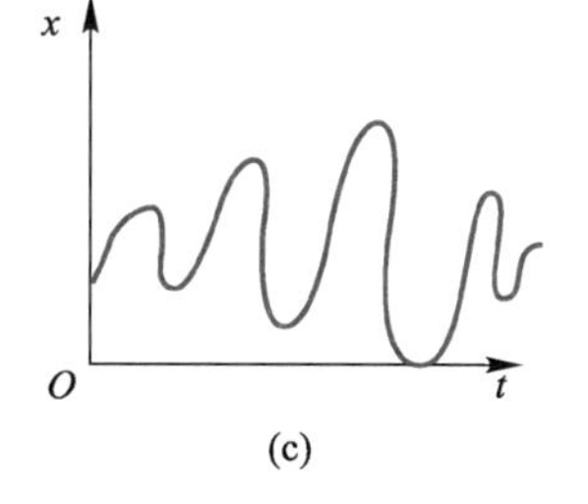

(c)

本页彩图

图 4-50　序列平稳性图

① 图 4-50（a）（绿色）中，对于所有数据点，其均值随着时间的推移保持恒定（数据点围绕平均值上下波动），方差较小且具有规律（从数据点与均值之间的差异可以看出来）。因此可视为平稳。

② 图 4-50（b）（红色）中，均值随着时间的变化不断增加，因此不平稳。

③ 图 4-50（c）（红色）中，方差随着时间变化呈现明显差异，因此也不平稳。

也可以通过计算数据序列的 P 值（P-value）来考察平稳性。

① 原假设：从数据集中抽取出不同的样本，这些样本对分析结果产生的差异，主要由抽样的随机误差引起。

② 检验原假设是否成立：计算 P 值，它代表了样本间的差异（统计学差异）由抽样误差所致的概率。

首先设定阈值，一般情况下为 0.05（或 0.01）。如果 $P>0.05$，说明因抽样误差导致的统计学差异的概率超过了 5%。这种情况下，从原始数据集中抽取不同的样本，统计结果就会产生较大的差异。从另一个角度来说，这就意味着，原始数据集中的各个样本之间的差别很显著，即原假设不成立。如果 $P<0.05$，则说明因抽样误差导致的统计学差异的概率低于 5%。这种情况下，原始数据集中抽取不同的样本，其统计结果不会有太大区别。这也意味着，原始数据集各个样本之间比较接近，即原假设成立。

综上所述，P 值越大，说明原始数据集中的样本差异越大，或者说数据不稳定。因此，通过 P 值就可以大致评估数据的稳定性。一些统计分析包都可以计算 P 值。

4. 处理时序数据变成稳定数据

如果数据不稳定，就需要先将其转换成稳定数据。一般有下列几种方法：

（1）对数变换

① 对原始数据的每个元素计算其对数作为输出结果。

② 能够减小数据的振动幅度（值域），使其线性规律更加明显。

（2）滑动窗口平均法

① 设置合理的时间间隔（窗口宽度）。

② 按照窗口宽度，依次计算窗口内样本的平均值。

③ 平均值的平滑效果更好，能避免数据的大幅波动。

（3）差分

① 对等宽度的数据进行减法操作（后面的数据减去前面的数据）。

② 该宽度可称为“步数”。例如，步数为 1，则相当于后一个数减去它的前一个数；步数为 2，则相当于第 3 号元素减去第 1 号元素的值，后续以此类推。

③ 对数据集执行一次差分操作，称为 1 阶；如果再执行一次差分操作，称为 2 阶。

有些情况下，可能需要综合上述方法来转换数据。

5. 确定模型参数 p、q、d

前面介绍过，ARIMA 时间序列模型中有以下 3 个重要的参数。

① d：代表需要进行差分操作的阶数。例如，如果数据进行 2 阶差分操作，才能变成平稳数据，则 d=2。如果数据本身就是平稳的，则 d=0。

② q：计算并绘制自相关图，如图 4-51 所示。

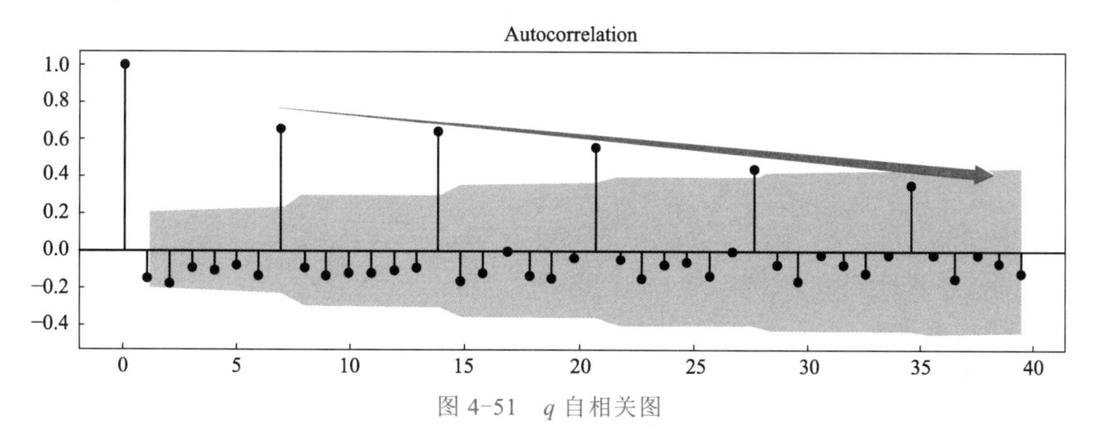

图 4-51　q 自相关图

图中，横坐标是滞后步数，纵坐标是原始序列和滞后 x 步数后的序列之间的相关性。很显然，x=0（滞后 0 步）处，两个序列之间的相关性为 1。如果在水平方向上，前几个点中出现了第 K 个点（索引从 0 开始）的纵坐标值为 0（称为截断），则可设置 q=K。如果截断出现的位置非常靠后（或者不出现），而图中的浅蓝色背景部分一直持续，则可以理解成为“拖尾”，此时可设置 q=0，相当于无需 AR 模型，仅采用 MA 模型。图 4-51 中，节点出现位置很靠后，并且出现明显的“拖尾”趋势，因此可设置 q=0。

③ p：计算并绘制偏自相关图，如图 4-52 所示。

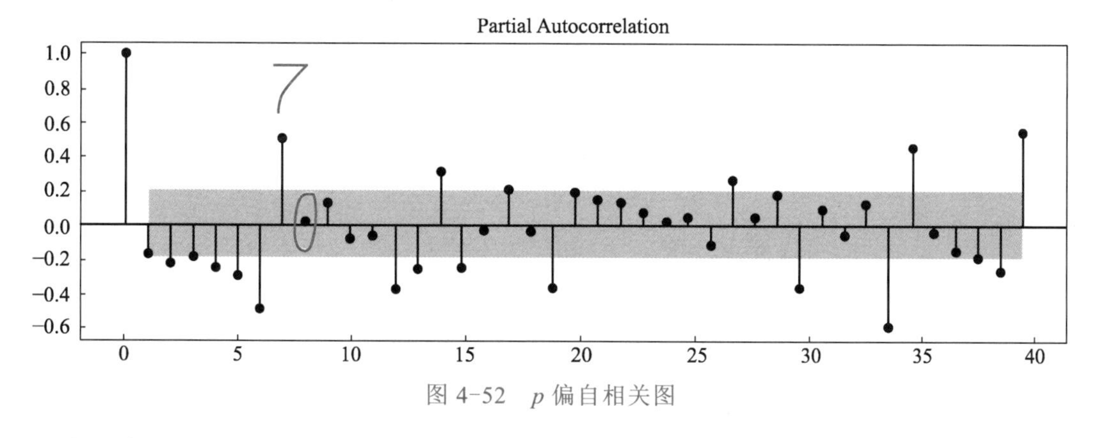

图 4-52　p 偏自相关图

如果在水平方向上，前几个点中出现了第 K 个点（索引从 0 开始）的纵坐标值为 0（称为截断），则可设置 p=K。如果截断出现的位置非常靠后（或者不出现），而途中的浅蓝色背景部分一直持续，则可以理解成为“拖尾”，此时可设置 p=0，相当于无需 MA 模型，仅采用 AR 模型。

图 4-52 中，在 7 号位置点出现截断，因此可设置 p=7。

【任务实施】

➢ 步骤 1：对现有数据进行拟合。

① 安装第三方库 pmdarima（以前也叫作 pyramid-arima）。该库将相关操作封装起来，仅通过简单的调用，就能实现时间序列的预测。

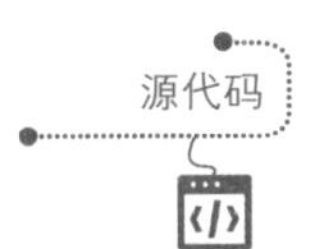


```
pip install pmdarima
```

② 将现有乘客数据按顺序分割成训练集和测试集，针对训练集建立模型，预测测试集的结果。

③ 使用 pmdarima.model_selection.train_test_split 方法切分数据集。本例中 70%用于训练，30%用于测试。

④ 调用 pmdarima.auto_arima 方法，自动评估参数，并训练最佳的模型。首先，通过 seasonal 参数指定序列数据是否存在较为明显的周期性。然后，通过 *m* 参数，指定一个周期中的样本数量，在本例中就是 12。注意该函数要自动评估不同的 *p*、*q*、*d* 组合，因此可能需要一定的计算时间。

⑤ 调用 predict 方法进行预测，并提供要预测的步骤数量（也就是数据点数量）。在本例中预测后 30%的数据。具体实现见代码 4.28（请扫描二维码查看），运行结果如图 4-53 所示。

代码 4.28

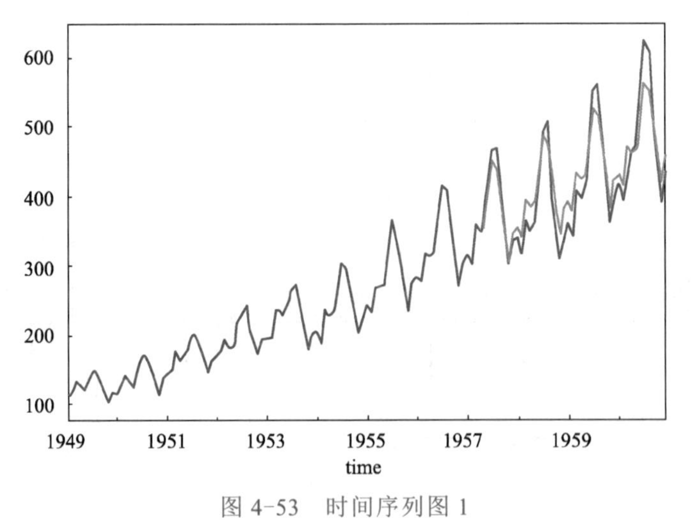

图 4-53 时间序列图 1

本页彩图

从图中可以看到，后 30%数据的预测结果跟实际结果比较贴近。

➢ 步骤 2：预测未来数据。

使用 pmdarima 库可以方便预测未来的数据。代码 4.29 预测未来 3 年（1961～1963）

每月的乘客人数（请扫描二维码查看）。为此，手动生成了这 36 个月数据点的索引值，以方便绘图。运行结果如图 4-54 所示。

代码 4.29

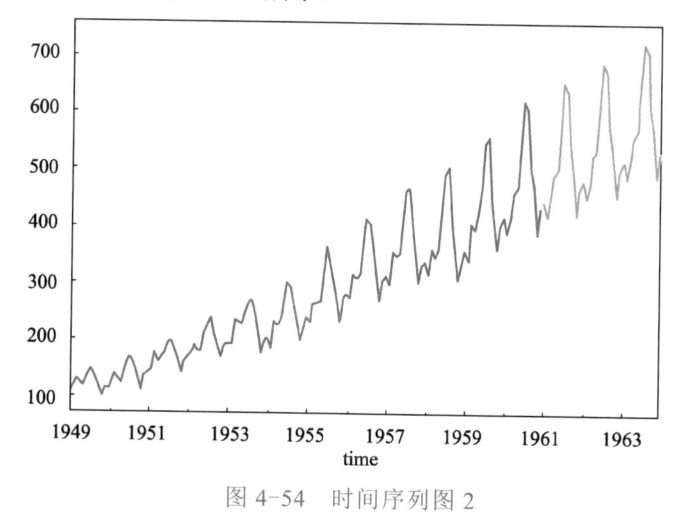

本页彩图

图 4-54 时间序列图 2

从预测结果可以看出，后续 36 个月的数据基本延续了之前的趋势。

【任务小结】

本任务通过对时间序列的学习，应当掌握使用 pmdarima 库执行建模和预测，并且可视化的方式查看时间序列的数据分布情况及预测发展趋势。

项目小结

本项目从 4 个方面介绍了变体模型、优选模型、集成学习模型以及特征筛选方法。通过本项目的学习，应当掌握以 sklearn.linear_model.Ridge_regression 为代表的线性回归变体模型方法，性能指标优选模型构建方法，以 Bagging、Boosting、Stacking 等为代表的集成学习模型方法，以及以 Filter、wrapper、Embedded 为代表的特征筛选方法。

课后练习

一、选择题

1．Bagging + 决策树 =（　　）。

A．随机森林　　B．提升树

C．GBDT（梯度提升决策树） D．均方根误差

2．以下（ ）项不是特征选择的必要性。

A．防止特征过多造成“维度灾难”

B．去除不相关的特征，降低机器学习任务的难度，使得模型更容易被理解

C．指定数量的特征递归消除实现

D．减小模型过拟合的可能性

3．FP-Growth 算法的优点是（ ）。

A．实现比较困难，在某些数据集上性能会下降

B．适用数据类型为离散型数据

C．一般要快于 Aprior

D．主成分解释其含义往往具有一定的模糊性，不如原始样本特征的解释性强

4．以下（ ）不是关联规则挖掘步骤。

A．生成频繁项集和生成规则：计算每个项的支持度，在项集中去除不满足最小支持度阈值的项，生成频繁项集

B．样本中心化：对矩阵 $\boldsymbol{A}$ 中的每个元素，减去其列的平均值，得到矩阵 $\boldsymbol{B}$

C．找出强关联规则：由频繁项集产生强关联规则，在频繁项集中找出既满足最小支持度又满足最小置信度的项

D．找到所有满足强关联规则的项集：使用第一步找到的频集产生期望的规则，产生只包含集合的项的所有规则，其中每一条规则的右部只有一项，这里采用的是中规则的定义

5．AdaBoost + 决策树=（ ）。

A．RandomForest B．GBDT（梯度提升决策树）

C．提升树 D．随机森林

6．以下（ ）不是 PCA 的优点。

A．主成分解释其含义往往具有一定的模糊性，不如原始样本特征的解释性强

B．以方差衡量信息的无监督学习，不受样本标签限制

C．计算方法简单，主要运算是奇异值分解，易于在计算机上实现

D．各主成分之间正交，可消除原始数据成分间的相互影响

7．以下（ ）不是 FP-Growth 算法流程之一。

A．扫描数据，得到所有频繁 1 项集的计数。然后删除支持度低于阈值的项，将频繁 1 项集放入项头表，并按照支持度降序排列

B. 扫描数据，将读到的原始数据剔除非频繁 1 项集，并将每一条再按照支持度降序排列

C. 找到所有满足强关联规则的项集，使用第一步找到的频集产生期望的规则，产生只包含集合的项的所有规则，其中每一条规则的右部只有一项，这里采用的是中规则的定义

D. 从项头表的底部项依次向上找到项头表项对应的条件模式基，从条件模式基递归挖掘得到项头表项项的频繁项集

8. Gradient + 决策树 = （　　）。

A. sklearn.metrics.mean_squared_error(y_true, y_pred，…)

B. GBDT（梯度提升决策树）

C. 随机森林

D. 提升树

9. 以下（　　）不是 PCA 的缺点。

A. 主成分解释其含义往往具有一定的模糊性，不如原始样本特征的解释性强

B. 方差小的非主成分也可能含有对样本差异的重要信息，因此降维丢弃可能对后续数据处理有影响

C. 算法简单

D. 可减少指标选择的工作量

10. 以下（　　）是 Aprior 算法的缺点。

A. 使用先验原理，大大提高了频繁项集逐层产生的效率

B. 每一步产生候选项目集时循环产生的组合过多，没有排除不应该参与组合的元素

C. 简单易理解，数据集要求低

D. 可增加指标选择的工作量

二、填空题

1. PCA 的缺点包括________和________。

2. PCA 的优点包括________、________、________和________。

3. LDA 和 PCA 区别包括________、________、________以及________。

4. 特征降维的作用包括________、________和________。

5. 特征子集的评价包括________和________。

6. Bagging 的算法过程包括________、________、________和________。

7. 特征降维方法有________、________、________以及________。

8. Aprior 算法的优点有________和________。

9. Aprior 算法的缺点有________和________。

10. 如果数据不稳定，就需要先将其转换成稳定数据，一般可以用________、________和________方法。

三、判断题

1. Aprior 算法简单易理解，数据集要求低。 （ ）

2. 特征降维方法有主成分分析。 （ ）

3. FP-Growth 算法一般要慢于 Aprior 算法。 （ ）

4. 杰卡德（Jaccard）系数越大，样本相似度越小。 （ ）

5. Aprior 算法使用先验原理，会降低频繁项集逐层产生的效率。 （ ）

6. 算法为每个样本赋予一个权重，每次用训练好的学习器标注/预测各个样本。如果某个样本点被预测的越正确，则将其权重降低；否则提高样本的权重。 （ ）

7. Gradient + 决策树=随机森林。 （ ）

8. 嵌入法的意思是将特征选择过程与学习器训练过程融为一体，两者在同一个优化过程中完成。 （ ）

9. 包装法是所有特征选择法中最利于提升模型表现的，它可以使用最少的特征达到优秀的效果，计算速度会加快，适用于较大型的数据。 （ ）

10. Aprior 算法使用先验原理，大大提高了频繁项集逐层产生的效率。 （ ）

四、简答题

1. 阐述 Aprior 算法的特点。

2. 简述 FP-Growth 算法的流程。

3. 简述 Aprior 算法的思想。

4. 简述 LDA 和 PCA 的区别。

5. 简述 PCA 的实现步骤。

6. 简述 PCA 算法原理。

7. 简述特征降维的作用。

8. 简述特征子集的搜索与构造。

9. 简述 Bagging 和 Boosting 的主要区别。

10. 简述 Bagging 的算法过程。

项目5 模型应用开发

学习目标

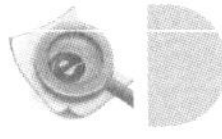

本项目实现端到端的数据应用开发与服务，并且侧重于将模型集成到一个完整的应用程序中，具体要求如下：

① 熟悉模型构建、模型服务发布、客户端调用的 API 应用开发流程。

② 能够分别使用 Flask 和 Django 框架构建 RESTful 服务并对外发布模型预测功能接口。

③ 能够编写 Python 客户端程序调用模型服务接口进行预测。

项目介绍

本项目从以下 4 个方面进行模式应用开发。

① 训练、保存和测试模型：针对给定的房价数据，构建线性回归模型并保存训练好的模型；然后编写用于预测的函数以供外部程序调用。

② 使用 Django 构建模型服务：针对已训练好的模型和预测函数，构建一个 Web 服务应用程序，将模型预测功能以 RESTful 接口形式对外发布。

③ 实现客户端程序：将用户输入的特征数据发送到服务接口进行预测，并获得预测结果。

④ 使用 Flask 构建模型服务：使用 Flask 框架构建 RESTful 服务并对外发布模型预测功能接口。

任务 5.1 训练、保存和测试模型

PPT：任务 5.1 训练、保存和测试模型

【任务目标】

① 掌握模型的训练和保存过程。

② 能够实现类的封装模型的训练、预测等行为。

【任务描述】

针对给定的房价数据，构建线性回归模型并保存训练好的模型；然后编写用于预测的函数以供外部程序调用。

【知识准备】

joblib 库可以将 sklearn 库中已经训练好的模型参数保存到磁盘文件中，之后就可以从磁盘文件中直接装载模型参数以还原模型。这样就不用每次都重新训练模型，从而大大节省时间。

在训练模型前，往往需要对训练集进行归一化等预处理工作。归一化操作过程中会用到训练数据的一些统计参数，如平均值、标准差等。未来模型在对新的数据进行预测时，也需要先对这些数据进行归一化处理，而处理时所需要用到的统计参数，也必须是训练数据的平均值和标准差等。因此，除了要保存模型本身的参数外，还需要将训练数据的必要的统计参数一并保存，以供预测时用。StandardScaler、MinMaxScaler 等对象中的若干属性，如_mean、_var 等，记录了在进行标准化或归一化时的统计参数，可以将其保存到磁盘文件中，在预测时，从文件读取这些值，赋给新的标准化、归一化对象实例的对应属性，从而实现对新的样本数据进行预处理。

【任务实施】

微课 5-1 训练、保存和测试模型

➢ 步骤 1：创建项目目录。

① 建立名为 HousePriceAp 的目录，在 Visual Studio Code 中打开，然后建立 Model 子目录，作为本任务的工作目录。

② 在 Model 目录下建立名为 dataset 的子目录，并将数据集/house_price_simplified.csv 文件复制到目录下。

③ 在 Model 目录下建立名为 params 的子目录，用于存放训练好的模型的参数及数据集的统计信息。

➢ 步骤 2：实现模型训练并保存训练结果。

在 Model 目录下创建 house_price_model.py 文件，见代码 5.1（请扫描二维码查看）。

源代码

代码 5.1

代码 5.1 完成了下列工作：

① 使用 StandardScaler 方法对数据集进行标准化处理。

② 考虑到后续进行预测时，需要对新的数据特征进行同样的标准化处理，因此需要保存标准化参数。此处从 StandardScaler 对象实例中获取标准化参数(scaler_、mean_和 var_)，然后依次保存到文件中。

③ 训练 LinearRegression 模型。

④ 使用 joblib 库将训练完的模型参数保存到指定位置。

➢ 步骤 3：执行训练并查看结果。

① 在 Model 目录下创建 main.py 文件，代码如下：

```
from house_price_model import Trainer, Predictor

# 训练模型
trainer = Trainer()
trainer.train()
```

② 在命令行中进入 Model 目录，运行如下命令：

```
Python main.py
```

③ 运行完毕后，检查 Model/params 目录，确保 house_price_model.m 文件（用于存放模型参数）和 scaler_param.npy 文件（用于存放归一化参数）已经生成。

➢ 步骤 4：实现模型装载和预测功能。

在 house_price_model.py 文件中添加预测器类定义：

```
class Predictor():
    def __init__(self):
```

```
        # 创建标准化处理器，并装载训练使用的标准化参数
        self.scaler = StandardScaler( )
        params = np.load(scaler_param_path)
        self.scaler.scale_ = params[0]
        self.scaler.mean_ = params[1]
        self.scaler.var_ = params[2]

        # 从文件装载模型对象
        self.model = joblib.load(model_param_path)

    def predict(self, data):
        data_scaled = self.scaler.transform(data)
        return self.model.predict(data_scaled)
```

上述代码的主要功能如下：

① 在构造函数中，从标准化参数文件装载参数，初始化 StandardScaler 对象。

② 在构造函数中，使用 joblib 库从模型文件装载参数，构建模型对象。

③ 在 predict 函数中，对传入的测试数据进行标准化处理。

④ 调用模型的 predict 函数对标准化处理后的数据进行预测，并返回结果。

➢ 步骤 5：执行预测并查看结果。

注释掉 main.py 文件中训练模型的两行代码，然后添加如下测试代码：

```
predictor = Predictor( )
data = [[2104, 3],[3500, 4]]      # 待预测的两个样本
result = predictor.predict(data)
print(result)
```

运行 main.py 代码文件，查看输出的预测结果。

【任务小结】

本任务针对给定的房价数据，完成了线性回归构建模型、模型训练，保存相关模型参数，实现模型装载；并编写用于预测的函数以供外部程序调用，实现了预测函数，可在后续服务中进行调用。

任务 5.2　使用 Django 构建模型服务

【任务目标】

① 安装和搭建 Django 应用程序框架。

② 构建模型并将模型发布成 RESTful 服务接口。

【任务描述】

针对任务 5.1 中已训练好的模型和预测函数，构建一个 Web 服务应用程序，将模型预测功能以 RESTful 接口的形式对外发布。

【知识准备】

在 Python 项目开发中，前后端分离的技术框架越来越成熟。在前后端进行通信时，通常需要用统一的格式进行通信，目前应用比较广泛的是 RESTful API。DjangoRestFramework(drf)为后端提供了快速编写基于 Django 的 RESTful API 的解决方案。

微课 5-2
使用 Django 构建模型服务

使用 drf 构建 Web 服务的过程如下：

① 创建 Django 项目。

② 在配置文件(settings.py)中增加对于 drf 的引用。

③ 在视图文件(vies.py)中定义从 APIView 的子类，并实现 RESTful 接口函数。

④ 在路径定义文件(urls.py)中，定义对外发布的 URL 路径并且与对应的 View 关联。

⑤ 从客户端程序通过发布的 URL 访问服务。

源代码

【任务实施】

➢ 步骤 1：安装 Django 及 DjangoRestFramework 包。

```
pip install django
pip install djangorestframework
```

➢ 步骤 2：创建项目目录。

① 在命令行中进入任务 5.1 中创建的 HousePriceAp 目录，然后运行如下命令创建名

为 Server 的 Django 项目。

```
django-admin startproject Server
```

② 进入 HousePriceAp\Server 目录，创建名为 modelapi 的 API。

```
python manage.py startap modelapi
```

③ 将 Model 目录下的 params 子目录复制到 HousePriceAp\Server 目录下。

④ 将 Model/house_price_model.py 文件复制到 HousePriceAp\Server 目录下。

最终的目录结构如图 5-1 所示。

➢ 步骤 3：配置软件包和路径信息。

打开 HousePriceAp\Server\Server\setting.py 文件，找到 INSTALLED_APPS 定义，添加两行，如图 5-2 所示。

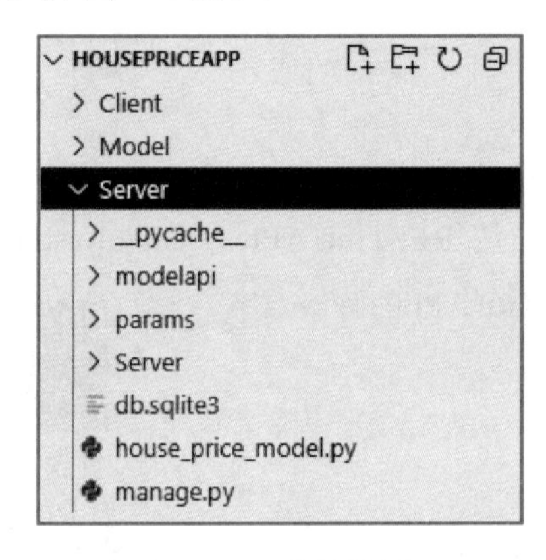

图 5-1 目录结构图

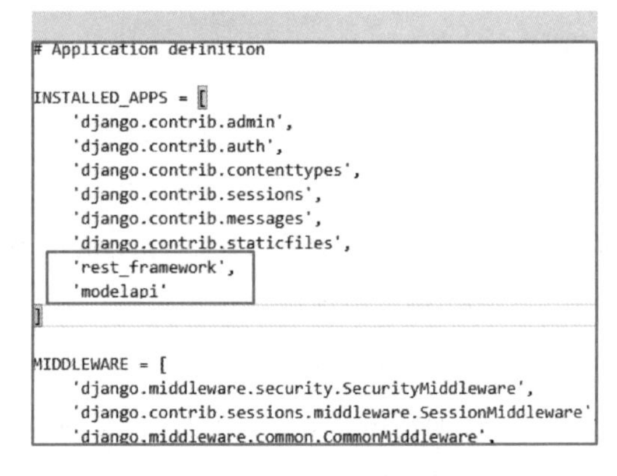

图 5-2 程序代码图

其中，rest_framework 代表 DjangoRestFramework，modelapi 代表创建的 Django API 本身。

➢ 步骤 4：定义视图的请求与响应操作。

打开 HousePriceAp\Server\modelapi\views.py 文件，添加相关代码 5.2（请扫描二维码查看）。

代码 5.2

代码 5.2 完成的工作如下：

① HouseView 从 APIView 继承，用于处理 GET、POST、PUT 和 DELETE 等请求。本例中只处理了 GET 和 POST 两种请求。

② 将 house_price_model 中的 predictor 创建为全局对象实例，避免每次请求都创建。

③ 在 GET 请求中，直接硬编码预测了两个样本的价格，并使用 Response 对象将结果以 JSON 形式发送给客户端。

④ 在 POST 请求中，首先从 request 参数中获取客户端发送的数据，使用 JSON 包进行 JSON 数据的处理，然后针对数据进行预测，最后将预测结果返回给客户端。

➢ 步骤 5：定义 URL 路径。

打开 HousePriceAp\Server\Server\urls.py 文件，将代码更改如下：

```
from django.contrib import admin
from django.urls import path
from modelapi.views import HouseView


urlpatterns = [
    path('admin/', admin.site.urls),
    path('api/houseprice', HouseView.as_view( ))
]
```

上面的代码从 modelapi.views 导入 HouseView 类，然后新增 api/houseprice 路径，并且映射到 HouseView 进行处理。

➢ 步骤 6：测试 Web 服务基本功能。

从命令行进入 HousePriceAp\Server 目录，运行下列命令：

```
python manage.py runserver 0.0.0.0:8000
```

这将在本机 8000 端口启动网站服务。打开浏览器，访问地址http://localhost:8000/api/houseprice 可看到如图 5-3所示结果。

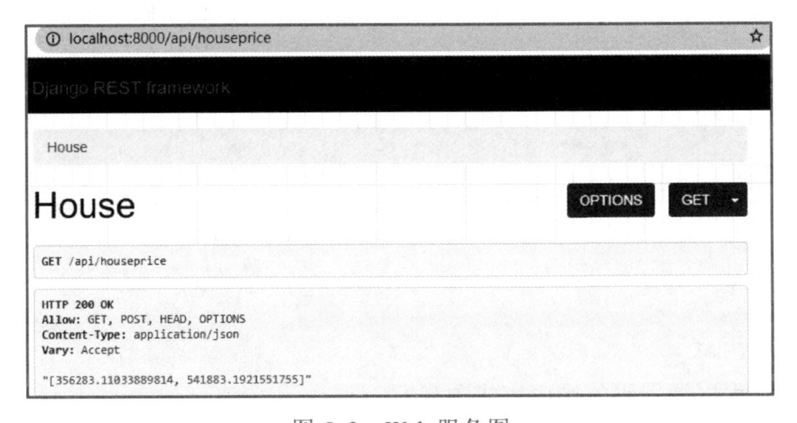

图 5-3　Web 服务图

再次访问该 URL，并且按照下列方式填写 POST 请求信息：

```
{"Area":3104, "Rooms":3}
```

可获得返回的结果(result)如图 5-4 所示。

图 5-4 House 界面

【任务小结】

本任务针对任务 5.1 中已训练好的模型和预测函数，使用 DjangoRestFramework 安装和搭建 Django 应用程序框架，构建了一个 Web 服务，将模型预测功能以 RESTful 接口形式对外发布。

任务 5.3 实现客户端程序

【任务目标】

编写客户端程序调用服务接口完成预测。

【任务描述】

编写一个控制台客户端应用程序，将用户输入的特征数据发送到服务接口进行预测，并获得预测结果。

【知识准备】

Requests 库提供了以 GET、POST 等方式调用 Web 服务接口的操作函数，配合 JSON 库对参数和返回值进行必要的处理，即可实现从客户端程序发送数据到服务端进行模型预测，并接收预测返回结果。

【任务实施】

微课 5-3
实现客户端程序

➢ 步骤 1：创建项目目录。

在 HousePriceAp 目录下创建 Client 子目录，作为本任务的工作目录，添加 main.py 文件，代码如下：

源代码

```
import requests, json

url = 'http://localhost:8000/api/houseprice'
data = json.dumps({'Area':2104, 'Rooms':3})
result = requests.post(url, data=data)
print(result.json( ))
```

上述代码完成了下列工作：

① 指定服务端 Web 服务接口的 URL（http://localhost:8000/api/houseprice）。

② 准备好待预测的样本，并使用 JSON 格式存入 data 变量中。

③ 调用 requests 对象的 POST 方法，将样本数据发送到服务接口。

④ 从服务接口返回预测结果，并打印出来。

➢ 步骤 2：集成测试。

确保 Server 目录中的 Django Web 网站程序已经启动，在新的命令行窗口中，运行 Client/main.py 文件，观察服务调用结果。

【任务小结】

编写一个控制台客户端应用程序，使用 Requests 和 JSON 库调用 Web 服务接口，即可实现从客户端程序发送数据到服务端进行模型预测，并接收预测返回结果，从而将模型、服务和客户端程序连接起来形成一个完整的应用。

任务 5.4 使用 Flask 构建模型服务

PPT：任务 5.4 使用 Flask 构建模型服务

【任务目标】

① 熟悉模型构建、模型服务发布、客户端调用的 API 应用开发流程。

② 能够使用 Flask 框架构建 RESTful 服务并对外发布模型预测功能接口。

③ 能够编写 Python 客户端程序调用模型服务接口进行预测。

【任务描述】

基于本项目的任务 5.1～任务 5.3，将任务 5.2 中的 Django 框架修改为 Flask 框架。

【知识准备】

相比与 Django 框架，Flask 框架提供了更为快捷和轻量的实现方式。

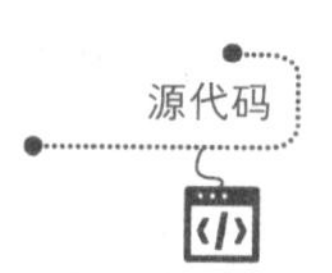

微课 5-4 使用 Flask 构建模型服务

【任务实施】

➢ 步骤 1：创建项目目录。

在 HousePriceAp 目录下创建 FlaskServer 子目录，作为本任务的工作目录。将 HousePriceAp/ Model 目录下的 params 子目录复制到 FlaskServer 下，再将 Model/house_price_model.py 文件复制到 FlaskServer 下。

源代码

➢ 步骤 2：实现 Web 服务的基本功能。

在 Server 目录下添加 ap.py 代码文件，见代码 5.3（请扫描二维码查看）。

代码 5.3

代码 5.3 完成了下列工作：

① 在全局空间创建模型对象实例 predictor。该对象在构造时，会自动从默认的位置装载模型参数和标准化参数。

② 使用 ap.route 方法定义/api/test 服务 URL，可通过浏览器的 GET 方式访问。

③ 函数 get_default 用于实现/api/test 服务接口下的功能。该函数硬编码定义了两个预测样本，并直接调用 predictor 对象进行预测，预测结果以 JSON 格式返回。

➢ 步骤 3：添加服务启动代码并测试基本功能。

在 ap.py 文件末尾添加如下代码：

```
if __name__ == '__main__':
```

```
    ap.run(debug=True):
```

该代码将运行 Flask 的 Web 服务网站，网站默认端口为 5000。

测试 web 服务基本功能：使用命令行运行 ap.py 代码文件，然后打开浏览器，访问地址http://localhost:5000/api/test，可以看到返回的预测结果（JSON 格式）。

➢ 步骤 4：实现模型预测服务接口。

在 ap.py 文件中的 get_default 函数下方，添加 predict 函数。

```
@ap.route('/api/predict', methods=['POST'])
def predict( ):
    data = json.loads(request.json)
    result = predictor.predict([[data['Area'], data['Rooms']]]).tolist( )
    return jsonify({'result': result[0]})
```

上述代码完成了下列工作：

① 定义了/api/predict 路径，该路径通过 POST 方法访问。

② 在 predict 函数中，首先将用户传入的数据（待预测的样本数据）以 JSON 形式装载，然后调用 predictor 对象实例进行预测，最后将预测结果以 JSON 格式返回。此后可以从客户端程序中向本服务发送 REST 请求，传递 JSON 格式数据，并获得返回结果。

➢ 步骤 5：修改并运行客户端程序。

打开 HousePriceAp/Client 目录中的 main.py 文件，将其内容修改为：

```
import requests, json

url = 'http://localhost:5000/api/predict'
data = json.dumps({'Area':2104, 'Rooms':3})
result = requests.post(url, json=data)
print(result.json( ))
```

确保 Server 目录中的 Flask Web 网站程序已经启动，在新的命令行窗口中运行 Client/main.py 文件，观察服务调用结果。

【任务小结】

本任务基于本项目任务 5.1～任务 5.3，将任务 5.2 中的 Django 框架修改成 Flask 框架，再使用 Flask 框架构建 RESTful 服务并对外发布模型预测功能接口，通过编写 Python 客户端程序调用模型服务接口进行预测。

项目小结

本项目实现端到端的数据应用开发与服务，侧重于将模型集成到一个完整的应用程序中，从训练、保存和测试模型、使用 Django 构建模型服务、实现客户端程序、使用 Flask 构建模型服务 4 个方面进行模式应用开发。

课后练习

一、选择题

1. 在训练模型前，往往需要对训练集进行（　　）预处理工作。

A. 归一化　　B. 数据保存　　C. 数据清洗　　D. 数据统计

2. 使用 StandardScaler 对数据集进行（　　）处理。

A. 归一化　　B. 标准化　　C. 数据预处理　　D. 数据统计

3.（　　）库提供了以 GET、POST 等方式调用 Web 服务接口的操作函数，配合 JSON 库对参数和返回值进行必要的处理。

A. requests　　B. client　　C. JSON　　D. sklearn

二、填空题

1. 归一化操作过程中会用到训练数据的一些统计参数，如________和________等。

2. 在对新的数据进行预测时，也需要先对这些数据进行________处理。

3. 要保存模型本身的参数，还需要将________数据的必要的统计参数一并保存。

4. 在预测时，从文件读取这些值，赋给新的________和________对象实例的对应属性，从而实现对新的样本数据进行预处理。

5. 在 predict 函数中，对传入的测试________数据进行标准化处理。

6. 在 Python 项目开发中，________分离的技术框架越来越成熟。

7. ________库提供了以 GET、POST 等方式调用 Web 服务接口的操作函数。

8. 相比与 Django 框架，________框架提供了更为快捷和轻量的实现方式。

9．在全局空间创建模型对象实例________该对象在构造时，会自动从默认的位置装载模型参数和标准化参数。

10．________函数用于实现/api/test 服务接口下的功能。

三、判断题

1．在训练模型前，不需要对训练集进行归一化等预处理工作。 （ ）

2．在构造函数中，从标准化参数文件装载参数。 （ ）

3．在构造函数中，使用 joblib 库从模型文件装载参数，构建模型对象。 （ ）

4．调用模型的 predict 函数对标准化处理后的数据进行预测，并返回结果。 （ ）

5．在前后端进行通信时，通常需要用统一的格式进行通信。 （ ）

6．控制台客户端应用程序，使用 requests 和 JSON 库调用 Web 服务接口，即可实现从客户端程序发送数据到服务端进行模型预测，并接收预测返回结果。 （ ）

7．在 predict 函数中，首先将用户传入的数据（待预测的样本数据）以 JSON 形式装载，然后调用 predictor 对象实例进行预测，最后将预测结果以 JSON 格式返回。 （ ）

8．Requests 库提供了以 GET、POST 等方式调用 Web 服务接口的操作函数。 （ ）

9．使用 Flask 框架构可以构建 RESTful 服务并对外发布模型预测功能接口。 （ ）

10．使用 drf 可以构建 Web 服务。 （ ）

四、简答题

1．模式应用开发具体可以考虑哪个方面内容？

2．写出给定的房价数据，构建线性回归模型并保存训练好的模型；然后编写用于预测的函数以供外部程序调用的操作步骤。

参考文献

[1] 明日科技. Python 从入门到实践[M]. 长春：吉林大学出版社，2020.

[2] 埃里克・马瑟斯. Python 编程从入门到实践[M]. 2 版. 袁国忠，译. 北京：人民邮电出版社，2020.

[3] 刘凡馨，夏帮贵. Python 3 基础教程实验指导与习题集（微课版）[M]. 北京：人民邮电出版社，2020.

[4] 江红，余青松. Python 程序设计与算法基础教程（微课版）[M]. 2 版. 北京：清华大学出版社，2019.

[5] 未蓝文化. 零基础 Python 从入门到实践[M]. 北京：中国青年出版社，2021.

[6] 许向武. Python 高手修炼之道：数据处理与机器学习实战[M]. 北京：人民邮电出版社，2020.

[7] 韦斯・麦金尼. 利用 Python 进行数据分析（原书第 2 版）[M]. 徐敬一，译. 北京：机械工业出版社，2018.

[8] 崔庆才. Python3 网络爬虫开发实战[M]. 2 版. 北京：人民邮电出版社，2021.

[9] 明日科技. Python 数据分析从入门到实践[M]. 长春：吉林大学出版社，2022.

郑重声明

高等教育出版社依法对本书享有专有出版权。任何未经许可的复制、销售行为均违反《中华人民共和国著作权法》，其行为人将承担相应的民事责任和行政责任；构成犯罪的，将被依法追究刑事责任。为了维护市场秩序，保护读者的合法权益，避免读者误用盗版书造成不良后果，我社将配合行政执法部门和司法机关对违法犯罪的单位和个人进行严厉打击。社会各界人士如发现上述侵权行为，希望及时举报，我社将奖励举报有功人员。

反盗版举报电话（010）58581999　58582371

反盗版举报邮箱　dd@hep.com.cn

通信地址　北京市西城区德外大街4号

高等教育出版社法律事务部

邮政编码　100120

读者意见反馈

为收集对教材的意见建议，进一步完善教材编写并做好服务工作，读者可将对本教材的意见建议通过如下渠道反馈至我社。

咨询电话　400-810-0598

反馈邮箱　gjdzfwb@pub.hep.cn

通信地址　北京市朝阳区惠新东街4号富盛大厦1座

高等教育出版社总编辑办公室

邮政编码　100029